少儿编程思维训练

65道题提高孩子计算思考力

[韩] 金钟勋 等 著　熊仙仙 译

人民邮电出版社
北京

图书在版编目(CIP)数据

少儿编程思维训练：65道题提高孩子计算思考力 / (韩)金钟勋等著；熊仙仙译. -- 北京：人民邮电出版社，2019.5

（Coding Kids）

ISBN 978-7-115-50984-0

Ⅰ. ①少… Ⅱ. ①金… ②熊… Ⅲ. ①程序设计－少儿读物 Ⅳ. ①TP311.1-49

中国版本图书馆CIP数据核字(2019)第049776号

内 容 提 要

本书旨在帮助软件培训教师和学生家长全面认识软件教育的世界，避免"只见树木，不见森林"。软件教育的目的在于培养孩子的创造性思维和解题能力，计算思考力的提高则是其实现的途径，而这一系列过程的核心就是书中通过65道习题体现的"编程原理"。孩子亲自动手动脑解题之后，不仅可以理解与题目有关的编程知识，还可以利用Scratch或App Inventor实际应用所学的内容。

本书适合想要培养创造性思维的中小学生、从事少儿软件开发培训的教师以及希望提高孩子计算思考力的家长。

◆ 著 [韩]金钟勋 等
译 熊仙仙
责任编辑 陈 曦
责任印制 周昇亮

◆ 人民邮电出版社出版发行 北京市丰台区成寿寺路11号
邮编 100164 电子邮件 315@ptpress.com.cn
网址 http://www.ptpress.com.cn
雅迪云印（天津）科技有限公司印刷

◆ 开本：787×1092 1/16
印张：11.75
字数：316千字 2019年5月第1版
印数：1－3 000册 2019年5月天津第1次印刷

著作权合同登记号 图字：01-2018-3677号

定价：59.00元

读者服务热线：(010)51095183转600 印装质量热线：(010)81055316

反盗版热线：(010)81055315

广告经营许可证：京东工商广登字20170147号

前言

拓宽软件教育视野

编写本书的目的，是让从事软件教育的老师或学生家长们避免软件教育业中“只见树木，不见森林”的情况。

近来，软件教育的重要性使得相关教育正在蓬勃发展，但绝大多数的教育是以编程语言为中心进行教学的。然而，仅以语言为中心进行教育势必会使思维受到局限，无法开发出更先进的软件。

本书就是为了解决这些问题而编写的，它涵盖了进行软件教育或开发软件所必知的编程原理。

本书的独特之处在于，以习题的形式，通过生动多样的条件设置，帮助读者理解编程原理。基于习题的学习是一种经过验证的教育模式，通过讨论习题的多样性和解决策略，为学习者提供乐趣和动力，培养解决问题的能力。

解决这些难题之后，书中讲解了与习题相关的编程原理。使用 Scratch 或 App Inventor 创建程序，了解编程原理如何实际应用于软件。

这样的板块设置会使对编程原理的理解变得简单而有趣，同时又能培养解决问题的创造性思维。

这本书能够顺利出版，首先要感谢金泰轩代表给予我们的机会和帮助。同时要向包括李美香科长在内的所有（株）HanbitMedia 员工们表示诚挚的感谢。

希望读者中的有志者能通过这本书顺利进入软件教育行业。

全体作者

2017 年 7 月

本书结构

为了最大限度实现学习效果，本书由“习题→分析与解答→编程原理→编程”这几部分构成，在“编程原理”部分，我们会详细解释你在“习题”中用到的编程原理。请务必亲自尝试解开习题并编程。

习题：与编程原理相关的问题解答专栏，通过解答过程，提高解题的创造性思维能力。

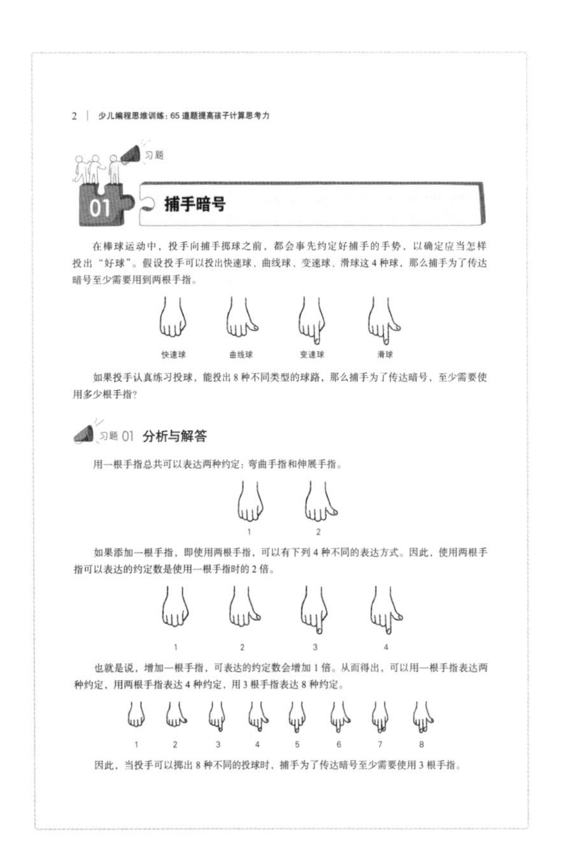

2 | 少儿编程思维训练：65道题提高孩子计算思考力

习题 01 捕手暗号

在棒球运动中，投手向捕手掷球之前，都会事先约定好捕手的手势，以确定应当怎样投出“好球”。假设投手可以投出快速球、曲线球、变速球、滑球这4种球，那么捕手为了传达暗号至少需要用到两根手指。

快速球 曲线球 变速球 滑球

如果投手认真练习投球，能投出8种不同类型的球路，那么捕手为了传达暗号，至少需要使用多少根手指?

习题 01 分析与解答

用一根手指总共可以表达两种约定：弯曲手指和伸展手指。

1 2

如果添加一根手指，即使用两根手指，可以有下列4种不同的表达方式。因此，使用两根手指可以表达的约定数是使用一根手指时的2倍。

1 2 3 4

也就是说，增加一根手指，可表达的约定数会增加1倍。从而得出，可以用一根手指表达两种约定，用两根手指表达4种约定，用3根手指表达8种约定。

1 2 3 4 5 6 7 8

因此，当投手可以掷出8种不同的投球时，捕手为了传达暗号至少需要使用3根手指。

分析与解答：给出关于习题的详细解释。

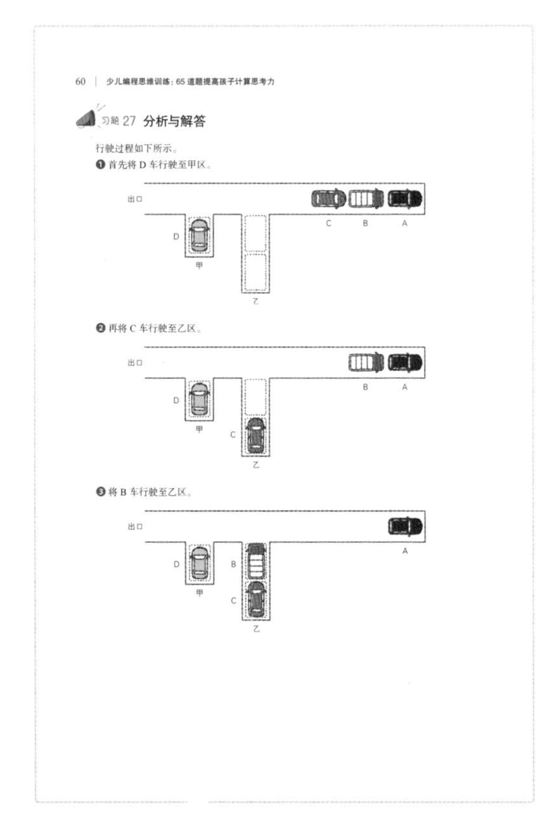

60 | 少儿编程思维训练：65道题提高孩子计算思考力

习题 27 分析与解答

行驶过程如下所示。

❶ 首先将D车行驶至甲区。

出口 D 甲 乙 C B A

❷ 再将C车行驶至乙区。

出口 D 甲 C 乙 B A

❸ 将B车行驶至乙区。

出口 D 甲 B C 乙 A

图片：通过通俗易懂的图片，增加阅读时的乐趣。

编程原理：通过示例详细说明软件教育过程中必知的编程原理。

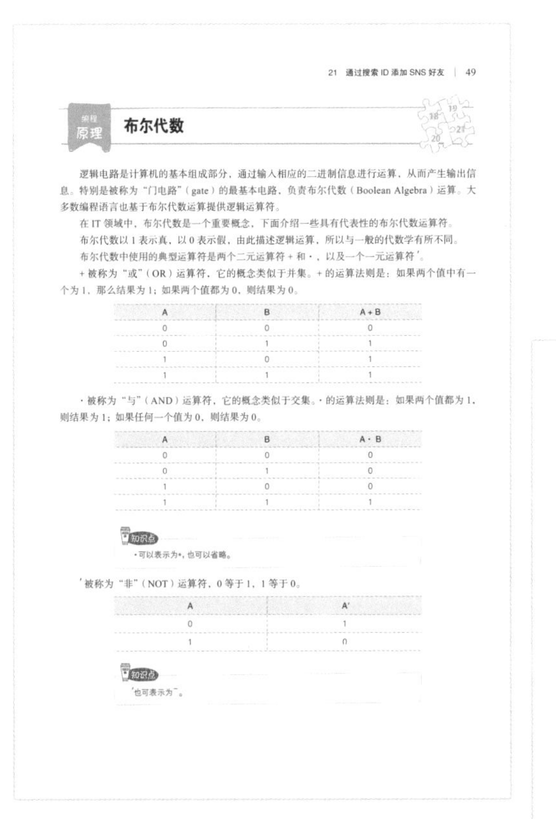

21 通过搜索 ID 添加 SNS 好友 | 49

编程原理 布尔代数

逻辑电路是计算机的基本组成部分，通过输入相应的二进制信息进行运算，从而产生输出信息。特别是被称为“门电路”（gate）的最基本电路，负责布尔代数（Boolean Algebra）运算。大多数编程语言也基于布尔代数运算提供逻辑运算符。

在 IT 领域中，布尔代数是一个重要概念，下面介绍一些具有代表性的布尔代数运算符。

布尔代数以 1 表示真，以 0 表示假，由此描述逻辑运算，所以与一般的代数学有所不同。

布尔代数中使用的典型运算符是两个二元运算符 + 和 ·，以及一个一元运算符 ′。

+ 被称为“或”（OR）运算符，它的概念类似于并集。+ 的运算法则是：如果两个值中有一个为 1，那么结果为 1；如果两个值都为 0，则结果为 0。

A	B	A + B
0	0	0
0	1	1
1	0	1
1	1	1

· 被称为“与”（AND）运算符，它的概念类似于交集。· 的运算法则是：如果两个值都为 1，则结果为 1；如果任何一个值为 0，则结果为 0。

A	B	A · B
0	0	0
0	1	0
1	0	0
1	1	1

知识点

· 可以表示为*，也可以省略。

′ 被称为“非”（NOT）运算符，0 等于 1，1 等于 0。

A	A′
0	1
1	0

知识点

′ 也可表示为¯。

编程：通过 Scratch 和 App Inventor 等软件编写程序，实际应用编程原理。

50 | 少儿编程思维训练：65 道题提高孩子计算思考力

08 判断3或5的倍数

以下 Scratch 程序用于判断输入的数字是否是 3 或 5 的倍数。

09 游乐园门票标准

下表是某游乐园门票收费标准。

成人普通游客	50 元
7 岁以下	免费
60 岁以上	免费

以下 App Inventor 程序根据“输入”文本框中输入的年龄，输出相应的门票价格。

目录

习题 01	捕手暗号	2
习题 02	求糖果数量	3
	编程原理　计算机中使用的二进制数据	4
习题 03	分组游戏	6
习题 04	求自行车大盘转动圈数	8
	编程原理　进制转换	8
	编程 01　将十进制转换为二进制	10
	编程 02　将二进制转换为十进制	11
习题 05	推测纸条内容	13
习题 06	以0和1表示的电话号码	14
习题 07	用数字表示的开机密码	15
	编程原理　计算机中的字符表示方式	16
习题 08	寻找隐藏的信息	18
习题 09	用命令提示符绘图	19
	编程原理　计算机中的图像表示方式	20
习题 10	控制机器人1	22
习题 11	控制机器人2	23
习题 12	制作智能机器人	24
	编程原理　计算机中的图像表示方式	25
	编程 03　绘制正六边形	32
习题 13	交换烧杯中的液体	32
习题 14	挪动水果	33
习题 15	确定最终菜单	34
	编程原理　交换变量的值	36
	编程 04　交换两个变量的值	37
	编程 05　交换3个变量的值	38
习题 16	确定观众入场顺序	39
习题 17	寻找停车位	40
	编程原理　数组	41
	编程 06　求最大值	42
	编程 07　求众数	43
习题 18	点亮灯泡	45
习题 19	普通游客年龄段	46
习题 20	如何成功登录?	47
习题 21	通过搜索ID添加SNS好友	48
	编程原理　布尔代数	49
	编程 08　判断3或5的倍数	50
	编程 09　游乐园门票标准	50
习题 22	1年后有多少对兔子?	51
习题 23	斐波那契数列	52

习题 24　移动两个圆盘　53
习题 25　移动3个圆盘　54
习题 26　汉诺塔　55
编程原理　递归　57
编程 10　用递归算法求阶乘　58
编程 11　用递归算法求斐波那契数列　59
习题 27　驶离停车场　59
习题 28　利用魔术盒变换珠子的顺序　62
编程原理　栈和队列　64
编程 12　栈　68
编程 13　队列　69
习题 29　按重量为球排序　70
编程原理　排序　71
编程 14　冒泡排序　75
编程 15　选择排序　75
习题 30　幸运抽奖　77
习题 31　寻找卡片　77
编程原理　查找　79
编程 16　线性查找　81
编程 17　二分查找　82
习题 32　安排游乐设施　83
习题 33　整顿停车场的车　84
编程原理　散列算法　84
编程 18　安排游乐设施　86
习题 34　打开魔法之门！　86
习题 35　创造魔法数字！　90
编程原理　树状结构　92
习题 36　定位数字7和16　93
习题 37　创建二叉查找树　94
编程原理　二叉查找树　96
习题 38　狼与羊过河问题　98
编程原理　树查找　101
习题 39　8字拼图游戏　103
习题 40　井字游戏　107
编程原理　人工智能搜索　109
习题 41　以图表标识出行路线　112
习题 42　巧排座位　114
编程原理　图　115
习题 43　节约颜料种数　116
习题 44　创建课程表　120

	编程原理 图的着色	122
习题 45	盗取宝箱	123
习题 46	盗取7个宝箱	124
	编程原理 最小生成树	127
习题 47	快速奔向新德里	128
	编程原理 最短路径	133
习题 48	用数字表示图片	136
习题 49	缩写句子	137
	编程原理 压缩	138
习题 50	是外星文字吗?	142
习题 51	必须快速破解!	143
	编程原理 密码	144
	编程 19 用凯撒密码加密	146
习题 52	找出颜色不一致的方块	147
习题 53	国际标准书号	148
习题 54	居民身份证号码	149
	编程原理 奇偶校验位	151
	编程 20 求奇偶校验位	152
习题 55	恢复硬盘数据1	152
习题 56	恢复硬盘数据2	154
	编程原理 磁盘冗余阵列	155
习题 57	安排服务顺序	156
习题 58	公平地给予指导	157
	编程原理 进程调度	158
习题 59	减少找零	159
习题 60	以最大收益挑选粮食	160
	编程原理 贪心算法	161
	编程 21 减少找零	161
习题 61	N皇后问题	163
	编程原理 回溯法	165
习题 62	up & down游戏	165
习题 63	三格板拼图	166
	编程原理 分治法	170
	编程 22 up & down游戏	171
习题 64	节约米袋	172
习题 65	占有大量宝藏	174
	编程原理 动态规划	177
	编程 23 基于动态规划方法的斐波那契数列	179

习题

编程原理

编程

01 捕手暗号

在棒球运动中，投手向捕手掷球之前，都会事先约定好捕手的手势，以确定应当怎样投出“好球”。假设投手可以投出快速球、曲线球、变速球、滑球这 4 种球，那么捕手为了传达暗号至少需要用到两根手指。

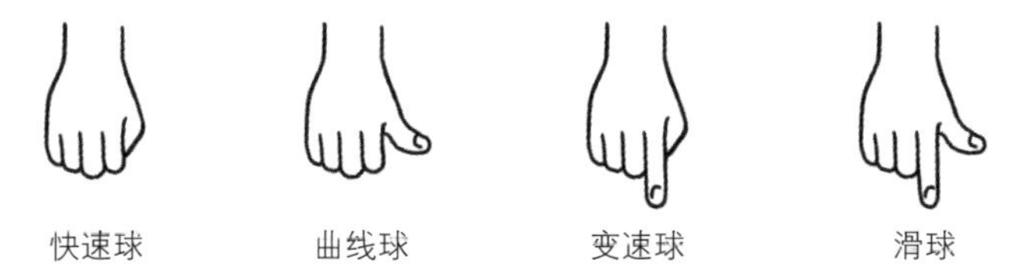

如果投手认真练习投球，能投出 8 种不同类型的球路，那么捕手为了传达暗号，至少需要使用多少根手指？

习题 01 分析与解答

用一根手指总共可以表达两种约定：弯曲手指和伸展手指。

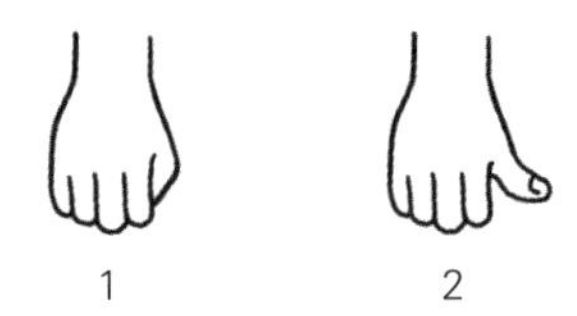

如果添加一根手指，即使用两根手指，可以有下列 4 种不同的表达方式。因此，使用两根手指可以表达的约定数是使用一根手指时的 2 倍。

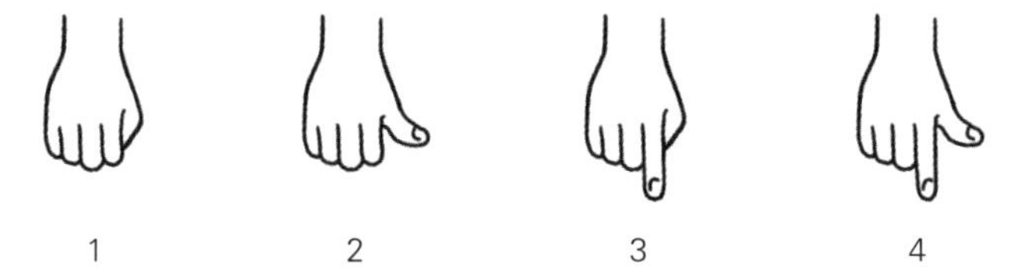

也就是说，增加一根手指，可表达的约定数会增加 1 倍。从而得出，可以用一根手指表达两种约定，用两根手指表达 4 种约定，用 3 根手指表达 8 种约定。

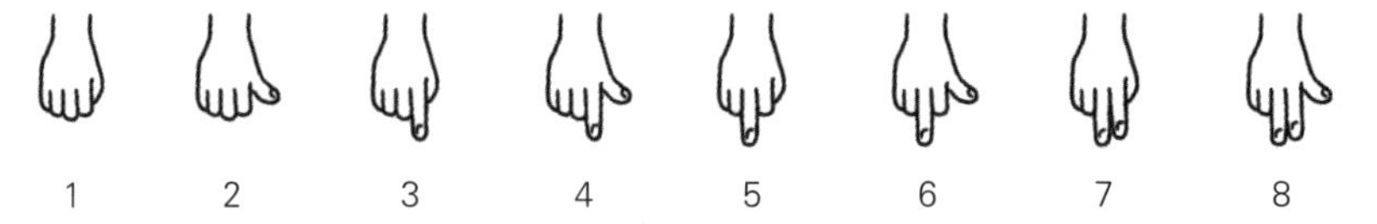

因此，当投手可以掷出 8 种不同的投球时，捕手为了传达暗号至少需要使用 3 根手指。

02 求糖果数量

糖果厂按以下规则包装糖果。

规则

1 将16块糖果合并在一起，包装成“小份”。

2 将16份“小份”糖果合并包装成“中份”。

3 将16份“中份”糖果合并包装成“大份”。

小份

中份

大份

在保管糖果的仓库中，人们按照“大份数量－中份数量－小份数量－散装”的顺序进行记录和管理。下面的数字和字母代表的意思是，大份的数量是 5 份，中份的数量是 D（=13）份，小份的数量是 0 份，散装的数量是 2 块。

5–D–0–2

如果仓库里写有 A–0–3–F，那么总共保管了多少块糖果？

A–0–3–F

习题 02 分析与解答

以份为单位，每份糖果的数量分别为 1、16、256、4096 块。每上升一个单位，总量就会以 16 为倍数增长。

仓库里写有 A–0–3–F 的数字表示，大份的数量是 A（=10）份，中份的数量是 0 份，小份的数量是 3 份，散装的数量是 F（=15）块。从而得出，糖果的数量为 $(10\times4096)+(0\times256)+(3\times16)+(15\times1)=41\ 023$ 块。

需要注意的是，A03F 是以十六进制表示的数字，将其转换成十进制数的公式如下。

$$A \times 16^3 + 3 \times 16 + F$$

最终得出糖果数量为 41 023 块。

编程原理

计算机中使用的二进制数据

进制是一种计数体系，定义了可以使用的数字个数和位值。可以使用的数字个数与相应进制的数字相同，从 0 开始，一直到比相应进制小 1 的数字。因此，十进制中可以使用的数字有 0、1、2、3、4、5、6、7、8、9，而二进制中的数只用 0 和 1 表示。

在十六进制等大于十进制的计数条件下，除了数字 0~9 之外，还需要更多数字，此时通常使用 A、B、C、D、E、F。在十六进制中，A 代表十进制数的 10，B 代表十进制数的 11，C 代表十进制数的 12，D 代表十进制数的 13，E 代表十进制数的 14，F 代表十进制数的 15。

让我们来看看计算机存储数据的过程。计算机中，存储数据的最小单位是“位”（bit，binary digit），表示二进制。“1 位”能够表示 0 和 1 共两条信息，“2 位”能够表示 4 条：00、01、10、11，“3 位”能够表示 8 条信息。以此类推，n 位能够表示 2^n 条信息。

除了数字之外，字母以及汉字都是以二进制式存储的。按照国际标准制定的统一码编码，使用 16 位表示一个字符。以汉字“施”为例，其二进制代码被定义为 110010110111101。为了简短地表示，将二进制转换为十六进制，即 65BD。

通过在文档编辑软件的“插入字符表”对话框中单击“Unicode（十六进制）”选项卡，并选择任意字符，可以在界面正下方查看“统一码 (U)”的数值。

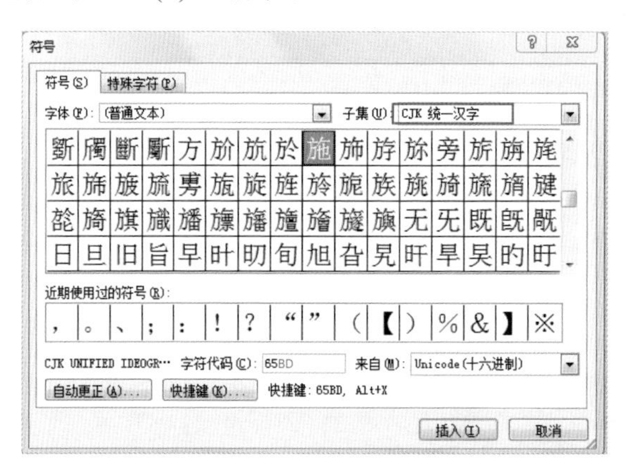

屏幕上显示的颜色也可以利用二进制表示。使用 24 位表示颜色，当用二进制表示时，则黑色为 000000000000000000000000，白色为 111111111111111111111111。当以十六进制表示时，黑色为 000000，白色为 FFFFFF（人们也使用 32 位表示透明度）。

下页图是在中文界面下操作的，使用十六进制指定文字颜色时，可以通过【颜色】对话框的【HTML(T)】查看代码值。

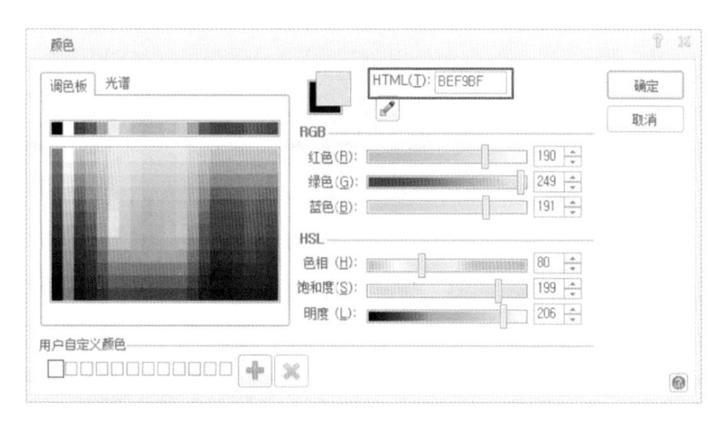

因此，计算机中使用二进制（或者十六进制）存储或表示数据。下表显示了十进制、二进制、八进制和十六进制数之间的关系。

十进制	二进制	八进制	十六进制
1	1	1	1
2	10	2	2
3	11	3	3
4	100	4	4
5	101	5	5
6	110	6	6
7	111	7	7
8	1000	10	8
9	1001	11	9
10	1010	12	A
11	1011	13	B
12	1100	14	C
13	1101	15	D
14	1110	16	E
15	1111	17	F
16	10000	20	10
17	10001	21	11
18	10010	22	12

03 分组游戏

假设有 26 名学生，根据以下规则进行分组。

> **规则**
>
> 1 一旦分组成功，彼此不能离开。
>
> 2 分组的人数每次增加一倍。
>
> 3 如果分组不成功，则坐在原位。

一开始每两人结伴分组，未能分组成功的学生原地不动。共分组成功 13 组，没有分组不成功的学生。

根据第二条规则，在下一阶段，每 4 个人结伴分组，未能分组成功的学生原地不动。共分组成功 6 组，未能分组成功的剩下两名学生构成一组，坐在原位。

以这种方法进行，直到所有学生都被分组。猜猜看，下表所示的学生人数分别可以成功分为多少组？

小组中的学生人数	16 名	8 名	4 名	2 名	1 名
小组数				1	0

习题 03 分析与解答

游戏过程如下所示。

❶ 总共有 26 名学生，将每两名学生分在一起，共构成 13 个小组，没有淘汰者。

❷ 如果将每 4 名学生分在一起，就形成 6 个小组，多出的两名构成一组，分组不成功而被淘汰出局，就在原位落座。

❸ 对于未被淘汰的 24 名学生，如果将每 8 名学生分在一起，就形成 3 个小组，没有被淘汰的组。

❹ 如果将每 16 名学生分在一起，就形成 1 个小组，其余 8 名学生构成的小组不能分组成功，从而被淘汰出局，在原位落座。因为所有学生都被分组，所以分组结束。

最终得出的结果是，16 名学生构成一个小组，8 名学生构成一个小组，4 名学生构成的小组数是 0 个，2 名学生构成的小组数是 1 个，没有落单的学生。如下表所示。

小组中的学生人数	16 名	8 名	4 名	2 名	1 名
小组数	1	1	0	1	0

由此可知，随着每一步的进行，分组的人数为 2 名、4 名、8 名、16 名，以 2 倍递增。利用这个原理可以计算出正确答案。每个阶段中分组的数量除以 2 的商数是形成的组数，余数就成为被淘汰的组数。

最终结果如右图所示，26 除以 2 后，余数反向排序得出 11010，这就是正确答案。

除数	商		余数
2	26		
2	13	……	0
2	6	……	1
2	3	……	0
2	1	……	1
	0	……	1

04 求自行车大盘转动圈数

自行车通过齿轮和链条将人踩脚蹬的动力传递到后轮。大盘齿数和飞轮齿数不同，那么大盘转动圈数和飞轮转动圈数也不同。

假设大盘齿数是 16 个，飞轮齿数是 8 个，那么踩脚蹬转两圈时，后轮转动多少圈？

如果大盘转动 3 圈 11 格，那么飞轮转动多少圈多少格？

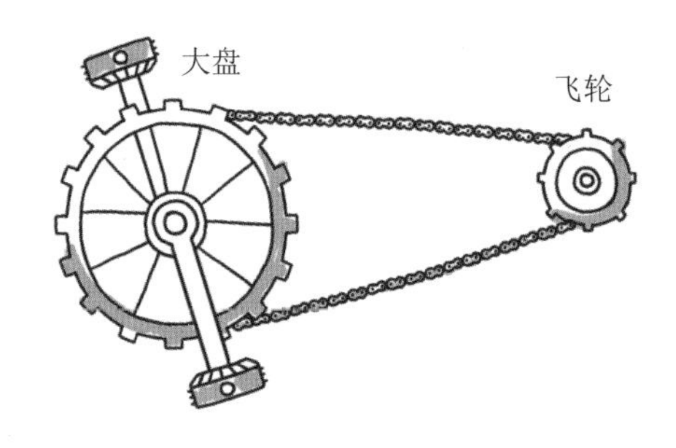

习题 04 分析与解答

首先解决第一个问题。

脚蹬每转动一圈，大盘就转动 16 格，那么脚蹬每转动两圈，大盘就转动 32 格。由于大盘转动 32 格，那么飞轮也同样会转动 32 格。

由于飞轮每转动 8 格就会转动一圈，所以飞轮每转动 32 格时，后轮就转动 4 圈。

在第二个问题中，由于大盘转动 3 圈 11 格，因此飞轮就会转动 59（$3 \times 16 + 11$）格。又因为飞轮转动 59 格，因此最终结论是，飞轮转动 7 圈 3 格。

进制转换

在计算机内部，文本、图像、音频和视频等所有信息以二进制数表示，统一码编码、RGB 颜色值等以十六进制表示。因此，我们接触编程时，有必要了解进制转换的基本概念。

将二进制、十六进制转换为十进制

首先，将二进制或十六进制转换为十进制。

计数系统中有一个重要的概念是位值。所有数的每一位数字都有一个位值。对于每个数字的位值，相应位置上的数字的幂次都可以应用相应的进制来计算，每一个位置值代表的幂次最右边是 0，向左移动一位就递增 1。

例如，二进制数 1011 经过以下步骤得到十进制数 11。

$$
\begin{aligned}
1011_2 &= 1\times2^3 + 0\times2^2 + 1\times2^1 + 1\times2^0 \\
&= 8 + 0 + 2 + 1 \\
&= 11_{10}
\end{aligned}
$$

又如，十六进制数 AB1 经过以下步骤得到十进制数 2737。

$$
\begin{aligned}
AB1_{16} &= A\times16^2 + B\times16^1 + 1\times16^0 \\
&= 10\times16^2 + 11\times16^1 + 1\times16^0 \\
&= 2560 + 176 + 1 \\
&= 2737_{10}
\end{aligned}
$$

将十进制转换为二进制或十六进制

接下来，将十进制转换为二进制或者十六进制。

为了将十进制数转换为其他进制的数，可以将十进制数连续除以要转换的进制基数，直至商为 0，然后按反向排序其余数，就可以得到转换后的值。

例如，要将十进制数 37 转换为二进制数，可以将 37 连续除以 2，直至商为 0，然后反向排序其余数，就可以得到转换后的值。也就是说，将十进制数 37 转换为二进制数，得到值为 100101。如右所示。

除数	商		余数
2	37		
2	18	……	1
2	9	……	0
2	4	……	1
2	2	……	0
2	1	……	0
	0	……	1

将十进制数 283 转换成十六进制数的过程如下：由于十进制数 11 以十六进制数 B 表示，所以十进制数 283 就用十六进制数 11B 表示。

除数	商		余数
16	283		
16	17	……	11
16	1	……	1
	0	……	1

将十进制转换为二进制

将十进制转换为二进制的方法如下所示。

步骤 1 将想要转换为十进制的数存储到“十进制”变量。

步骤 2 如果“十进制”变量值为 0，请跳转至步骤5。

步骤 3 将“十进制”变量值除以2，并将余数写到“二进制”变量值前。

步骤 4 将“十进制”变量值除以2得到的值存储到“十进制”变量，然后跳转至步骤2。

步骤 5 输出“二进制”变量值。

下面以十进制数 6 为例。

❶ 将 6 存储在“十进制”变量中（步骤1）。

6	
十进制	二进制

❷ 由于“十进制”变量的值不是 0，所以请跳转至下一步（步骤2）。

❸ 将“十进制”变量值 6 除以 2，并将余数 0 写到“二进制”变量值前，将“十进制”变量值 6 除以 2 得到的值 3 存储到“十进制”变量（步骤3 步骤4）。

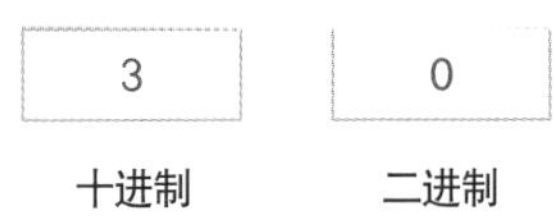

❹ 由于“十进制”变量的值不是 0，所以跳转至下一步（步骤2）。

❺ 将“十进制”变量的值 3 除以 2，并将余数 1 写到“二进制”变量值前，然后将“十进制”变量值 3 除以 2 得到的值 1 存储到“十进制”变量（步骤3 步骤4）。

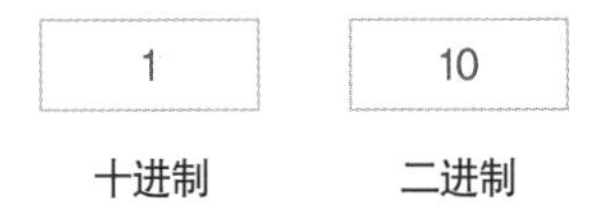

❻ 由于“十进制”变量的值不是 0，所以跳转至下一步（步骤2）。

❼ 将“十进制”变量的值 1 除以 2，并将余数 1 写到“二进制”变量值前，然后将“十进制”变量的值 1 除以 2 得到的值 0 存储到“十进制”变量（步骤3 步骤4）。

0	110
十进制	二进制

❽ 由于“十进制”变量的值是 0，所以跳转至步骤 5（步骤2）。

❾ 输出“二进制”变量的值 110（步骤5）。

将十进制转换为二进制的 Scratch 程序如下图所示。关于本书使用的编程语言如何在 Scratch

和 App Inventor 中应用，请参阅“习题 12”之后的“编程原理”板块“编程”部分。

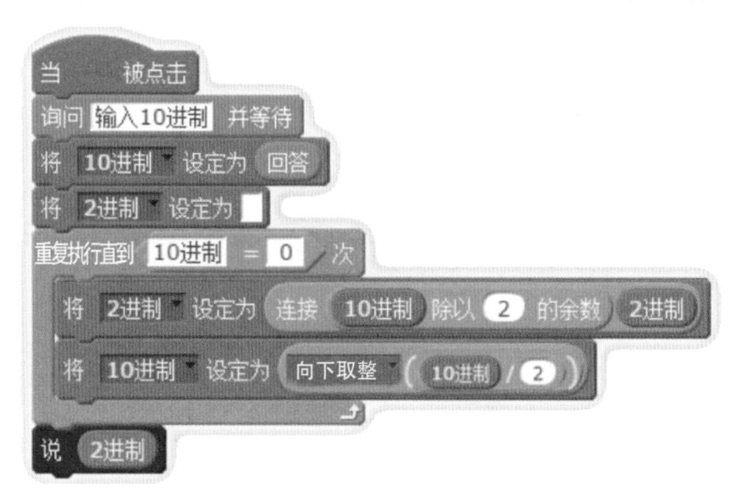

将二进制转换为十进制

将二进制转换为十进制的方法如下所示。

步骤1 将想要转换的二进制数存储到“二进制”变量，并将0存储到“十进制”变量。

步骤2 将1存储在“位值”变量中，并将“二进制”值的长度值存储到“位置”变量。

步骤3 对“二进制”值的长度值重复下列操作。

3-1 将“二进制”变量中“位置”的序数乘以“位值”，把得到的值在“十进制”变量中进行累加。

3-2 将“位值”乘以2得到的值存储在“位值”中。

3-3 将“位置”的值减1。

步骤4 输出“十进制”变量值。

下面以二进制数 110 为例。

❶ 将 110 存储在“二进制”变量中，并将 0 存储到“十进制”变量（步骤1）。

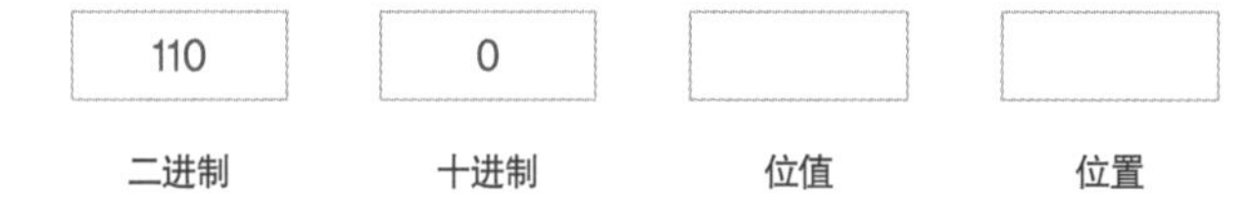

二进制　十进制　位值　位置

❷ 将 1 存储在“位值”变量中，并将“二进制”变量值 110 的长度值 3 存储到“位置”变量（步骤2）。

110	0	1	3
二进制	十进制	位值	位置

❸ 将 110 的第三位数 0 乘以“位值”1 得到 0，在“十进制”变量中进行累加。（步骤3-1）。

二进制	十进制	位值	位置
110	0	1	3

❹ 将“位值”乘以 2 得到的值 2 存储在“位值”中，并将“位置”的值减 1（步骤3-2 步骤3-3）。

二进制	十进制	位值	位置
110	0	2	2

❺ 将 110 的第二位数 1 乘以“位值”2 得到的值 2 在“十进制”变量中进行累加。（步骤3-1）。

二进制	十进制	位值	位置
110	2	2	2

❻ 将“位值”乘以 2 得到的值 4 存储在“位值”中，并将“位置”的值减 1（步骤3-2 步骤3-3）。

二进制	十进制	位值	位置
110	2	4	1

❼ 将 110 的第一位数 1 乘以“位值”4 得到的值 4 在“十进制”变量中进行累加。（步骤3-1）。

二进制	十进制	位值	位置
110	6	4	1

❽ 将“位值”乘以 2 得到值的 8 存储在“位值”中，并将“位置”值减 1。最终，重复执行“二进制”变量值的长度值操作完成（步骤3-2 步骤3-3）。

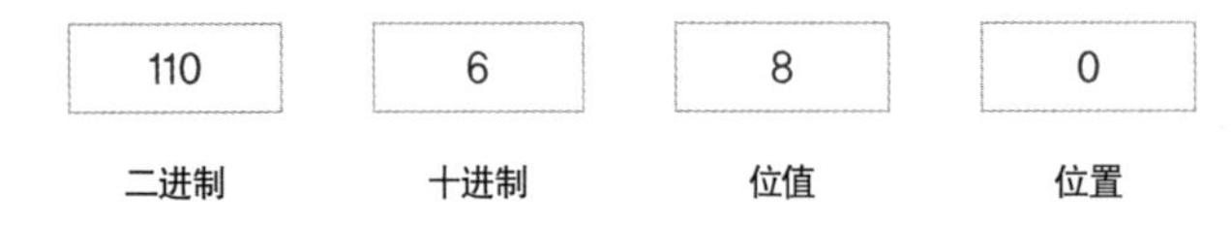

❾ 输出“十进制”变量值 6（步骤4）。

将二进制转换为十进制的 Scratch 程序如下图所示。

```
当 [绿旗] 被点击
询问 [输入2进制] 并等待
将 [2进制] 设定为 (回答)
将 [10进制] 设定为 [0]
将 [位值] 设定为 [1]
将 [位置] 设定为 ((2进制) 的长度)
重复执行 ((2进制) 的长度) 次
    将 [10进制] 设定为 (第 (位置) 个字符: (2进制) * (位值))
    将 [位值] 设定为 ((位值) * (2))
    将 [位置] 设定为 [-1]
说 [10进制]
```

习题 05 推测纸条内容

有一天，韩非在海边散步的时候看到一个透明的玻璃瓶，里面装着一张纸条。韩非非常好奇纸条上写着什么内容，于是打开盖子拿出了纸条。韩非看了看发现，纸条上只写了些看不明白的数字。这些数字究竟代表什么意思呢？

习题 05 分析与解答

小纸条上写的二进制数 10011 以十进制数表示，就是 19。而将二进制数 01111 以十进制数表示，则为 15。

1 表示为 A，2 表示为 B，3 表示为 C，以此类推，数字 1~26 都与英文大写字母一一对应，如下表所示。

1	2	3	4	5	6	7	8	9	10	11	12	13
A	B	C	D	E	F	G	H	I	J	K	L	M
14	15	16	17	18	19	20	21	22	23	24	25	26
N	O	P	Q	R	S	T	U	V	W	X	Y	Z

最终得出，10011_2（19）表示为 S，01111_2（15）表示为 O，所以正确答案是 SOS。

以0和1表示的电话号码

K 公司为庆祝开业，正在开展一项活动：活动期间到现场的前 10 名顾客都可免费获赠平板电脑。韩非正好需要平板电脑，所以打算申请这次活动的门票，那么应该拨打哪个电话报名呢？

开业活动

我司正在生产和销售平板电脑、个人电脑、智能手机等各种IT产品。

为庆祝开业，我们将向来到现场的前10位顾客免费赠送最新款平板电脑。本次活动仅限破解下列电话号码并与我们取得联系的顾客。

机不可失，时不再来！

0	1	1	0	0	1	0
0	1	1	0	1	0	0
0	1	1	1	0	0	0
0	1	1	0	0	0	0
0	1	1	1	0	0	0
0	1	1	0	1	0	0
0	1	1	0	0	1	0

习题 06 分析与解答

下图中，除了每一行左侧共同的 3 位（011）之外，将剩下的二进制转换为十进制，就能找到正确答案。

0	1	1	0	0	1	0
0	1	1	0	1	0	0
0	1	1	1	0	0	0
0	1	1	0	0	0	0
0	1	1	1	0	0	0
0	1	1	0	1	0	0
0	1	1	0	0	1	0

首先看第一行。除了位于 0110010 左侧的 3 位是 011 之外，剩余 4 位是 0010。二进制数 0010 可转换为十进制数 2。以同样的方法对其他行进行转换，得到的值分别为：第二行为 4，第三行为 8，第四行为 0，第五行为 2，第六行为 4，第七行为 8。

或者，可以使用数值型字符的 ASCII 码，如右表所示。如果用相应的字符替换上图中二进制格式的数，则得出的值为 2480248。

最终，正确答案就是 2480248。

字符	ASCII 码
0	0110000
1	0110001
2	0110010
3	0110011
4	0110100
5	0110101
6	0110110
7	0110111
8	0111000
9	0111001

07 用数字表示的开机密码

韩非为了完成作业，特意打开了电脑。但是，电脑上设置了密码，显示器右上角贴着一张小纸条，上面写有纵横填字谜作为提示。

请解出应当填入密码输入框的字母并组成句子，得出密码。

密码提示

					87	
80	85	90	90	76	69	83
				79		
				86		
				69		

习题 07 分析与解答

英文大写字母的 ASCII 码及其与十进制数值的对应关系如下表所示。

字符	ASCII 码	十进制数值	字符	ASCII 码	十进制数值
A	1000001	65	N	1001110	78
B	1000010	66	O	1001111	79
C	1000011	67	P	1010000	80
D	1000100	68	Q	1010001	81
E	1000101	69	R	1010010	82
F	1000110	70	S	1010011	83
G	1000111	71	T	1010100	84
H	1001000	72	U	1010101	85
I	1001001	73	V	1010110	86
J	1001010	74	W	1010111	87
K	1001011	75	X	1011000	88
L	1001100	76	Y	1011001	89
M	1001101	77	Z	1011010	90

用相应的字符替换纸条上写的十进制数，则会得到如下结果。

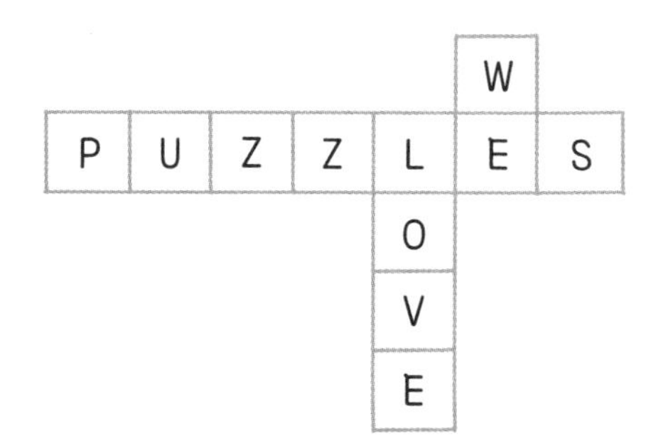

最终得到正确答案：WE LOVE PUZZLES（我们爱字谜）。

计算机中的字符表示方式

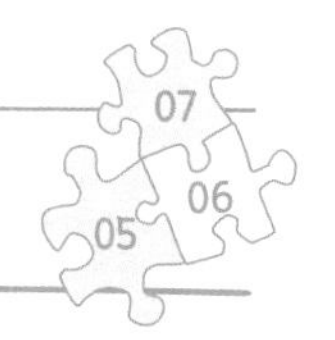

如前所述，计算机中使用二进制数 0 和 1 表示所有信息，包括字符、数字和图像等。现在看看如何在计算机中表示字符。

计算机发明初期，人们用各种各样的方法来表示字符。然而，每个制造商都有自己的表示方法，这就导致了兼容性等各种问题。为了解决这些问题，美国国家标准协会（ANSI，American National Standards Institute）提出了“美国信息交换标准码”（ASCII，American Standard Code for

Information Interchange）表，并使用至今。

计算机中采用的 ASCII 码用 7 位表示一个字符，总共可以表示 2^7(= 128）个字符，如下表所示。

ASCII 码	字符	ASCII 码	字符	ASCII 码	字符	ASCII 码	字符
0000000	NUL（空字符）	0100000	Space	1000000	@	1100000	`
0000001	SOH（标题起始符）	0100001	!	1000001	A	1100001	a
0000010	STX（文本起始）	0100010	"	1000010	B	1100010	b
0000011	ETX（文本结束）	0100011	#	1000011	C	1100011	c
0000100	EOT（传输结束）	0100100	$	1000100	D	1100100	d
0000101	ENQ（请求）	0100101	%	1000101	E	1100101	e
0000110	ACK（收到通知）	0100110	&	1000110	F	1100110	f
0000111	BEL（响铃）	0100111	'	1000111	G	1100111	g
0001000	BS（退格）	0101000	(	1001000	H	1101000	h
0001001	HT（水平制表符）	0101001	)	1001001	I	1101001	i
0001010	LF（换行键）	0101010	*	1001010	J	1101010	j
0001011	VT（垂直制表符）	0101011	+	1001011	K	1101011	k
0001100	FF（换页键）	0101100	,	1001100	L	1101100	l
0001101	CR（回车键）	0101101	–	1001101	M	1101101	m
0001110	SO（取消切换）	0101110	.	1001110	N	1101110	n
0001111	SI（启用切换）	0101111	/	1001111	O	1101111	o
0010000	DLE（数据链路转义）	0110000	0	1010000	P	1110000	p
0010001	DC1（设备控制 1）	0110001	1	1010001	Q	1110001	q
0010010	DC2（设备控制 2）	0110010	2	1010010	R	1110010	r
0010011	DC3（设备控制 3）	0110011	3	1010011	S	1110011	s
0010100	DC4（设备控制 4）	0110100	4	1010100	T	1110100	t
0010101	NAK（拒绝接收）	0110101	5	1010101	U	1110101	u
0010110	SYN（同步空闲）	0110110	6	1010110	V	1110110	v
0010111	ETB（结束传输块）	0110111	7	1010111	W	1110111	w
0011000	CAN（取消）	0111000	8	1011000	X	1111000	x
0011001	EM（媒介结束）	0111001	9	1011001	Y	1111001	y
0011010	SUB（代替）	0111010	:	1011010	Z	1111010	z
0011011	ESC（换码）	0111011	;	1011011	[	1111011	{
0011100	FS（文件分隔符）	0111100	<	1011100	\	1111100	|
0011101	GS（分组符）	0111101	=	1011101	]	1111101	}
0011110	RS（记录分隔符）	0111110	>	1011110	^	1111110	~
0011111	US（单元分隔符）	0111111	?	1011111	_	1111111	DEL

例如，A 表示为 1000001。

但是，ASCII 码无法表示多个国家的不同语言。为了解决这类问题，人们提出一个标准——统一码（Unicode）。

统一码用 16 位表示一个字符，总共可以表示 2^{16}（= 65 536）个字符。目前，苹果、惠普、IBM、微软和甲骨文等 IT 企业都在采用统一码，各领域也都将其作为行业标准。每个国家或地区的统一码都可以在 Code Charts 网站上查询到。

Unicode 对汉字的编码有两套标准：一套是 UCS-2，用两字节为字符编码；另一套是 UCS-4，用 4 字节为字符编码。中文的简体和繁体总共有 70 000 个汉字，而 UCS-2 最多能表示 65 536 个，所以 Unicode 只能排除一些几乎不用的汉字，仅使用 7000 多个常用的简体汉字。为了能表示所有汉字，Unicode 也使用 UCS-4，不过现在汉字普遍采用的还是 UCS-2，只用两字节编码。

关于汉字的统一码编码范围，可以在代码表网站的中文编码中查询到相关内容。以下截取一部分汉字统一码，“施”字的统一码用十六进制表示为 65BD。

D	攍 650D	攝 651D	攭 652D	攽 653D	敍 654D	敝 655D	敭 656D	敽 657D	斍 658D	斝 659D	断 65AD	施 65BD	旍 65CD	旝 65DD	旭 65ED	旽 65FD
E	攎 650E	攞 651E	攮 652E	放 653E	敎 654E	敞 655E	敮 656E	敾 657E	斎 658E	斞 659E	斮 65AE	斾 65BE	旎 65CE	旞 65DE	旮 65EE	旾 65FE
F	攏 650F	攟 651F	支 652F	政 653F	敏 654F	敟 655F	敯 656F	敿 657F	斏 658F	斟 659F	斯 65AF	斿 65BF	族 65CF	旟 65DF	旯 65EF	旿 65FF

08 寻找隐藏的信息

班主任老师在课间休息时给学生们分发纸条，并说道：“现在发给大家的这张纸上隐藏了一条信息，找出答案的同学将会得到老师送出的一份礼物。”如下所示，纸上有很多格子，里面填满了数字。这有什么涵义呢？提示：数字越大，格子的颜色就越深。

0	0	0	0	0	0	0	0	0	0	0	0	0	0	0	0	0	0	0	0	0	0	0	0
0	0	0	0	0	0	0	0	0	0	0	0	0	0	0	0	0	0	0	0	0	0	0	0
0	0	0	3	3	3	3	3	3	3	3	3	3	3	3	3	3	3	3	3	3	0	0	0
0	0	3	3	3	3	3	3	3	3	3	3	3	3	3	3	3	3	3	3	3	3	0	0
0	0	3	3	1	1	1	1	1	1	1	1	1	1	1	1	1	1	1	1	3	3	0	0
0	0	3	3	1	1	1	1	1	1	1	1	1	1	2	2	2	2	2	1	3	3	0	0
0	0	3	3	1	1	1	1	1	1	1	2	1	1	1	1	2	1	1	1	3	3	0	0
0	0	3	3	1	2	2	2	2	2	1	2	1	1	1	2	2	2	1	1	3	3	0	0
0	0	3	3	1	1	2	1	2	1	1	2	1	1	2	2	1	2	2	1	3	3	0	0
0	0	3	3	1	1	2	1	2	1	1	2	1	1	1	1	1	1	1	1	3	3	0	0
0	0	3	3	1	1	2	1	2	1	1	2	1	1	2	2	2	2	2	1	3	3	0	0
0	0	3	3	1	1	2	1	2	1	2	2	1	1	1	1	1	1	1	1	3	3	0	0
0	0	3	3	1	1	2	1	2	1	1	2	1	1	2	2	2	2	2	1	3	3	0	0
0	0	3	3	1	1	2	1	2	1	1	2	1	1	1	1	1	1	2	1	3	3	0	0
0	0	3	3	1	1	2	1	2	1	1	2	1	1	2	2	2	2	2	1	3	3	0	0
0	0	3	3	1	2	2	2	2	2	1	2	1	1	2	1	1	1	1	1	3	3	0	0
0	0	3	3	1	1	1	1	1	1	1	2	1	1	2	2	2	2	2	1	3	3	0	0
0	0	3	3	1	1	1	1	1	1	1	1	1	1	1	1	1	1	1	1	3	3	0	0
0	0	3	3	3	3	3	3	3	3	3	3	3	3	3	3	3	3	3	3	3	3	0	0
0	0	0	3	3	3	3	3	3	3	3	3	3	3	3	3	3	3	3	3	3	0	0	0
0	0	0	0	0	0	0	0	0	0	0	0	0	0	0	0	0	0	0	0	0	0	0	0
0	0	0	0	0	0	0	0	0	0	0	0	0	0	0	0	0	0	0	0	0	0	0	0

习题 08 分析与解答

前面给出的提示是，数字越大，格子的颜色越深，所以可以如下图所示，在 0~3 的数字上涂抹指定的颜色，即可找出正确答案。

如果用指定颜色涂抹，将每个数字的格子填满，则可以找到隐藏的信息——韩文“谜题”，如下所示。

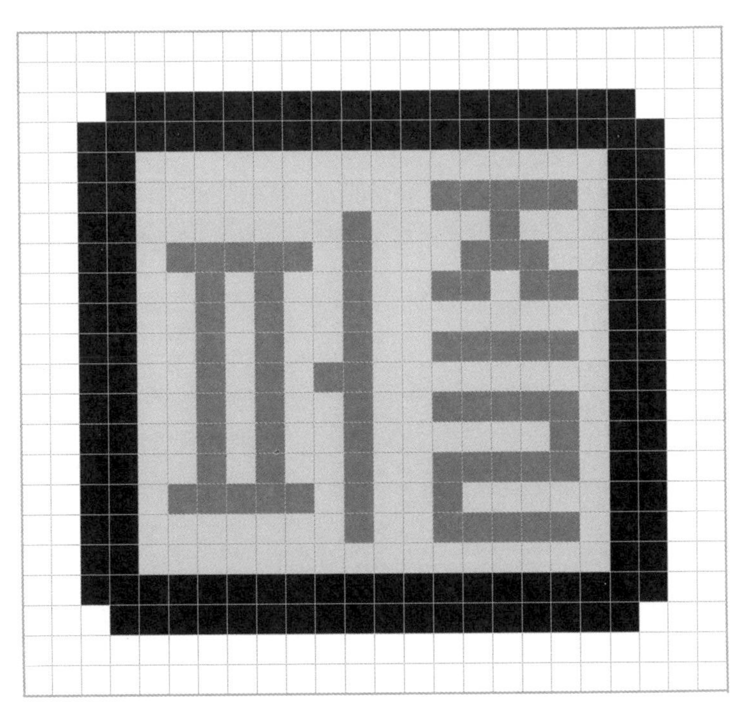

用命令提示符绘图

老师给学生们分发纸条，让大家尝试参考下面的信息绘图。老师究竟想让学生们绘制什么样的图呢？

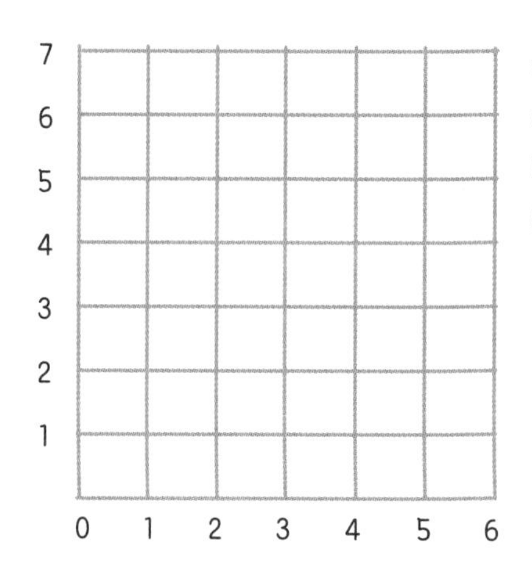

rectangle 1, 4, 5, 1
rectangle 2, 3, 4, 2
line 1, 4, 3, 6
line 3, 6, 5, 4

习题 09 分析与解答

rectangle(1, 4, 5, 1) 表示的是左上角顶点坐标为 (x : 1, y : 4)、右下角顶点坐标为 (x : 5, y : 1) 的长方形；line(1, 4, 3, 6) 表示的是起点坐标为 (x : 1, y : 4)、终点坐标为 (x : 3, y : 6) 的直线。因此，可绘制出如下图形。

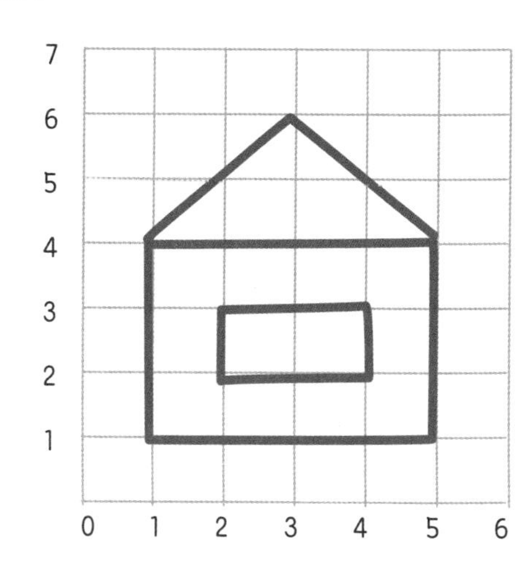

rectangle 1, 4, 5, 1
rectangle 2, 3, 4, 2
line 1, 4, 3, 6
line 3, 6, 5, 4

计算机中的图像表示方式

在计算机中，根据表示方式的不同，图像可以分为两种：一种用像素点阵方法记录图像，即位图；一种通过数学方法记录图像，即矢量图。

首先，如果以位图方式浏览图片，则会发现若干个小点以矩阵排列，如下图所示。在左图上，四叶草的叶子边缘呈现平滑的曲线，但如果放大看，就可以看出其是由无数小四边形的点表示的，如右图所示。

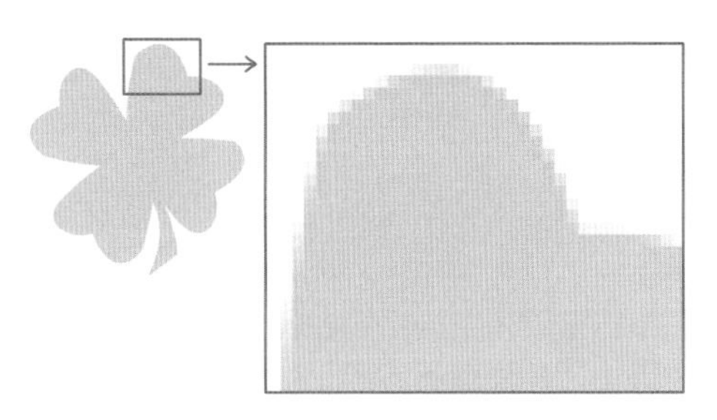

在位图表示方式中，每个点被称为“像素”，其颜色数量由分辨率决定。如果像素分辨率为 1 位，则每个像素的颜色由 1 位表示。若可以用 1 位二进制表示的信息是 0 和 1，那么只能有两种取值表示颜色，即黑色和白色。

假如像素分辨率为 8 位，则每个像素的颜色由 8 位表示。由于可以用 8 位二进制数表示的信息有 2^8 种取值，所以可以显示 256 种颜色。

为了在计算机上使用真彩色，需要 24 位或更高的像素分辨率。这种分辨率可以达到人眼分辨的极限 160 000 种颜色。最常用的数码相机也以 24 位像素分辨率的颜色存储图像。随着位值变大，图片文件也会变大。根据像素分辨率表示的颜色数量如下所示。

像素分辨率	计算公式	可以表示的颜色数量	像素分辨率	计算公式	可以表示的颜色数量
1 位	2^1	2	8 位	2^8	256
16 位	2^{16}	65 536	24 位	2^{24}	16 777 216

矢量图像表示方式用一系列计算指令和数学公式绘制图像。例如，通过下列指令完成图形。

- 已知圆形数值分别为20、20、15，绘制一个圆心坐标为(x: 20, y: 20)，半径为15的圆。
- 已知圆形数值分别为10、20、5，绘制一个圆心坐标为(x: 10, y: 20)，半径为5的圆。
- 已知圆形数值分别为25、20、5，绘制一个圆心坐标为(x: 25, y: 20)，半径为5的圆。
- 已知4条线段长分别为 15、20、20、20，绘制一条起点坐标为(x: 15, y: 20)，终点坐标为(x: 20, y: 20)的直线。
- 已知矩形4条边长分别为10、13、25、10，绘制一个左上角坐标为(x: 10, y: 13)，右下角坐标为(x: 25, y: 10)的长方形。

使用上述指令绘制的图形如下图所示。

因为位图是由若干个小点表示图像的，所以放大后容易失真，并且文件也相对较大。而矢量图通过数学计算绘制图片，所以即使放大到很大，清晰度也不会受到影响，而且文件比位图方式更小。

10 控制机器人1

下面这个机器人能够按照指示绘图。请亲自动手画出机器人执行命令后绘制的图。

命令

1 向前移动2 cm，绘制一条线。
2 按顺时针方向旋转60°。
3 向前移动2 cm，绘制一条线。
4 按顺时针方向旋转60°。
5 向前移动2 cm，绘制一条线。
6 按顺时针方向旋转60°。
7 向前移动2 cm，绘制一条线。
8 按顺时针方向旋转60°。
9 向前移动2 cm，绘制一条线。
10 按顺时针方向旋转60°。
11 向前移动2 cm，绘制一条线。
12 按顺时针方向旋转60°。

习题10 分析与解答

假定机器人当前向北，下面逐步分解。

❶ 向前移动2 cm，绘制一条线。

❷ 按顺时针方向旋转60°。

❸ 向前移动 2 cm，绘制一条线。

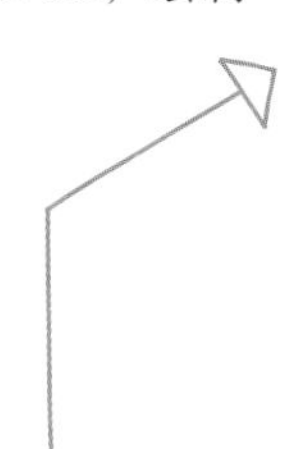

❹ 按顺时针方向旋转 60°　。

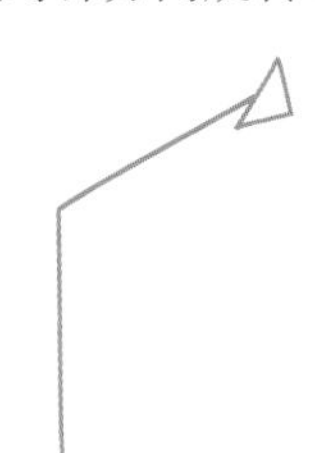

❺“向前移动 2 cm，绘制一条线”以及“按顺时针方向旋转 60°　”，这两个动作重复执行 4 次，最后绘出正六边形。

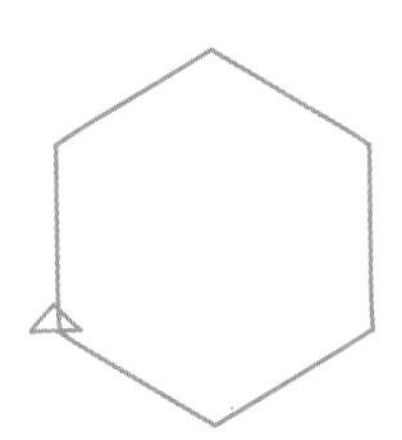

控制机器人2

机器人能够执行命令并绘制图像。请各位亲自画图。

命令

以下动作重复6次。

- 向前移动2 cm，绘制一条线。
- 按顺时针方向旋转60°。

习题 11 分析与解答

过程如下所示。

❶ 向前移动 2 cm，绘制一条线。

❷ 按顺时针方向旋转 60°。

❸“向前移动 2 cm，绘制一条线”以及“按顺时针方向旋转 60°”，这两个动作重复执行 5 次，最后绘出正六边形。

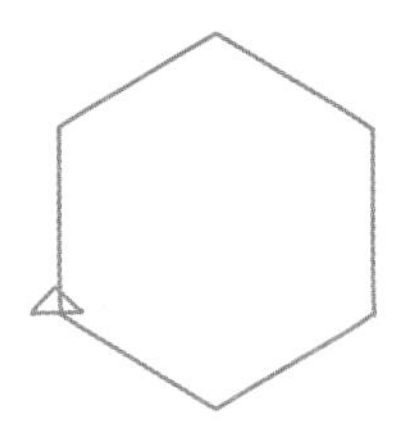

制作智能机器人

编写一条命令语句：机器人重复运行后，绘制一个边长为 3 cm 的正五边形。

习题 12 分析与解答

可考虑通过以下两种方法绘图：1. 列出所有操作步骤；2. 寻找重复的规律性。

首先，列出所有操作步骤，如下所示。

1 向前移动3 cm，绘制一条线。
2 按顺时针方向旋转72°。
3 向前移动3 cm，绘制一条线。
4 按顺时针方向旋转72°。
5 向前移动3 cm，绘制一条线。
6 按顺时针方向旋转72°。
7 向前移动3 cm，绘制一条线。
8 按顺时针方向旋转72°。
9 向前移动3 cm，绘制一条线。

至于寻找重复规律性的方法，如下所示。

以下动作重复5次。
- 向前移动3 cm，绘制一条线。
- 按顺时针方向旋转72°。

如上所示，从“命令语句的使用次数”和“对操作的熟悉程度”这两个角度寻找重复规律性的方法更有效率。

编程原理　计算机中的图像表示方式

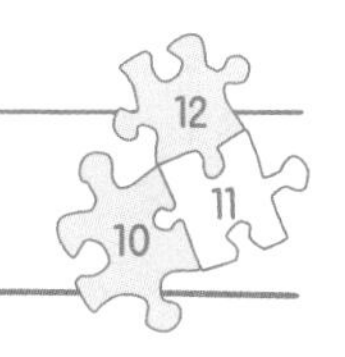

计算机本身不能自行运转，只有向其给出执行操作任务的指示后，它才能运行。至于该如何指示计算机执行任务，由计算机能够识别的指令组成的程序实现。编写此类程序的语言称为编程语言，比如C和Java等，针对初学者的编程软件有Scratch和App Inventor。

但是，使用这些编程语言编写的程序却不能直接被计算机识别。因此，有必要对其进行翻译，以使计算机能够理解，这个任务由被称为编译器和解释器的语言翻译程序负责。

Scratch

本书的“编程”板块涉及Scratch和App Inventor这两种编程工具，首先看看Scratch的使用方法。

❶ 访问 Scratch 网站，点击【加入 scratch 社区】按钮进行会员注册。

❷ 显示以下画面，说明注册成功。

❸ 在【加入 Scratch】界面单击【好了，让我们开始吧！】按钮，然后单击屏幕上端【创建】选项卡。

❹ 出现如下画面，表示已经进入创建程序编辑区域。

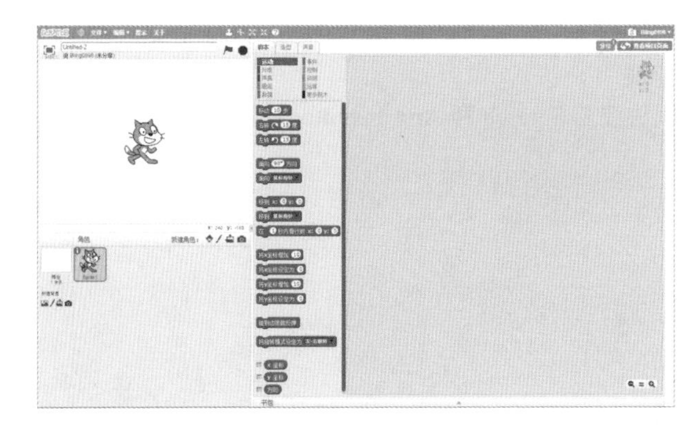

❺ 单击【事件】按钮，并将代码块【当🏴被点击】拖曳到右侧脚本编辑区域。

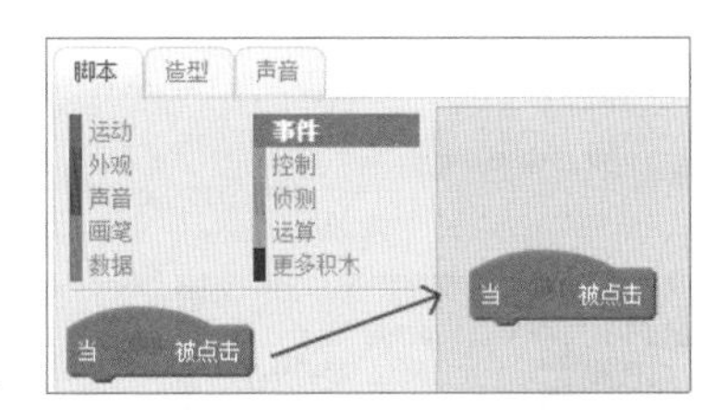

❻ 单击【运动】按钮，并将代码块【移动 10 步】拖曳到【当🏴被点击】模块下，进行连接，将 10 步更改为 200 步。

❼ 小猫所在的左侧画面为“舞台”，点击舞台上端的开始 (🏴) 按钮，该程序开始运行。只要点击开始 (🏴) 按钮，猫就会向右移动 200 像素的步数。

App Inventor

下面讲解 App Inventor 的使用方法。

❶ 运行 App Inventor 最适合使用 Chrome 浏览器，因此，请使用 Chrome 浏览器访问谷歌网站进行会员注册。

❷ 访问 App Inventor 网站，点击主页上的【创建应用程序！】（Create apps!）按钮。

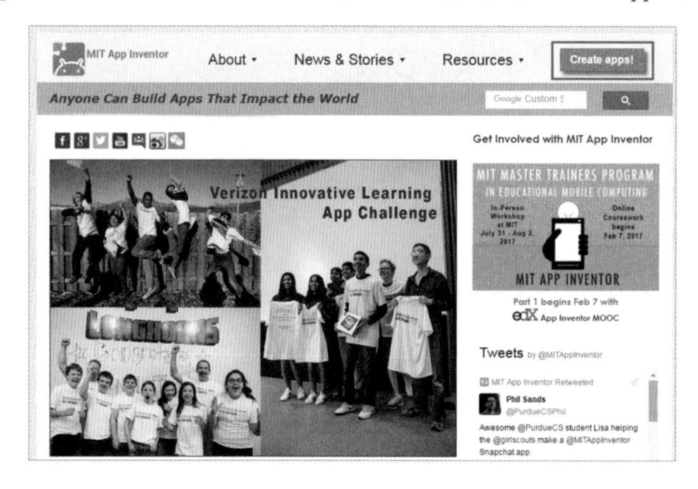

知识点

首次访问App Inventor可能出现以下画面。点击【我接受服务条款！】（I accept the terms of service!）按钮，进入下一步。

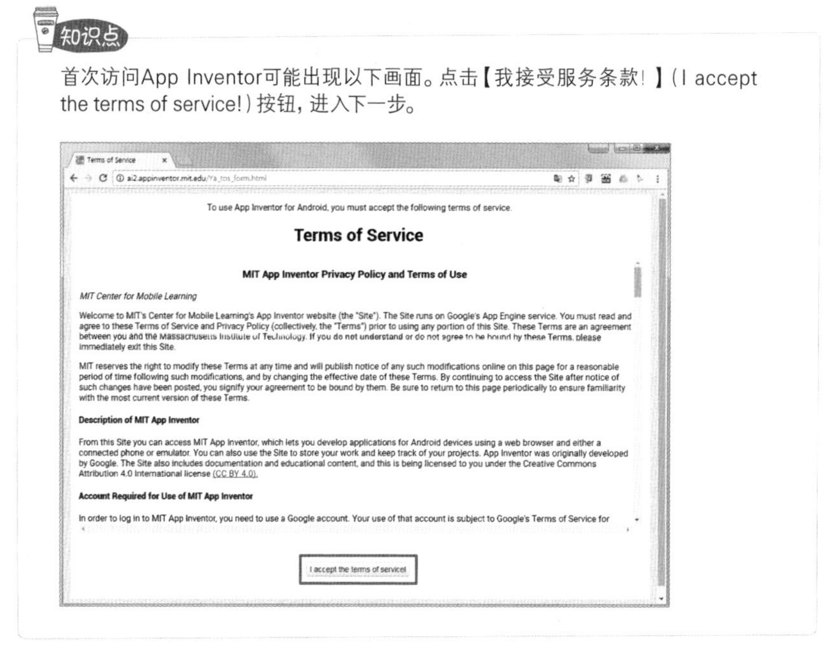

❸ 将英文版本更改为简体中文版本，请点击右上角的【英文】（English），然后选择“简体中文”。

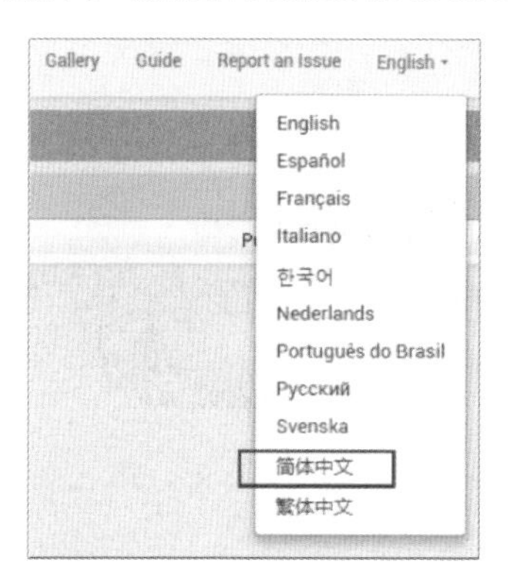

❹ 点击【项目】按钮，选择“新建项目”。

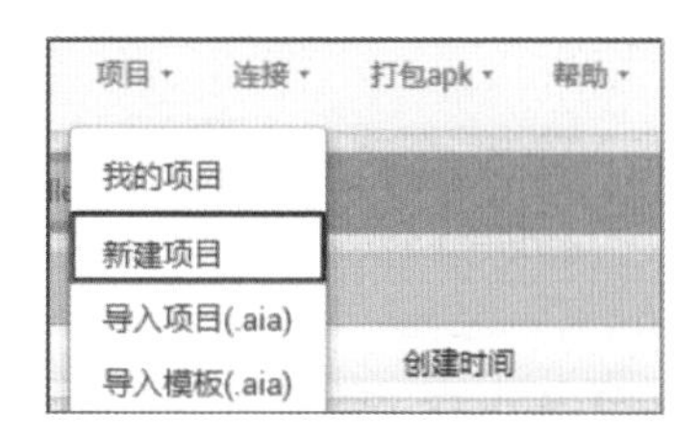

❺ 点击“新建项目”之后，出现【新建项目】对话框，然后在【项目名称】中输入要创建的项目名称，单击【确定】。

❻ 在画面上为 App 设置需要的组件，如下所示。

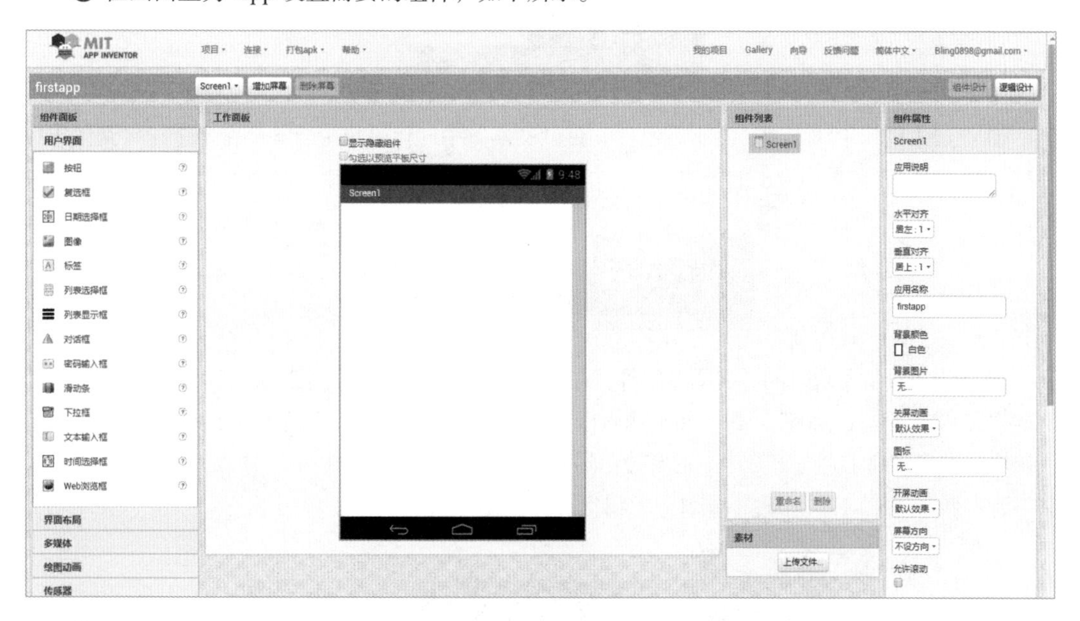

❼ 在【用户界面】工作区域，按顺序将【文本输入框】、【按钮】和【标签】拖曳到【预览窗口】的【Screen1】脚本编辑区。

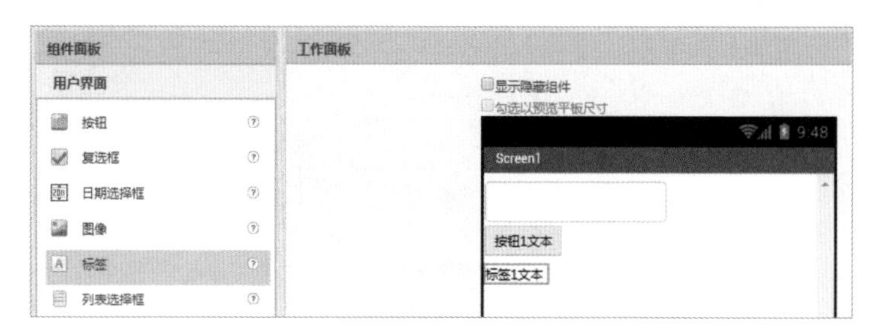

❽App 所需组件已经设置完成。下一步点击画面右上角的“逻辑设计”按钮，设置如何对 App 进行操作。

❾在“逻辑设计”工作区域，点击左侧“Screen1”下拉列表中的“按钮 1”，然后将代码块【当“按钮 1”被点击　执行】拖曳到“预览窗口”区域。运行 App 之后，点击相应按钮即可执行该区域内的代码块。

❿将“标签 1”的代码块【设置“标签 1”“文本”为】拖曳到代码块【当“按钮 1”被点击　执行】内。

⓫点击【设置】块下的“文本”组件，将“文本”中的代码块【合并字符串】连接到代码块【设置“标签 1”“文本”为】的旁边。

⓬点击【设置】块下的“文本”组件，在“文本”中选择代码块【“”】，然后点击“Screen1”下的“文本输入框 1”组件，在“文本输入框 1”中选择代码块【文本输入框 1 文本】，将选择的代码块分别连接到【合并字符串】的旁边。运行该 App 后，点击按钮时，“输入的内容：”以及在文本输入框输入的内容将在“标签 1”上输出。

⓭那么，接下来，尝试将完成的 App 安装到智能手机上吧。点击画面左上角的“打包 apk”按钮，然后选择“打包 apk 并显示二维码”。

⓮ QR 码显示在“二维码”对话框中时，可以通过智能手机的 QR 码读取 App 进行识别。

⓯ 识别 QR 码后，将 apk 文件保存到智能手机，安装并运行保存的 App。

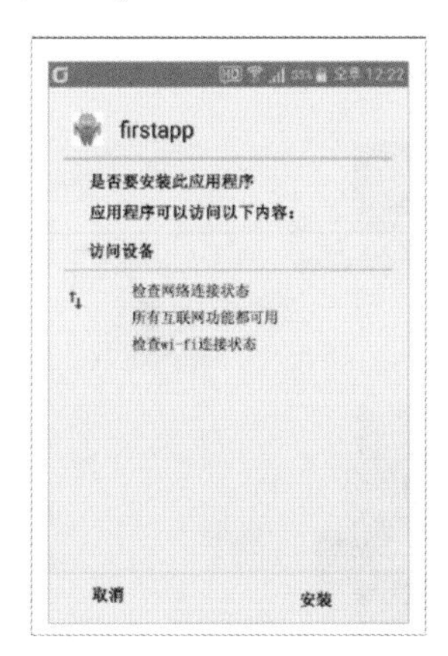

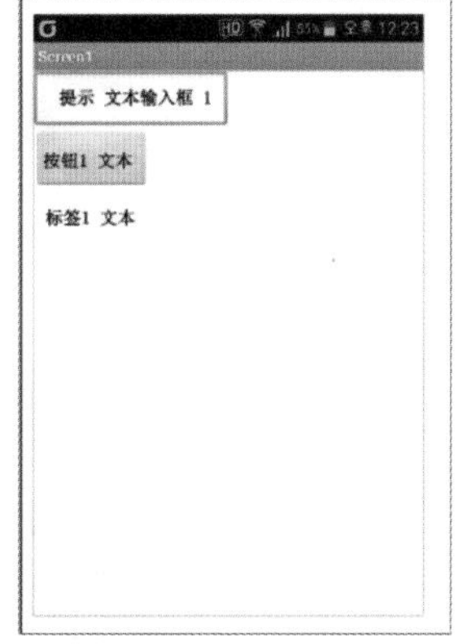

⓰ 在文本对话框中输入“计算思考力”后，按“按钮 1 文本”输出“输入的内容：计算思考力”。

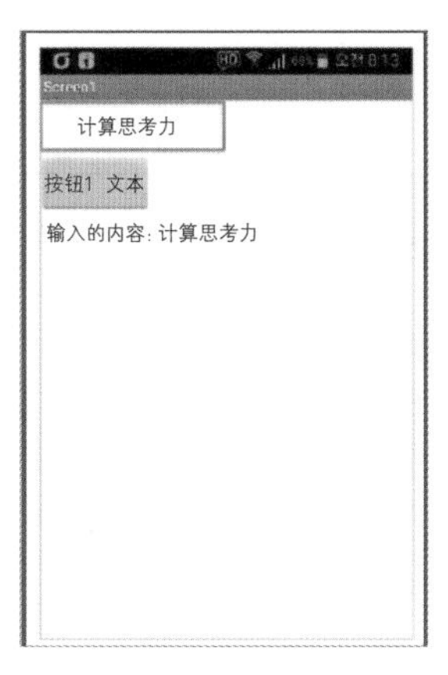

使用App Inventor制作的App仅适用于运行谷歌Android操作系统的智能手机，并不适用于iPhone。

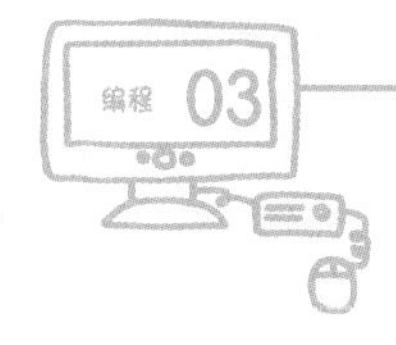

绘制正六边形

绘制正六边形的方法如下所示。

以下动作重复6次。

- 向前移动100步，绘制一条线。
- 按顺时针方向旋转60°。

使用此方法绘制正六边形的 Scratch 程序如下所示。在落笔状态下移动模块后，程序就会在移动路径上绘制一条线。

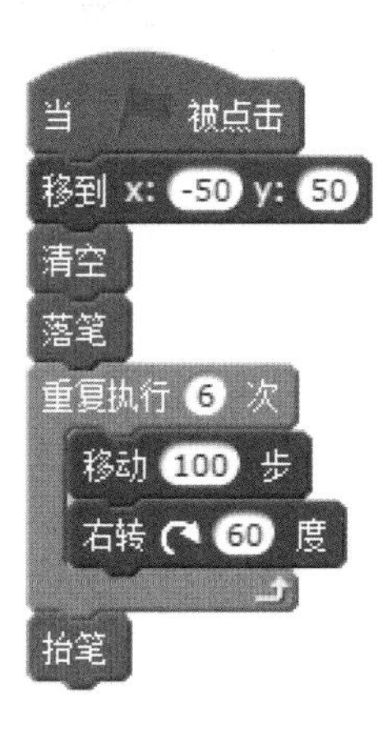

13 交换烧杯中的液体

为了科学课的实验，韩非在烧杯上贴了“果汁”和“水”两种标签，并分别倒入二者。但是操作过程中，错将水倒入贴有“果汁”标签的烧杯，而将果汁倒入了贴有“水”标签的烧杯。

现在已经没有多余的标签，所以无法重新写，而且看起来也会太杂乱无章。韩非决定直接交换果汁和水，但现在只有一个空烧杯，那么要想完成交换，需要几个步骤呢?

习题 13 分析与解答

要想交换烧杯中的液体，过程如下所示。

❶ 将贴有“果汁”标签烧杯中的水倒入空烧杯。

❷ 将贴有“水”标签烧杯中的果汁倒入贴有“果汁”标签的烧杯。

❸ 将没有贴标签烧杯中的水倒入贴有“水”标签的烧杯，完成交换。

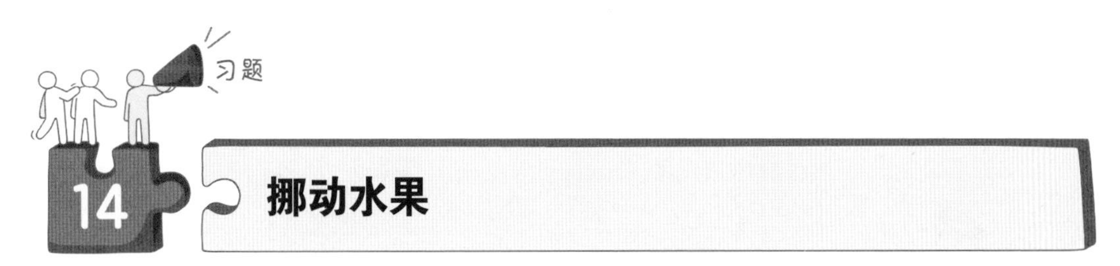

韩非和爸爸一起去超市买水果，货架上摆放着 4 个盘子和 3 个水果，如下所示。

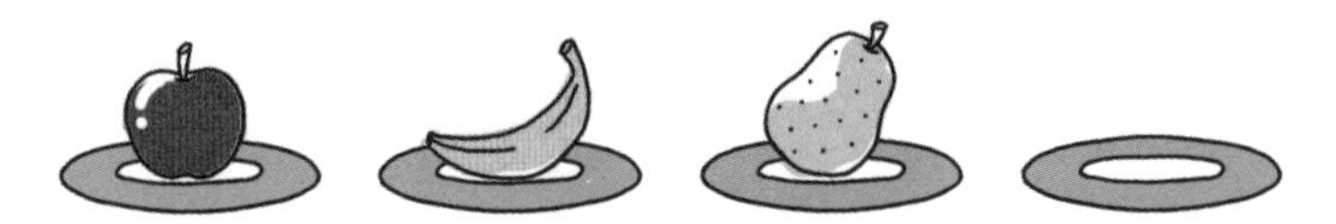

韩非说自己想吃超市里的所有水果，爸爸却打算先考考她：

为了使盘子中装有的水果如下页图所示，最少需要移动多少次水果？答对了就都买。但是，一次只能挪动一个水果，一个盘子只能放一个水果。而且不能把水果放在地上，也不能移动盘子。

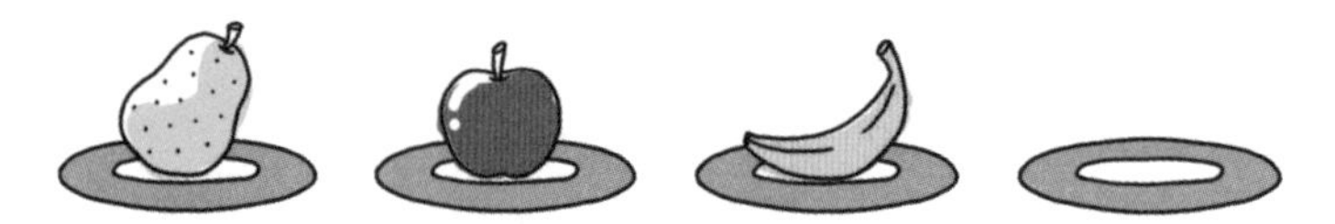

那么，究竟最少应该挪动多少次才能和上图一样呢？

习题 14 分析与解答

一个盘子里只能放一个水果。因此，按以下顺序依次挪动水果即可。

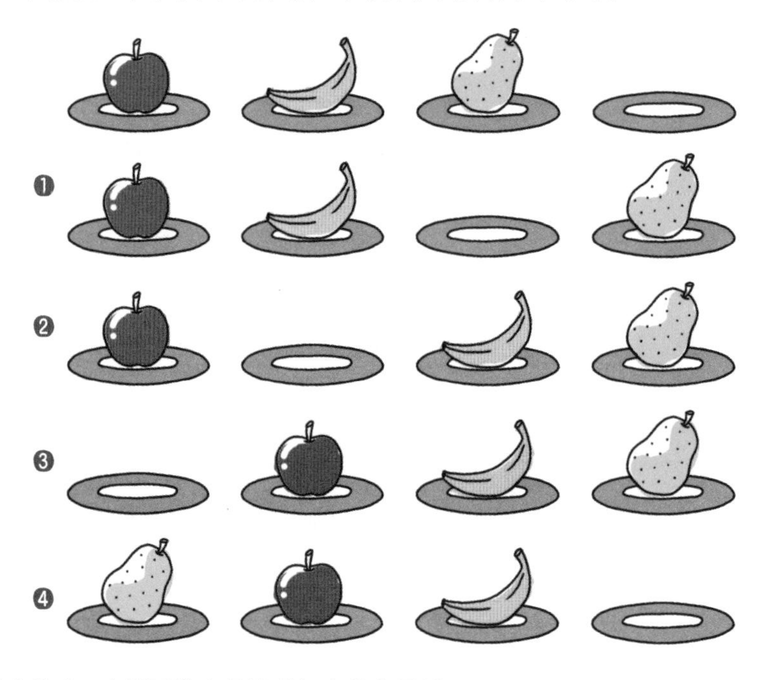

因此，至少移动 4 次即可将水果挪到相应的盘子里。

确定最终菜单

韩非一家特意选择外出吃中餐。出门前，他们拟定的菜单如下图所示。

然而在去餐馆的路上，他们又改变了主意，依照下面的顺序更改了菜单。那么，这家人最终决定的菜单是怎样的呢？

- 爸爸：不，我要点韩娜选择的菜。
- 韩娜：那我想点一份韩非选择的菜。
- 韩非：嗯，我要点爸爸选择的菜。

习题 15 分析与解答

解题过程如下所示。

❶ 去中餐馆之前，一家人选择的菜单如下所示。

妈妈	韩娜	韩非	爸爸
乌冬面	炒饭	炸酱面	海鲜辣汤面

❷ 爸爸选的海鲜辣汤面改成了韩娜选择的炒饭。

妈妈	韩娜	韩非	爸爸
乌冬面	炒饭	炸酱面	炒饭

❸ 韩娜选的炒饭改成了韩非选择的炸酱面。

妈妈	韩娜	韩非	爸爸
乌冬面	炸酱面	炸酱面	炒饭

❹ 韩非选的炸酱面改成了爸爸选择的炒饭。这就是这家人最终选择的菜单。

妈妈	韩娜	韩非	爸爸
乌冬面	炸酱面	炒饭	炒饭

编程原理　交换变量的值

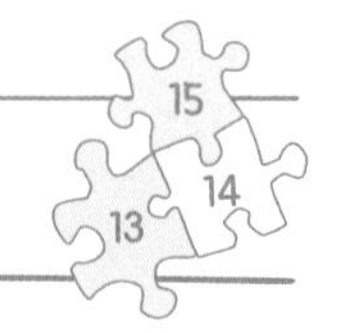

主存储器是临时存储正在执行的程序和程序所需数据的设备。为了区分不同的存储单元，以字节或字为单位分割，并向其分配地址。

地址	主存储器的内容
0	
1	
2	
⋮	
$n-1$	

计算机程序将数据存储在主存储器中进行操作，程序运行期间，用于存储数据的主存储空间称为“变量”。变量是计算机编程中的一个重要概念，应用于大多数程序，可以为其赋予比数字地址更易于识别的名字。

例如，下图的 Scratch 语句将数字 20 存储到“年龄”变量。

将 年龄▼ 设定为 20

创建“年龄”变量后，主存储器的任何区域都可被赋予“年龄”这个名称。运行上述语句，数字 20 将被保存到这个区域。下图中，主存储器的地址 2 区域被命名为“年龄”，数字 20 存储其中。

地址	主存储器的内容	
0		
1		
2	20	年龄
⋮		
$n-1$		

将数字 20 和 30 分别存储到变量 a 和 b 时，假设进行如下操作，那么想想两个变量间的值是否会被交换。

步骤 1 将存储在a中的值存储到b。

步骤 2 将存储在b中的值存储到a。

下面通过图示进行讲解。

20 30

a b

执行步骤1后，存储在 a 中的值 20 将被存储到 b。

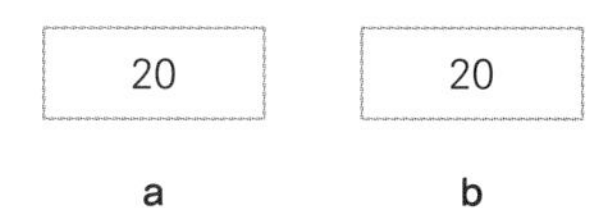

在此状态下，执行步骤2后，存储在 b 中的值 20 被存储到 a。

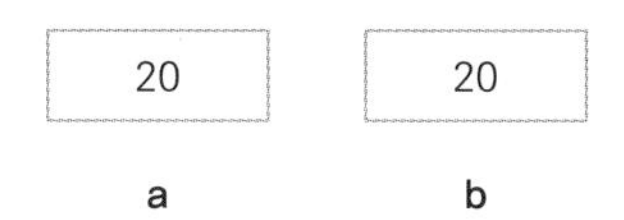

最终可以确认，两个变量中存储的值不能正常交换。

为了正常交换两个变量中存储的值，需要使用一个中间变量（temp）来临时存储这些值，如下所示。

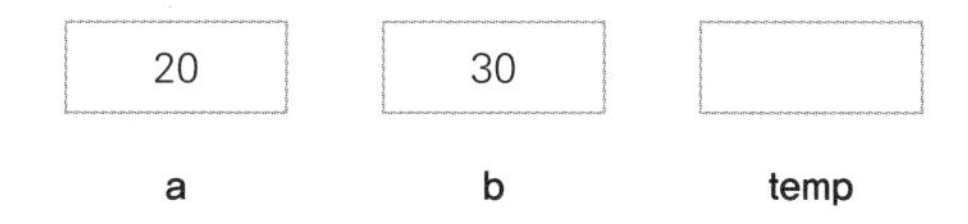

然后执行以下操作。请按照我们之前学过的方式亲自尝试。

步骤 1 将存储在a中的值存储到temp。

步骤 2 将存储在b中的值存储到a。

步骤 3 将存储在temp中的值存储到b。

“交换两个变量的值”是程序中很常用的一个基本而重要的概念。

交换两个变量的值

交换“果汁”和“水”变量值的方法如下所示。

步骤 1 将存储在“果汁”变量中的值存储到“临时”变量。

步骤 2 将存储在“水”变量中的值存储到“果汁”变量。

步骤 3 将存储在“临时”变量中的值存储到“水”变量。

使用此方法交换两个变量值的 Scratch 程序如下页图所示。

```
当 被点击
将 果汁 设定为 水
将 水 设定为 果汁
说 连接 果汁杯 和 连接 果汁 和 连接 水杯 和 水 3 秒
将 临时 设定为 果汁
将 果汁 设定为 水
将 水 设定为 临时
说 连接 果汁杯 和 连接 果汁 和 连接 水杯 和 水
```

交换3个变量的值

将“盘子 1”的东西移动到“盘子 2”，将“盘子 2”的东西移动到“盘子 3”，将“盘子 3”的东西移动到“盘子 1”，如下所示。

步骤 1 将存储在“盘子3”变量中的值存储到“空盘”变量。

步骤 2 将存储在“盘子2”变量中的值存储到“盘子3”变量。

步骤 3 将存储在“盘子1”变量中的值存储到“盘子2”变量。

步骤 4 将存储在“空盘”变量中的值存储到“盘子1”变量。

此方法的 App Inventor 操作步骤如下所示。

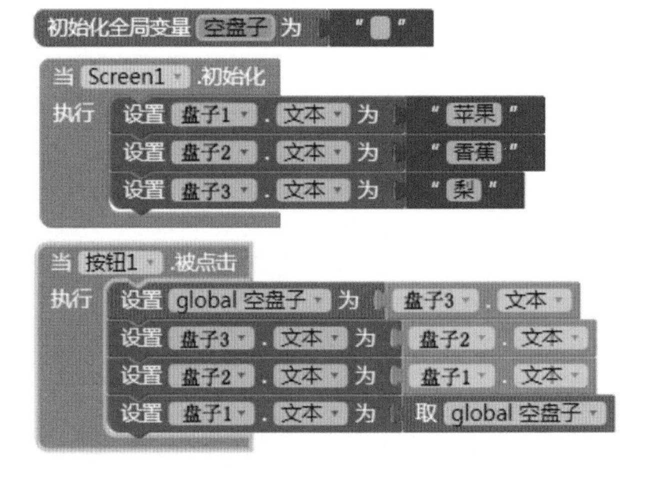

16 确定观众入场顺序

以下是某演出场地的观众席，每排 50 个座位，共 40 排，其中每个座位由 (排，号) 的方式表示。

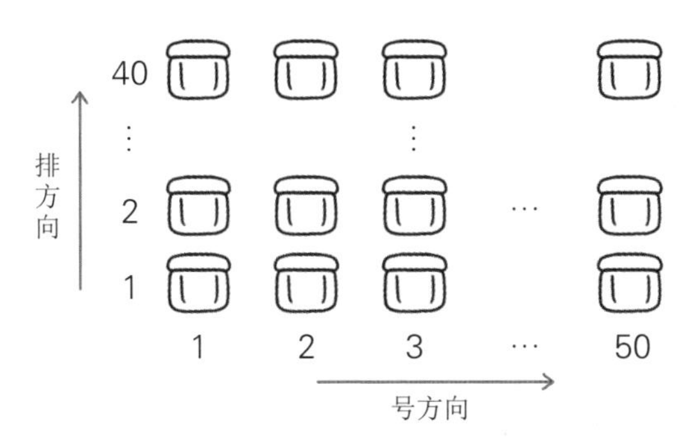

1. 如果观众按 (1, 1), (1, 2), ···, (1, 50), (2, 1), ···, (40, 50) 的顺序入场落座，那么坐在 (32, 45) 位置上的是第几个入场的观众呢？

2. 如果观众按 (1, 1), (2, 1), ···, (40, 1), (1, 2), ···, (40, 50) 的顺序入场落座，那么坐在 (32, 45) 位置上的是第几个入场的观众呢？

习题 16 分析与解答

观众首先按照“号方向”坐满

我们来看看第一个问题。

如果观众按 (1, 1), (1, 2), ···, (1, 50), (2, 1), ···, (40, 50) 的顺序入场落座，那么 (32, 45) 座位位于第 32 排第 45 号。

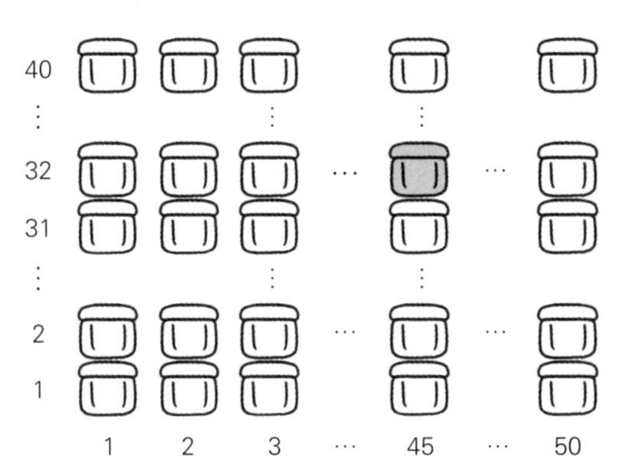

因为座位位于第 32 排，所以第 1~31 排的所有座位将被先入场的观众占满。又因为每排可以容纳 50 名观众，所以第 1~31 排落座的观众数是 50 × 31=1550 名。

由于是第 32 排的第 45 号，将 1550 名加上 45 名，得出结果 1595 名，所以坐在 (32, 45) 位置的是第 1595 个入场的观众。

观众首先按照“排方向”坐满

接下来看看第二个问题。

与第一道题不同，如果“排方向”先被坐满，那么首要任务是确认坐满观众的排数。

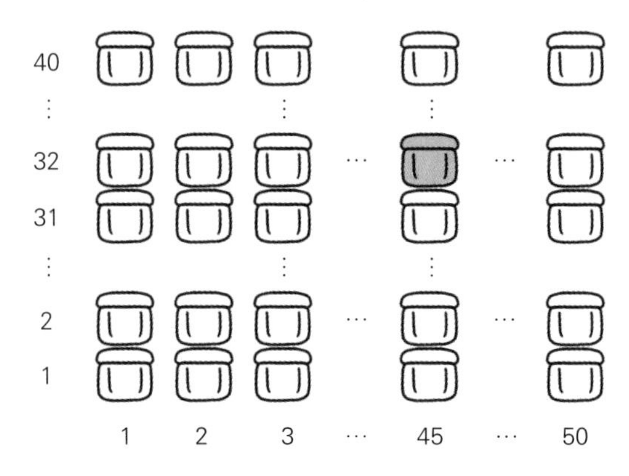

因为位于第 45 号，所以第 1~44 号将被首先入场的观众占满。又因为前后共 40 排所以第 1~44 号的观众数是 40 × 44=1760 名。

由于是第 32 排的第 45 号，将 1760 名加上 32 名，得出结果 1792，所以坐在 (32, 45) 位置的是第 1792 个入场的观众。

寻找停车位

对于下页图的停车场，有如下停放 条件 。

条件

1 停车位由(列数, 行数)的格式表示。例如，“甲”的位置可表示为(2, 3)。

2 汽车按照(1, 1), (1, 2), … , (1, n), (2, 1), (2, 2), … , (m, n)的顺序依次停放。

3 m是最后一列，n是最后一行。

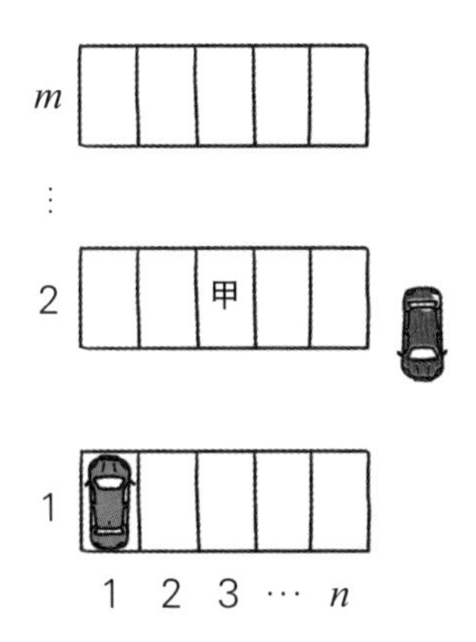

求 (a, b) 位置上的汽车是第几辆停入的公式如下所示，[　　]里应该填入什么内容呢？（已知 $1 \leqslant a \leqslant m$，$1 \leqslant b \leqslant n$。）

$$n \times (\boxed{} - 1) + \boxed{}$$

习题 17 分析与解答

停车场的位置由 (列数，行数) 表示，(a, b) 的位置就是第 a 列第 b 行。

由于位于第 a 列，所以第 $1 \sim (a-1)$ 列的所有停车位将停满。由于每列的停车位可以停放 n 辆车，所以停放在第 $1 \sim (a-1)$ 列的汽车总数为 $n \times (a-1)$ 辆。由于停放在 a 列的第 b 位，所以最终结果是，停放在 (a, b) 位置上的汽车是第 $n \times (a-1) + b$ 辆停入的。

正确答案如下所示。

$$n \times (\boxed{a} - 1) + \boxed{b}$$

编程原理　数组

某班有 5 名学生，现在要用电脑统计每名学生的语文、数学、社会、科学科目的考试分数。每名学生有 4 个值需要保存，因此要有 20 个变量。如果有 500 名学生，则需要 2000 个变量。创建这样的程序将会非常繁琐。

这种情况下，使用数组更方便，同时还能生成大量变量。数组就是将有限个类型相同的变量用一个名字命名，然后用编号区分其变量的集合；这个名字称为数组名，编号称为下标。数组名在前，紧跟其后的是小括号或者中括号内的下标。下标表示该元素相对于第一个元素的位置，即是数组中的第几个元素。例如，A(3) 表示名字为 A 的数组中的第三个元素，如下图所示。

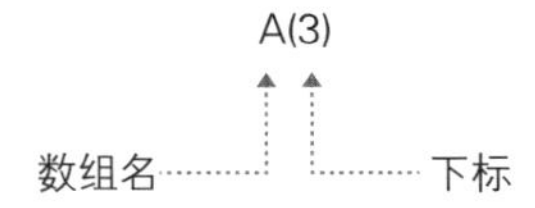

数组名为 A，大小为 5 的数组如下图所示。

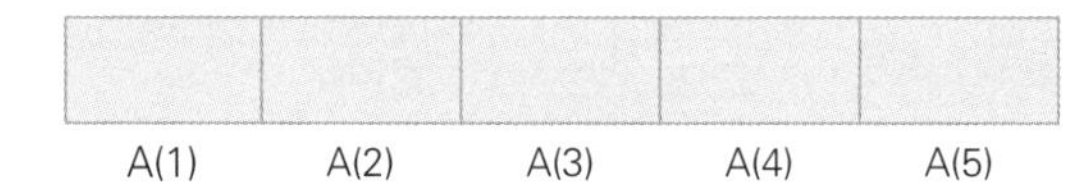

如上图所示，只带有一个下标的数组称为一维数组。使用两个下标表示的数组称为二维数组。

以下是数组名为 A，大小为 3 行 2 列的二维数组。

	第 1 列	第 2 列
第 1 行	A(1,1)	A(1,2)
第 2 行	A(2,1)	A(2,2)
第 3 行	A(3,1)	A(3,2)

上表显示的是二维数组的逻辑结构，实际的主存储器会对其连续编址并存储。根据主存储器存储方式的不同，二维数组的存储方法有以行为中心和以列为中心两种。以行为中心的存储方式首先存放第一行，然后第二行……以此类推。以列为中心的存储方式首先存放第一列，然后第二列……以此类推。

下面的两张图显示了以两种方式存储数组 A 的过程，第一张图以行存储，第二张图以列存储。

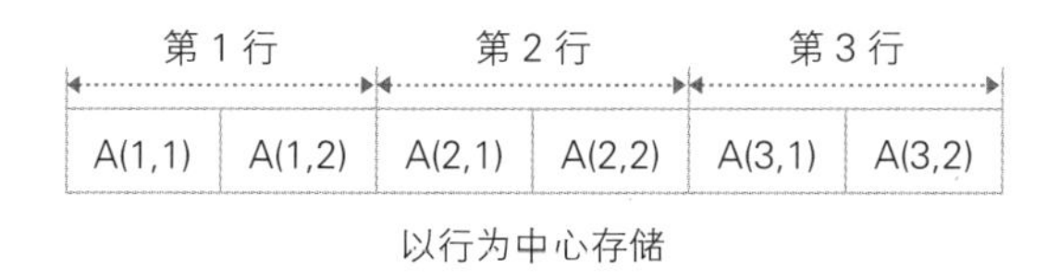

以行为中心存储

以列为中心存储

求最大值

在 Scratch 中，数组被称为“列表”。任意生成 10 个随机数，并将其存储在“数据”列表中，然后求出最大值，如下图所示。

```
当 被点击
删除第 全部 项于 数据
重复执行 10 次
    将 在 1 到 100 间随机选一个数 加到 数据
将 最大值 设定为 第 1 项于 数据
将 位置 设定为 2
重复执行 9 次
    如果 第 位置 项于 数据 > 最大值 那么
        将 最大值 设定为 第 位置 项于 数据
    将 位置 增加 1
说 连接 最大值: 和 最大值
```

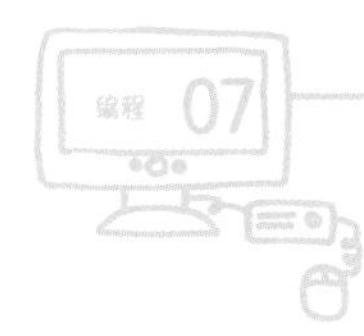

求众数

在 App Inventor 中，数组也被称为“列表”。下面创建程序，随机组合 1~9 的数字，生成 50 个数，求出现次数最多的数。

❶ 创建“频率”列表，以及“随机数”“最大频率”和“最大频率位置”变量，并创建“初始化”函数，在“频率”列表中存储 9 个 0。

```
初始化全局变量 频率 为 创建空列表
初始化全局变量 随机数 为 0
初始化全局变量 最大频率 为 0
初始化全局变量 最大频率位置 为 0
定义过程 初始化
执行语句 设置 global 频率 为 创建空列表
        对于任意 数字 范围从 1
                      到 9
                 每次增加 1
        执行 追加列表项 列表 取 global 频率
                        item 0
```

❷ 按“按钮”组件调用“初始化”函数，随机生成 50 个 1~9 的数字，然后将每个数字出现的频率存储到“频率”列表。

例如，如果 1 被生成 3 次，则在“频率”列表 1 的位置存储 3；如果 2 被生成 5 次，则在“频率”列表 2 的位置存储 5。

❸ 在“频率”列表中，将最大频率存储在“最大频率位置”。最终，出现最多的数字将被存储到“最大频率位置”，并调用“输出结果”函数。

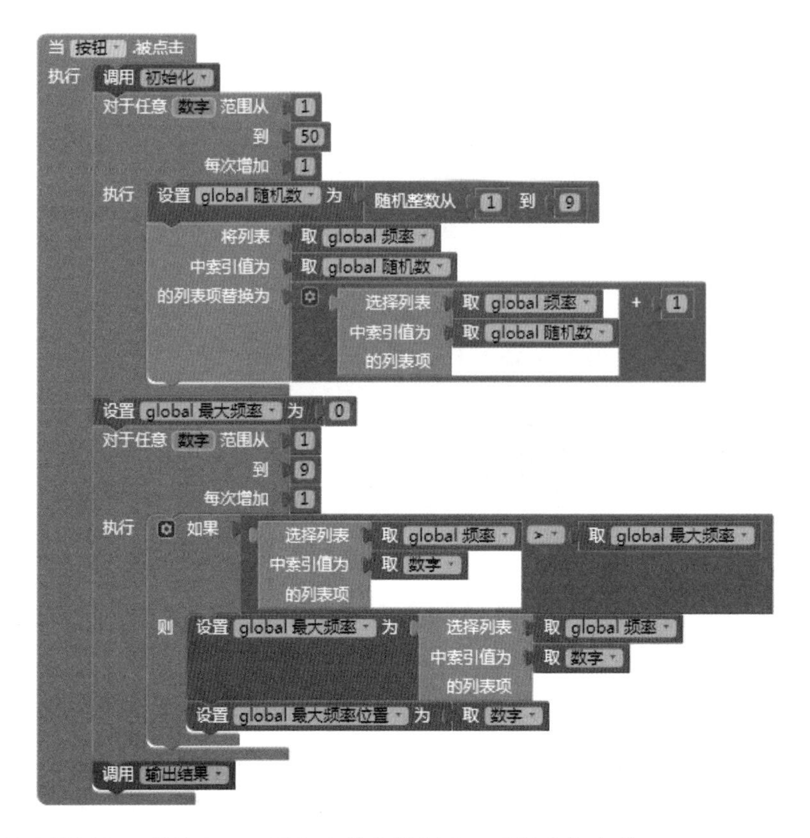

❹“输出结果”函数输出 1~9 的每个数字的频率以及最大频率数。

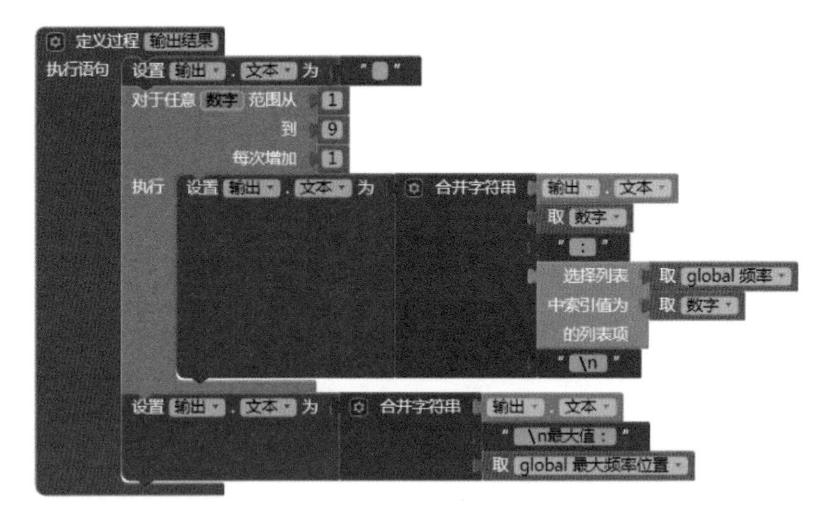

18 点亮灯泡

为了点亮下图中的灯泡，在“且”与“或”两个选项中，选择一个正确的填入[ ]。

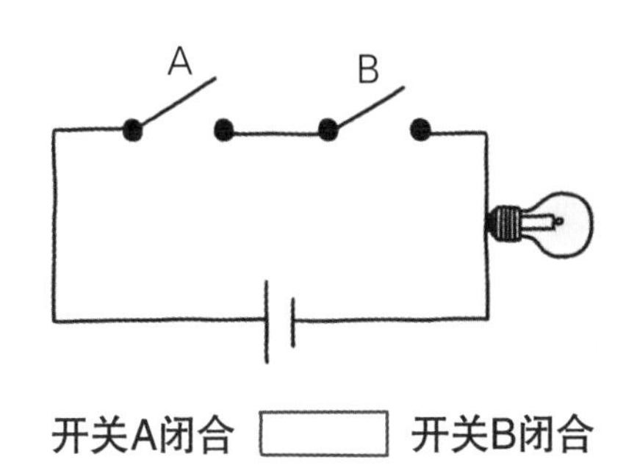

开关A闭合 [ ] 开关B闭合

习题 18 分析与解答

下面具体分析这两种答案。

如果选择“且”，则表示开关 A 和开关 B 同时闭合。

开关A 闭合 [且] 开关B闭合

因为开关 A 和开关 B 全部闭合，所以电路连通，灯泡发亮。

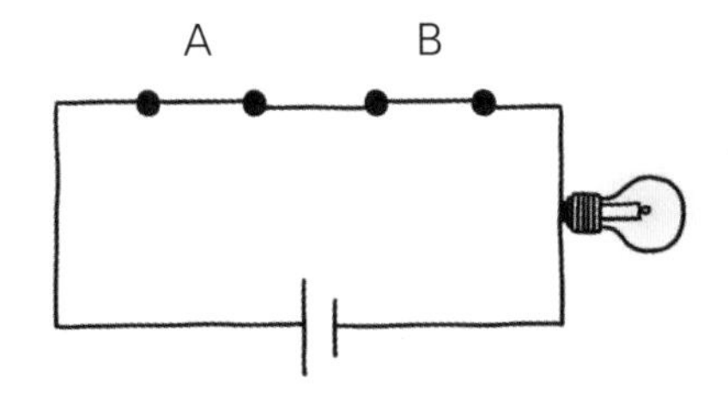

如果选择“或”，则表示要么开关 A 闭合，要么开关 B 闭合。

开关A闭合 [或] 开关B闭合

这包括两种情况：开关 A 闭合而开关 B 断开，开关 A 断开而开关 B 闭合。在这两种情况下，电路都不能接通，所以灯泡不亮，如下图所示。

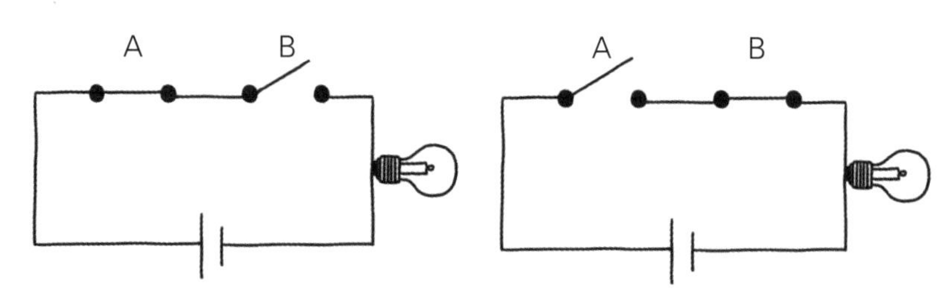

所以正确答案是“且”。

开关A闭合 且 开关B闭合

普通游客年龄段

下表是某游乐园的门票收费标准。

普通游客	50 元
7 岁以下	免费
60 岁以上	免费

为了通过年龄明确划分“普通游客”的范围，请选择“且”与“或”两个选项之一填入 ☐。

7 岁以上 ☐ 60 岁以下	50 元
7 岁以下	免费
60 岁以上	免费

习题 19 分析与解答

享受免费的年龄段是“7 岁以下”和“60 岁以上”，如下所示。

因此，剩下的年龄段对应的就是“普通游客”。

如果选择“且”，则意味着同时含“7 岁以上”和“60 岁以下”。假设同时满足这两个条件，由于“7 岁以下”和“60 岁以上”不包含在此范围内，因此可以得出答案。

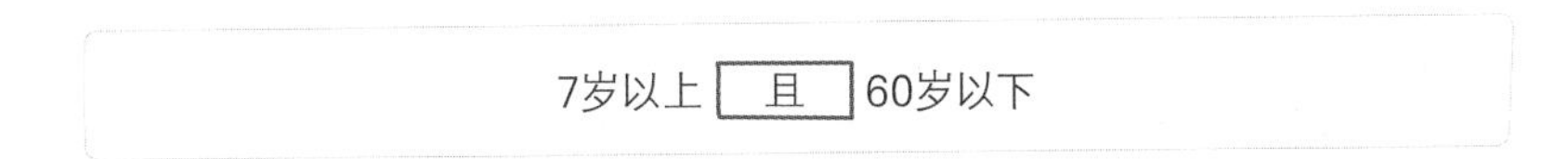

相反，如果选择“或”，则意味着“7 岁以上”和“60 岁以下”只能选其一。这包括两种情况：含“7 岁以上”，不含“60 岁以下”；含“60 岁以下”，不含“7 岁以上”。由此可知，“7 岁以下”或者“60 岁以上”也可以包含在此范围内，无法满足条件。

因此，正确答案是“且”。

20 如何成功登录？

以下是登录某网站的部分画面，可以使用证书登录或用户名登录。

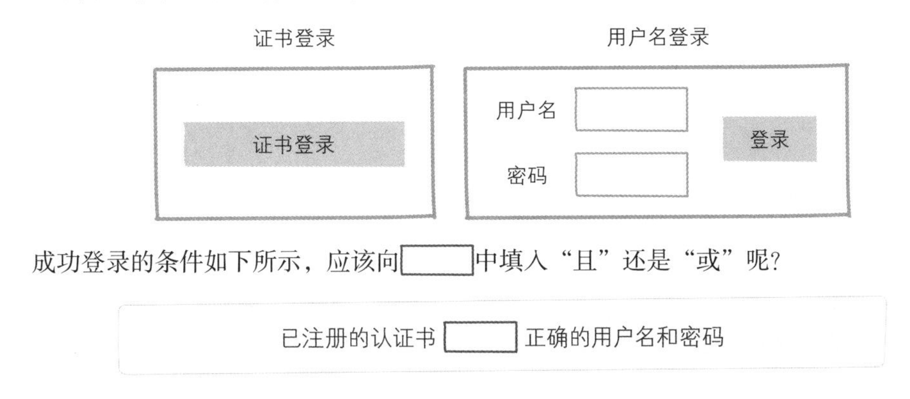

成功登录的条件如下所示，应该向______中填入“且”还是“或”呢？

已注册的认证书 ______ 正确的用户名和密码

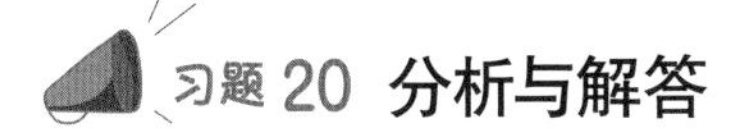

习题 20 分析与解答

因为可以使用证书登录，也可以使用用户名登录，所以正确答案是“或”。

已注册的认证书 或 正确的用户名和密码

21 通过搜索ID添加SNS好友

下面是某 SNS 聊天工具通过搜索 ID 添加好友的画面。

在不知道联系方式的情况下，想通过搜索 ID 添加好友，应该向[　　　　]内填入“且”还是“或”呢？

添加好友　X

通过通讯录添加好友 | 搜索 ID

通过 ID 添加好友

对方注册 SNS 工具 ID，

[　　　　]允许搜索时方可查找。

习题 21 分析与解答

由于对方在 SNS 上注册 ID 并且设置为允许搜索的情况下，方可添加对方为好友，所以正确答案为“且”。

对方注册SNS工具ID，[且]允许搜索时方可查找。

布尔代数

逻辑电路是计算机的基本组成部分，通过输入相应的二进制信息进行运算，从而产生输出信息。特别是被称为“门电路”（gate）的最基本电路，负责布尔代数（Boolean algebra）运算。大多数编程语言也基于布尔代数运算提供逻辑运算符。

在 IT 领域中，布尔代数是一个重要概念，下面介绍一些具有代表性的布尔代数运算符。

布尔代数以 1 表示真，以 0 表示假，由此描述逻辑运算，所以与一般的代数学有所不同。

布尔代数中使用的典型运算符是两个二元运算符 + 和 ·，以及一个一元运算符 ′。

+ 被称为“或”（OR）运算符，它的概念类似于并集。+ 的运算法则是：如果两个值中有一个为 1，那么结果为 1；如果两个值都为 0，则结果为 0。

A	B	A + B
0	0	0
0	1	1
1	0	1
1	1	1

· 被称为“与”（AND）运算符，它的概念类似于交集。· 的运算法则是：如果两个值都为 1，则结果为 1；如果任何一个值为 0，则结果为 0。

A	B	A · B
0	0	0
0	1	0
1	0	0
1	1	1

· 可以表示为*，也可以省略。

′ 被称为“非”（NOT）运算符，0 等于 1，1 等于 0。

A	A′
0	1
1	0

′ 也可表示为¯。

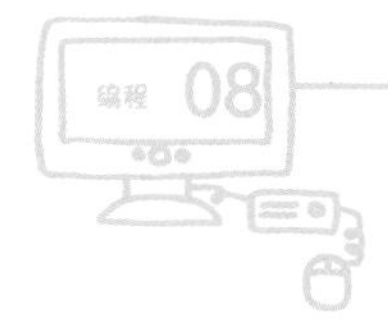

判断3或5的倍数

以下 Scratch 程序用于判断输入的数字是否是 3 或 5 的倍数。

```
当 被点击
询问 数字? 并等待
如果 <((回答) 除以 (3) 的余数) = 0> 或 <((回答) 除以 (5) 的余数) = 0> 那么
    说 是3或5的倍数
否则
    说 不是3或5的倍数
```

游乐园门票标准

下表是某游乐园门票收费标准。

成人普通游客	50 元
7 岁以下	免费
60 岁以上	免费

以下 App Inventor 程序根据“输入”文本框中输入的年龄，输出相应的门票价格。

```
初始化全局变量 年龄 为 0
当 按钮 .被点击
执行 设置 global 年龄 为 输入 . 文本
     如果 取 global 年龄 > 7
          与 取 global 年龄 < 60
     则 设置 输出 . 文本 为 " 入场费：50元 "
     否则 设置 输出 . 文本 为 " 入场费：免费 "
```

1年后有多少对兔子？

意大利数学家斐波那契（Leonardo Fibonacci）在《算盘全书》中，对兔子的繁殖问题进行研究时，发现了以下一些规律。

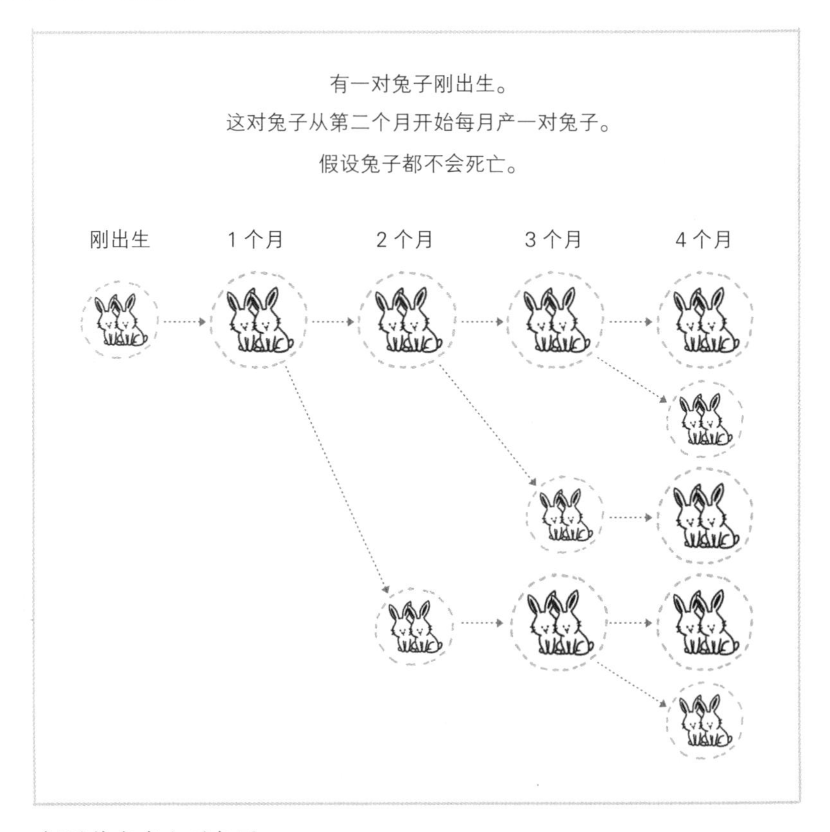

那么，1 年后共有多少对兔子？

习题 22 分析与解答

列出 5 个月后的兔子对数，即可找到规律。预想一下 5 个月之后的情况可知，累积 4 个月时的成兔为 3 对，幼仔为 2 对，那么到了 5 个月后就是 5 对成兔。又由于 4 个月后的 3 对成兔会分别生下 1 对幼仔，所以又会有 3 对幼仔。

刚出生	幼仔 1 对	1
1 个月后	成兔 1 对	1
2 个月后	成兔 1 对，幼仔 1 对	2
3 个月后	成兔 2 对，幼仔 1 对	3
4 个月后	成兔 3 对，幼仔 2 对	5
5 个月后	成兔 5 对，幼仔 3 对	8

下面是兔子对数，可以发现，从第三项起，前面相邻两项之和为后一项。

1	1	2	3	5	8

运用此规则，可列出 12 个月后的兔子对数，如下所示。

1	1	2	3	5	8	13	21	34	55	89	144	233

由此可知，12 个月后可以繁殖 233 对兔子。

23 斐波那契数列

“习题 22”中每月的兔子对数如下所示。

1	1	2	3	5	8	13	21	34	55	…

这个数列的巨大成就已得到世人公认，广泛应用于数学和科学等领域。我们将这个数列称为“斐波那契数列”，数列中的数字称为“斐波那契数”。

形成斐波那契数列的基本规律是：前两项为 1，从第三项开始，每一项都等于前两项之和。因此，第三项为 2，即第一项 1 和第二项 1 之和；第四项为 3，即第二项 1 和第三项 2 之和。

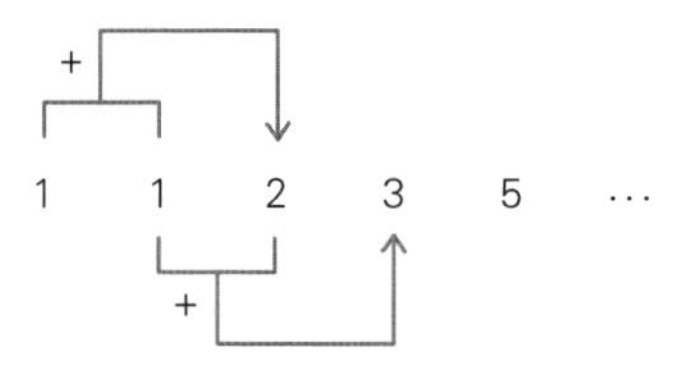

当 n 大于 3 时，以下 □ 内应当填入什么才能使公式成立？

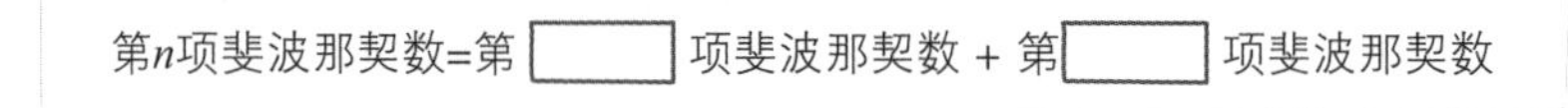

习题 23 分析与解答

如果 n 大于 3，则第 n 项斐波那契数是第（n–2）项斐波那契数和第（n–1）项斐波那契数之和。因此，第 n 项斐波那契数如下所示。

第 (n–2) 项斐波那契数 + 第 (n–1) 项斐波那契数

因此，正确答案是（n–2）和（n–1）。

移动两个圆盘

一块木板上有 3 根立柱，左起第一根立柱上依次堆叠着两个大小不一的圆盘，如下图所示。

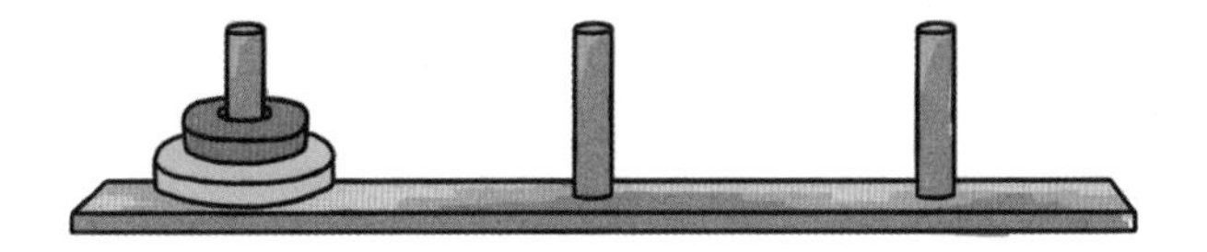

逐一移动所有圆盘至第三根立柱，最少移动多少次才能实现？注意，大圆盘不能叠放在小圆盘上面。

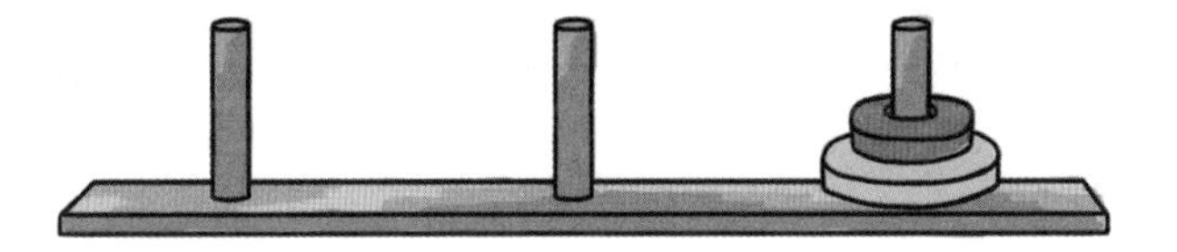

习题 24 分析与解答

在移动次数最低的前提下，解题过程如下所示。

❶ 将左边柱子上的第一个圆盘移动至中间的柱子。

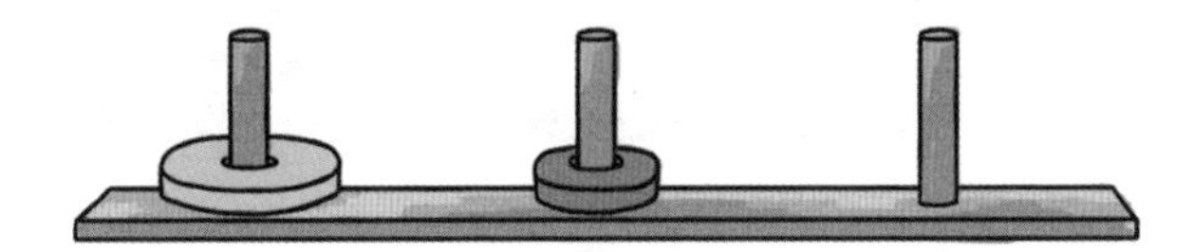

❷ 将左边柱子上的第二个圆盘移动至右边的柱子。

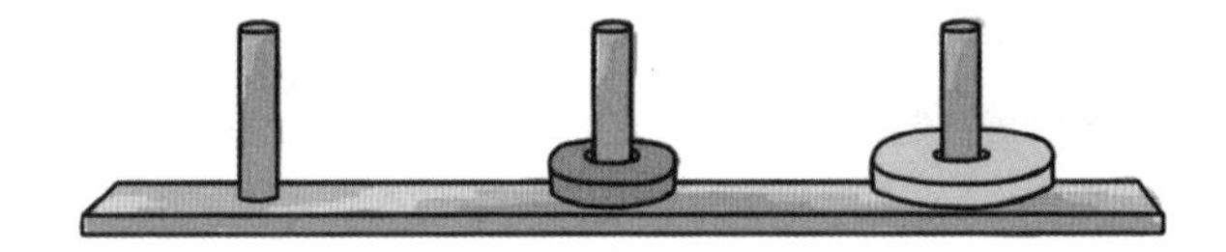

❸ 将中间柱子上的第一个圆盘移动至右边的柱子。至此完成所有操作。

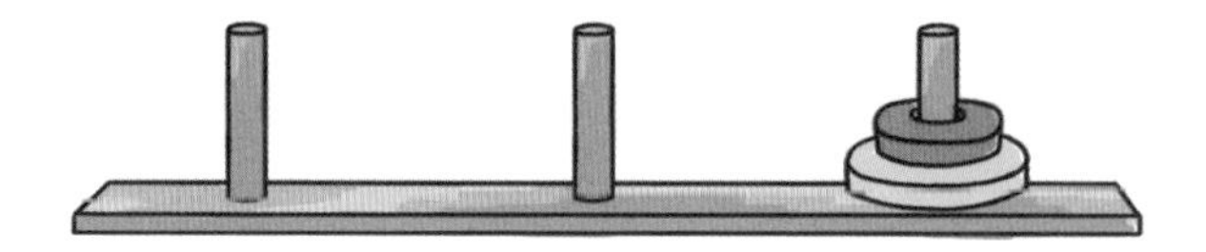

最终结果是：最少移动 3 次。

一块木板上有 3 根立柱，左起第一根立柱上依次堆叠着 3 个大小不一的圆盘，如下图所示。

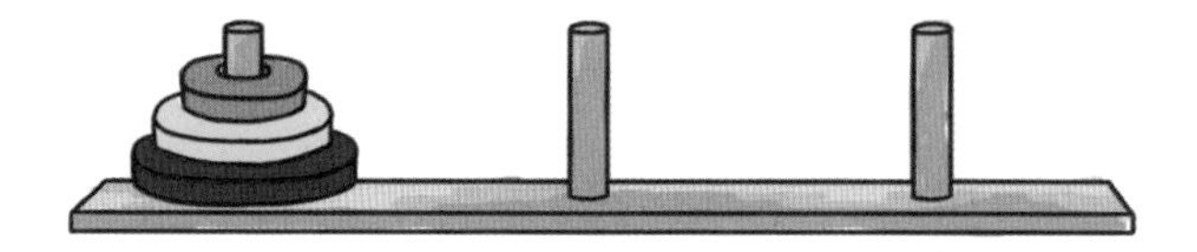

逐一移动所有圆盘至第三根立柱，最少移动多少次才能实现？注意，大圆盘不能叠放在小圆盘上面。

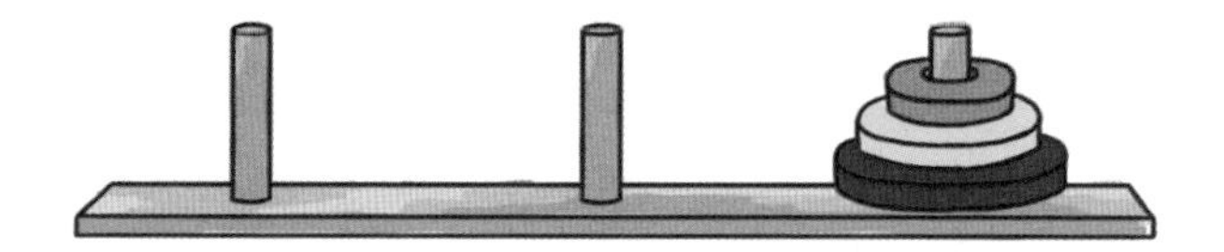

习题 25 分析与解答

在移动次数最低的前提下，解题过程如下所示。

❶ 将左边柱子上的第一个圆盘移动至右边的柱子。

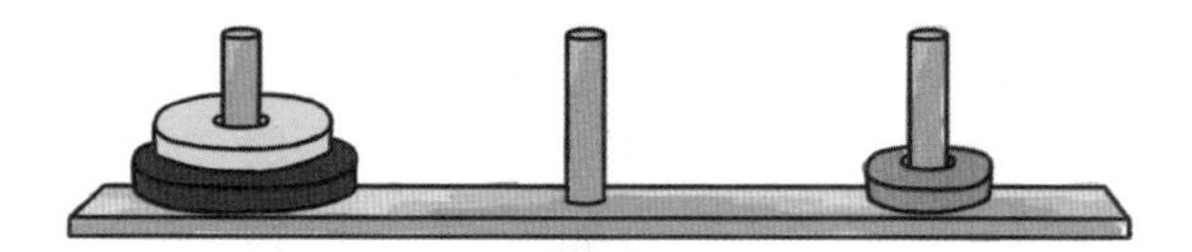

❷ 将左边柱子上的第二个圆盘移动至中间的柱子。

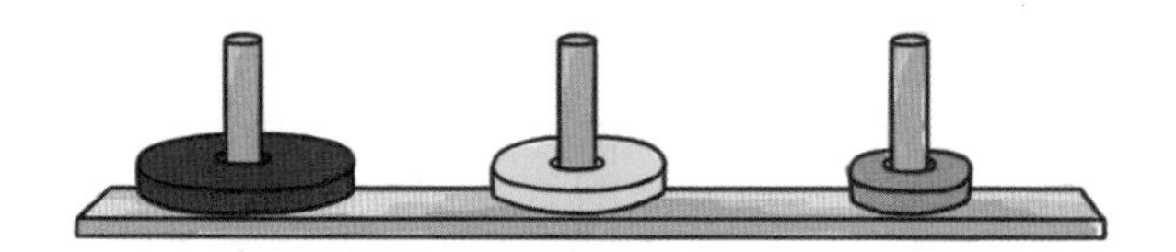

❸ 将右边柱子上的第一个圆盘移动至中间的柱子。

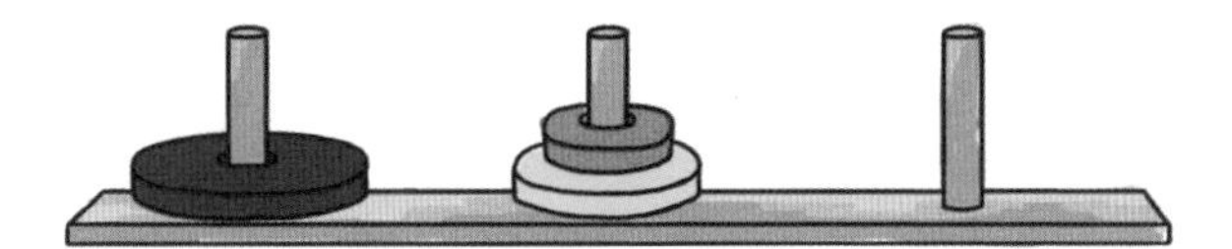

❹ 将左边柱子上的第三个圆盘移动至右边的柱子。

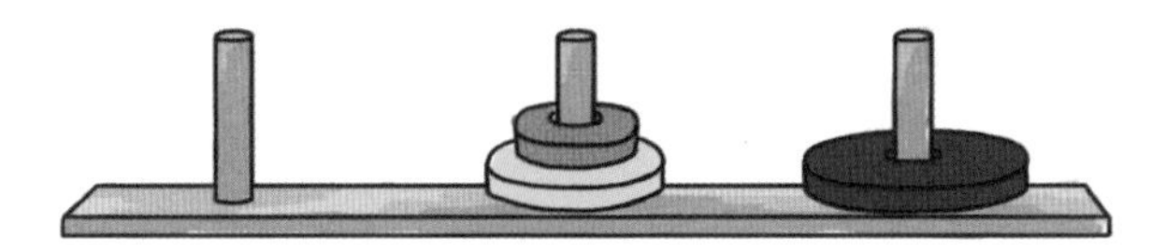

❺ 将中间柱子上的第一个圆盘移动至左边的柱子。

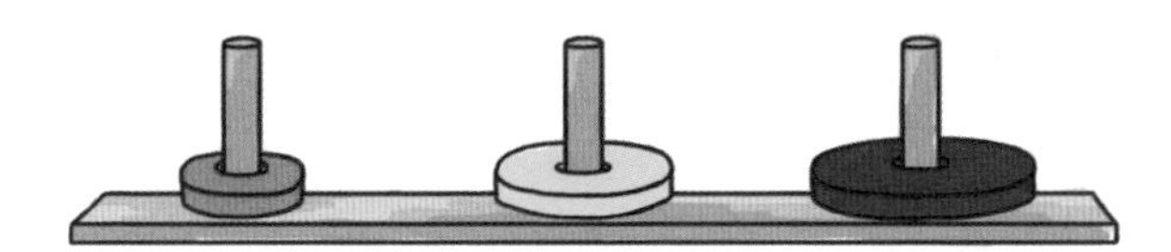

❻ 将中间柱子上的第二个圆盘移动至右边的柱子。

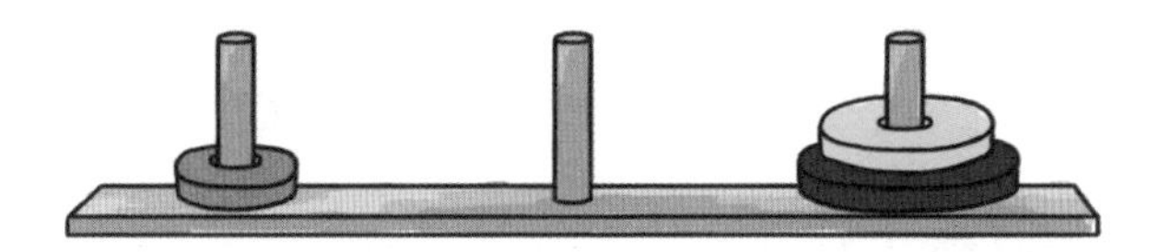

❼ 将左边柱子上的第一个圆盘移动至右边的柱子。至此完成所有操作。

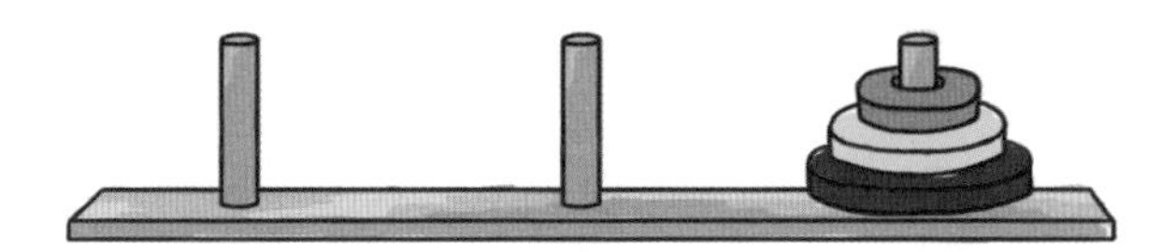

最终得出结果：最少移动 7 次。

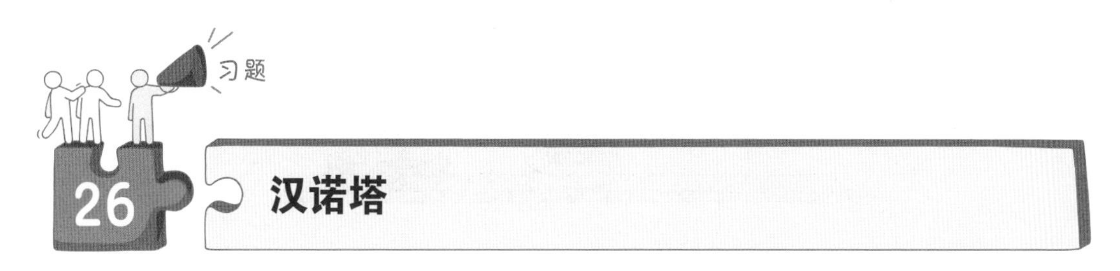

26 汉诺塔

习题 24 和习题 25 又名为“汉诺塔”，它源于印度的一个古老传说。

> 在古印度贝拿勒斯的一个圣庙里，有 3 根高度为 50 cm 的金刚石柱子。其中一根柱子上按照大小摞着 64 片金盘。
>
> 印度教的主神梵天命令僧侣们昼夜不停地将圆盘按大小顺序由下往上重新移动至另一根空柱子上，并且规定每次只能移动一个圆盘，大的圆盘不能放在小的圆盘上。当所有金盘都移至另外一根立柱上时，梵塔、庙宇和众生都将涅槃。

对习题 24 和习题 25 的解题过程进行分析，可以发现 n 个圆盘构成的汉诺塔游戏可分如下 3 个步骤。下面［　　］内应当填入什么内容？

步骤 1	将左边柱子上的第［　　］个圆盘移动至［　　］的柱子
步骤 2	将左边柱子上最大的圆盘移动至右边的柱子
步骤 3	将［　　］柱子上的第［　　］个圆盘移动至右边的柱子

习题 26 分析与解答

为了解决这个问题，再回顾一下习题 25 解题过程的主要内容。

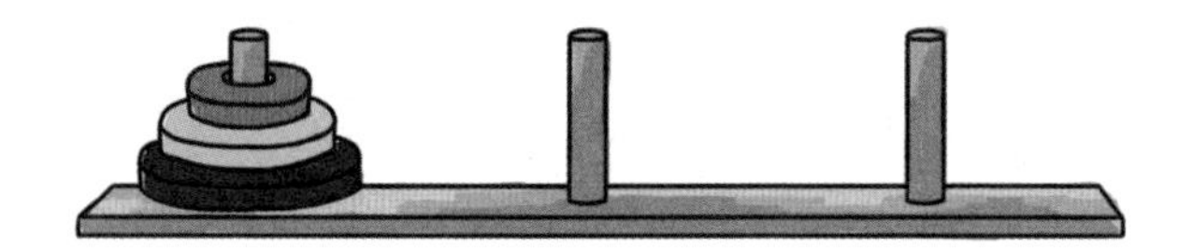

要将左边柱子上的 3 个圆盘堆叠到右边的柱子上时，必须从最大的圆盘开始，因此，先将其余两个圆盘移动至中间的立柱。

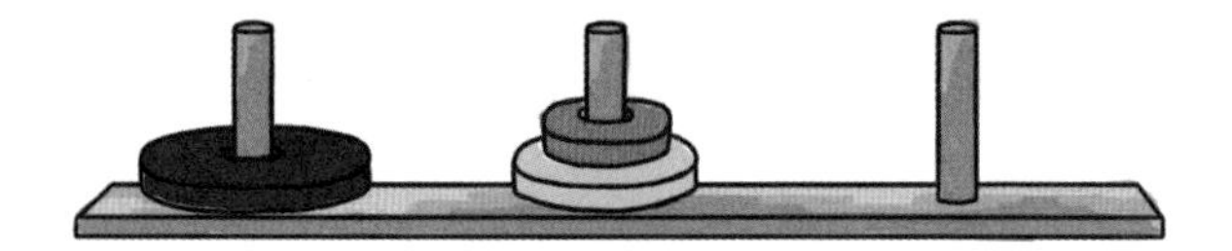

然后将最大的圆盘移动至右边的立柱。

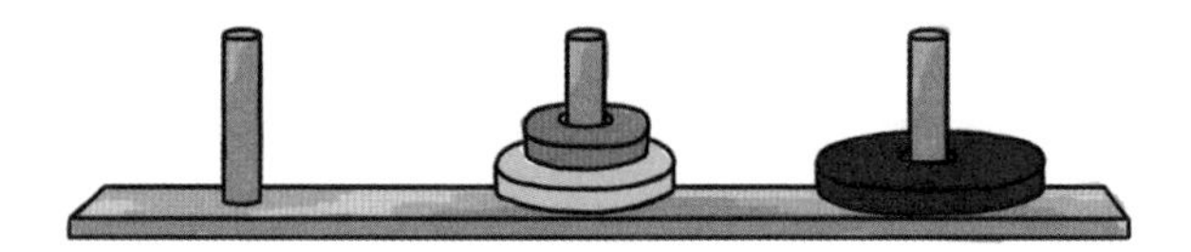

最后再将其余两个圆盘移动至右边的立柱。

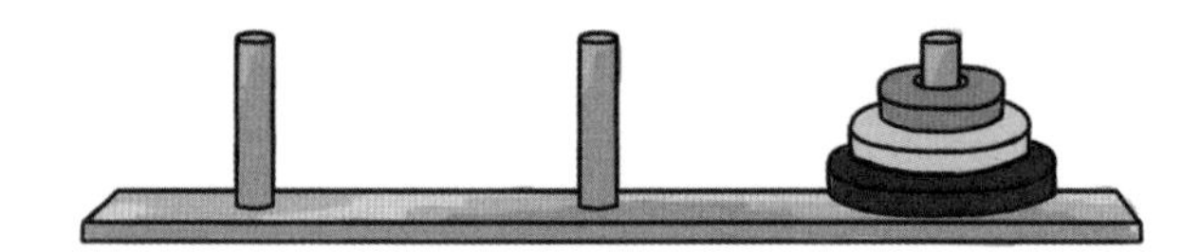

n 个圆盘的问题也可以用同样的方法解决。

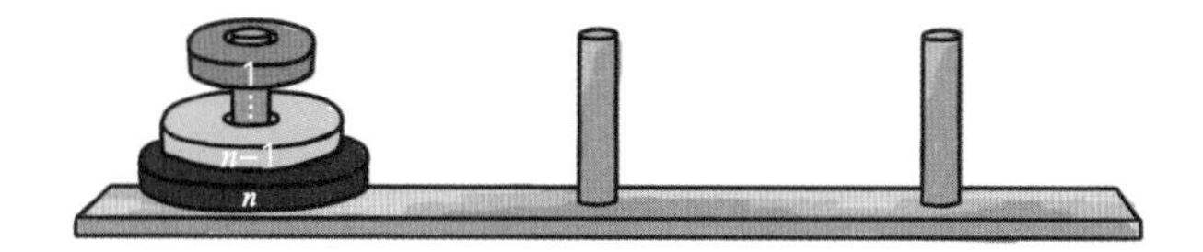

要将左边柱子上的 n 个圆盘移动至右边的柱子上，那么位于右边柱子最下面的就是第 n 个圆盘。为了移动第 n 个圆盘，首先必须将其余圆盘全部移动至中间的柱子上。

❶ 将左边柱子上的第 $n-1$ 个圆盘移动至 中间 的柱子。

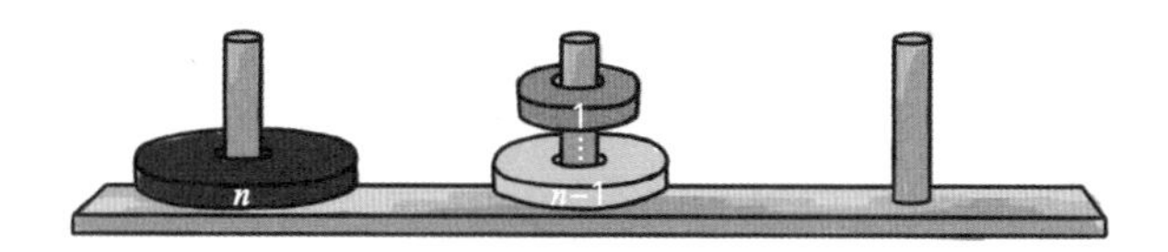

❷ 将左边柱子上最大的第 n 个圆盘移动至右边的柱子。

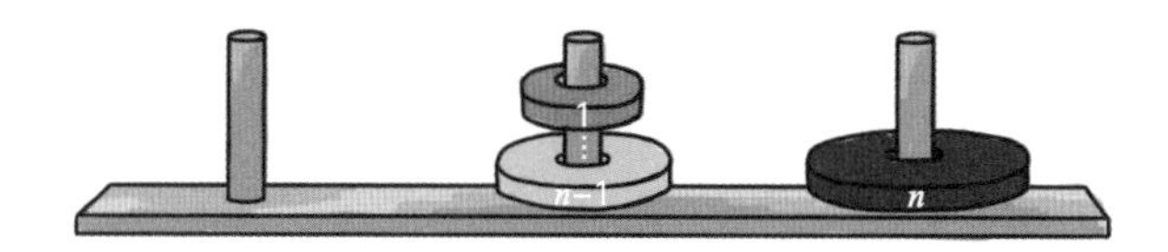

❸ 最后再将 中间 柱子上的第 $n-1$ 个圆盘移动至右边的柱子。

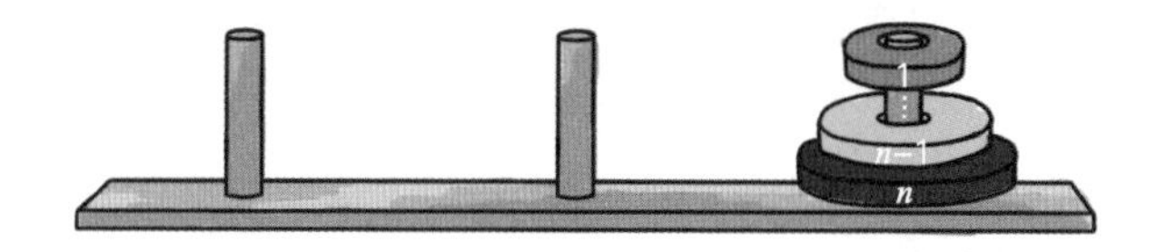

借助此规则，无论堆叠多少圆盘，都可以将移动次数减到最少。

编程原理

递归

22 23 24 25 26

在计算机中，递归（recursion）指的是通过重复相同的过程来解决问题的一种结构。

从 1 到任意正整数 n 的乘积称为 n 的阶乘，以 $n!$ 表示。例如，$5!=1\times2\times3\times4\times5$，可以表示为 $5\times4!$。

对任意数 n 的阶乘的一般表达式是 $n!=n\times(n-1)!$，也就是利用比其小 1 的 $(n-1)!$ 来求出 $n!$ 的值。这种通过重复相同过程解决问题的结构就是“递归”。

为帮助大家理解，下面通过递归方法求 3!。

❶ $3!$ 可以表示为 $3\times2!$

❷ $2!$ 可以表示为 $2\times1!$

❸ $1!$ 可以表示为 $1\times0!$

❹ 0!=1（这是数学定理）。因此，可以不使用阶乘运算。换言之，要想不使用递归运算，那么递归结构中必须有终止调用递归的部分。

❺ 1 × 0!=1，1!=1。

❻ 2 × 1!=2，2!=2。

❼ 3 × 2!=6，最终得出 3!=6。

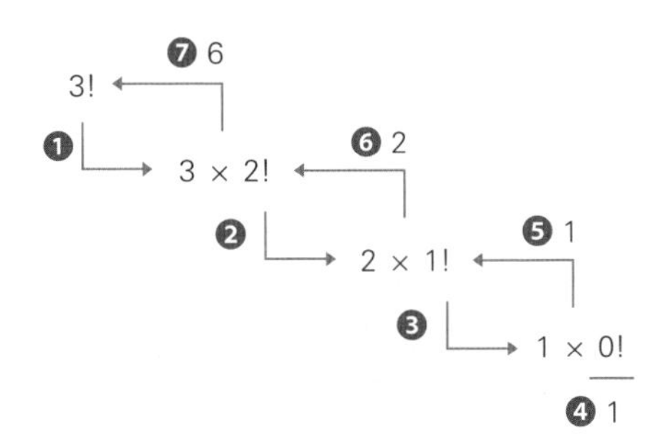

除阶乘运算外，斐波那契数列和汉诺塔游戏也是可以利用递归解决的典型问题。

用递归算法求阶乘

下面创建一个使用递归求阶乘的 App Inventor 应用程序。

❶ 在“输入”文本框中输入待求的数字，按下按钮，调用阶乘函数将返回的结果输出至“输出”标签。

❷ 如果 x 小于等于 1，则阶乘函数返回 1，否则返回 x × 阶乘 $(x-1)$。此处的“阶乘 $(x-1)$”相当于递归调用。

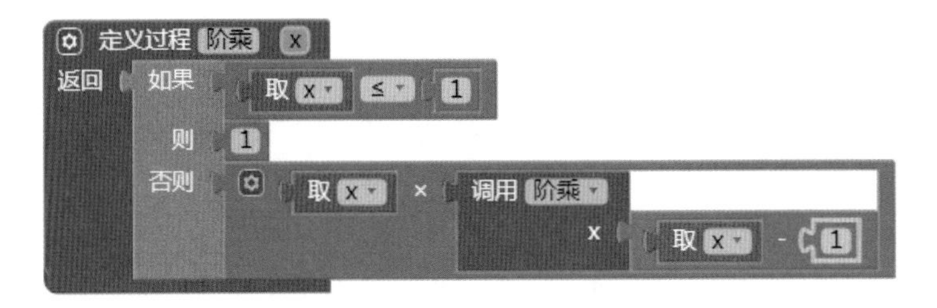

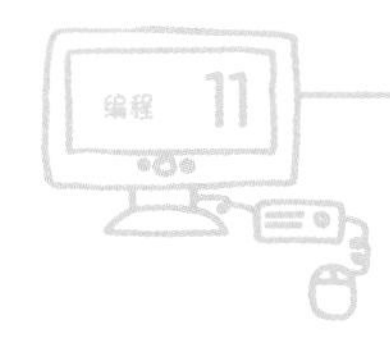

用递归算法求斐波那契数列

下面创建一个使用递归求斐波那契数列的 App Inventor 应用程序。

❶ 在“输入”文本框中输入要求的斐波那契数列的项数，按下按钮，调用斐波那契数列函数将返回的结果输出至“输出”标签。

```
当 按钮 .被点击
执行 设置 输出 . 文本 为 调用 斐波那契数列
                              x 输入 . 文本
```

❷ 如果 x 小于等于 2，则斐波那契数列函数返回 1，否则返回斐波那契数列 $(x-2)$ 和斐波那契数列 $(x-1)$ 之和。

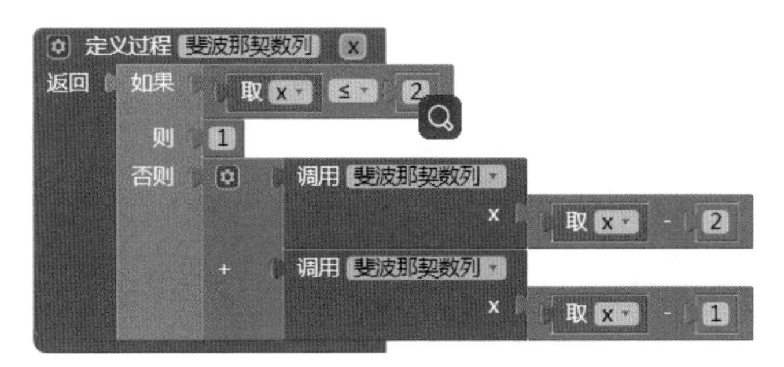

驶离停车场

下图是某餐厅停车场，停放着 A、B、C、D 这 4 辆车。就餐结束后，客人们需要将这 4 辆车按照 A、D、C、B 的顺序依次驶离。

假设所有汽车只能按照箭头方向移动，请写出驶离过程。

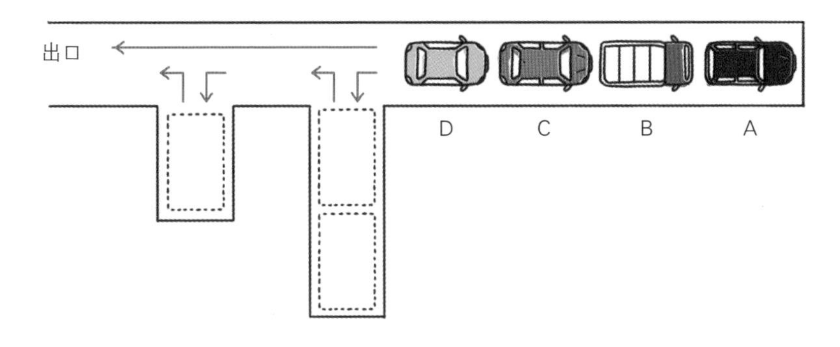

习题 27 分析与解答

行驶过程如下所示。

❶ 首先将 D 车行驶至甲区。

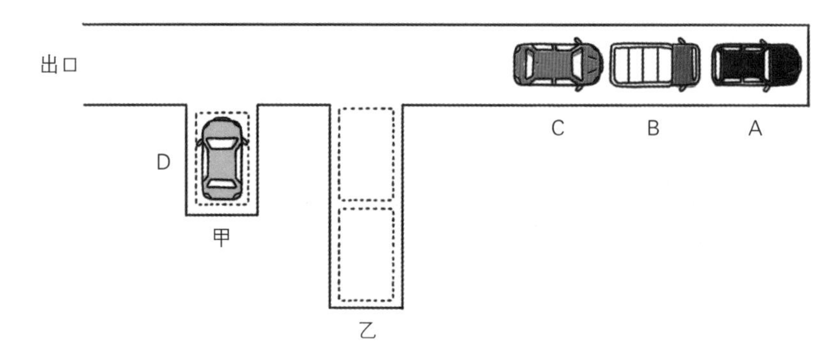

❷ 再将 C 车行驶至乙区。

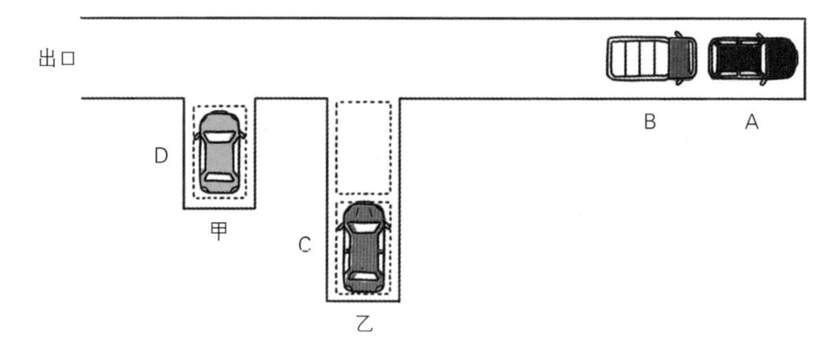

❸ 将 B 车行驶至乙区。

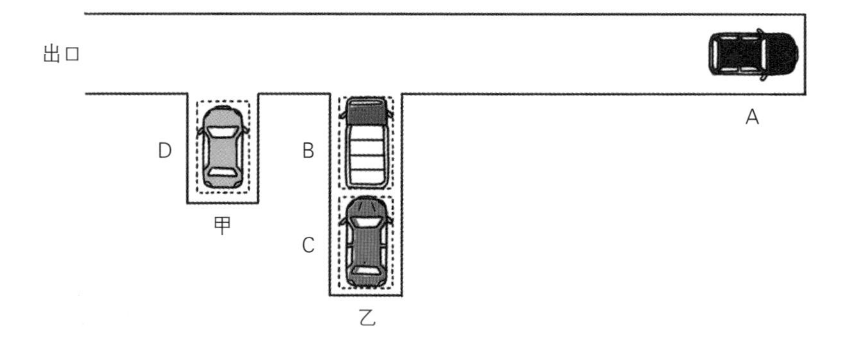

❹ 将 A 车行驶至出口处。

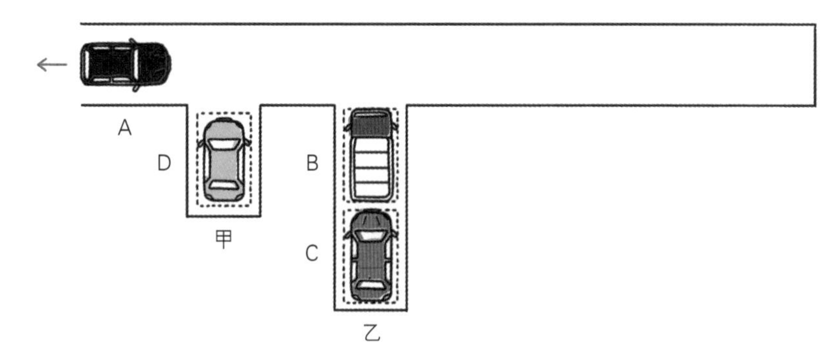

❺ 将 D 车行驶至出口处。

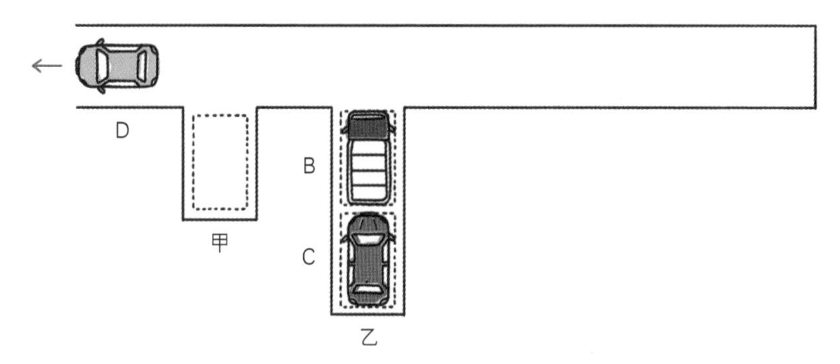

❻ 将 B 车行驶至甲区。

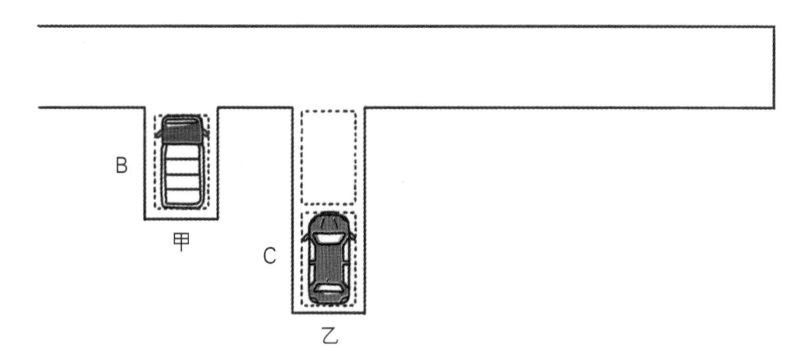

❼ 将 C 车行驶至出口处。

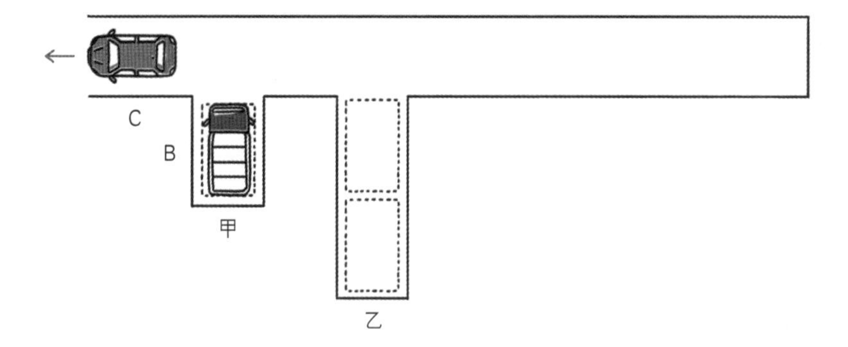

❽ 将 B 车行驶至出口处。

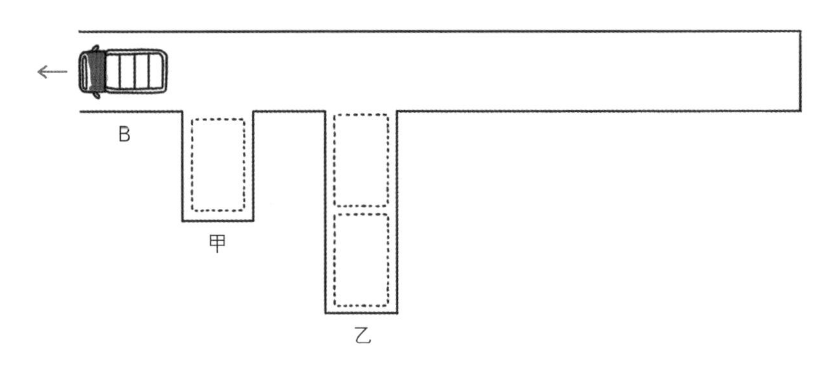

利用魔术盒变换珠子的顺序

魔术师对观众说：

“我会往盒子长长的孔里放入一些标有号码的珠子，然后想取出哪颗就能取出哪颗！”

观众认为长孔的大小只能容纳一颗珠子，不可能改变珠子的位置从而取出魔术师自己想要的珠子。

但实际上，这个盒子是有密道的，如下所示。

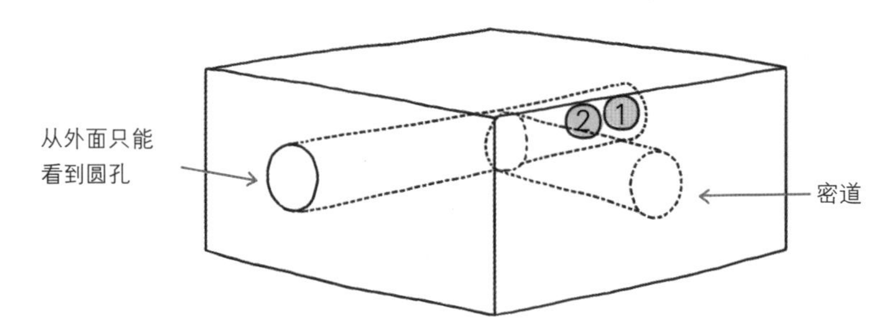

魔术师可以利用观众看不见的密道，将盒子中的珠子移动到想要的位置。例如，即使像下图一样放置 1 号和 2 号珠子，也能最先取出更靠内侧的 1 号珠子。

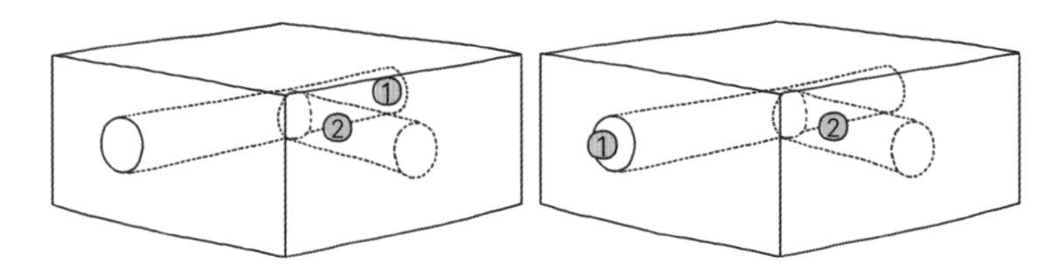

如前所述，魔术师可以让珠子在密道中来回移动。

有位观众提出如下建议：

“将 1 ～ 7 号珠子依次放入长孔，然后再按 1 ～ 7 号的顺序取出吧！”

请思考操作过程。

习题 28 分析与解答

依次取出珠子的过程如下所示。

❶ 向长孔中放入 1~4 号珠子。

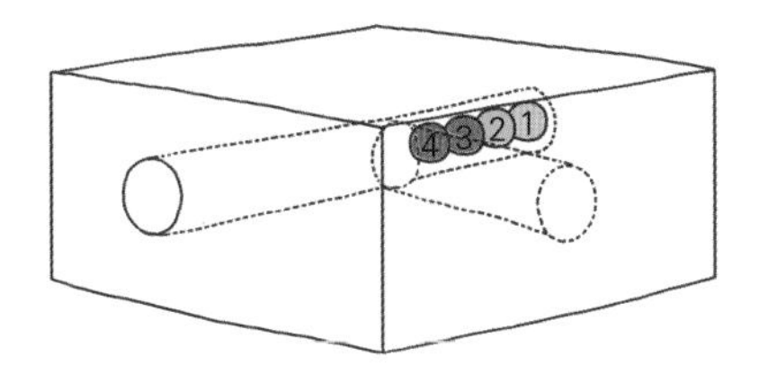

❷ 向密道内放入 5~7 号珠子。进入密道的珠子不会在长孔里滚动。

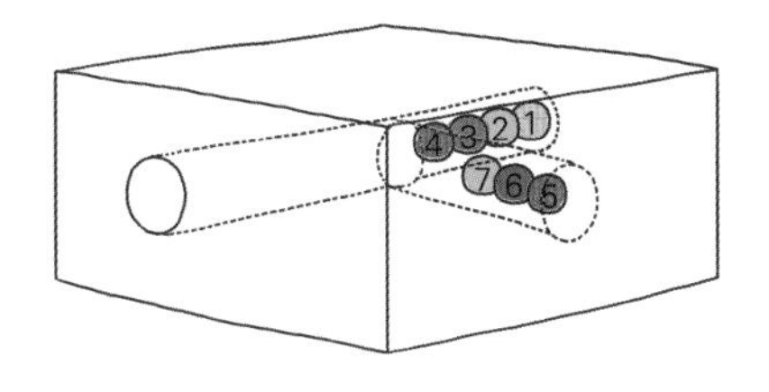

❸ 将珠子 4~1 号按顺序移动至左边。

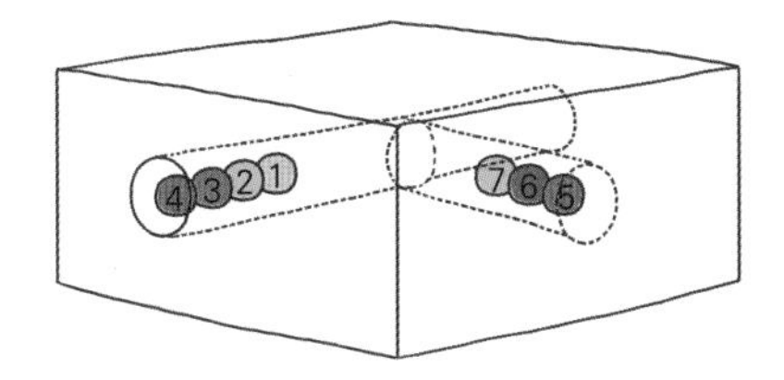

❹ 将密道中的 7~5 号珠子移动至长孔。

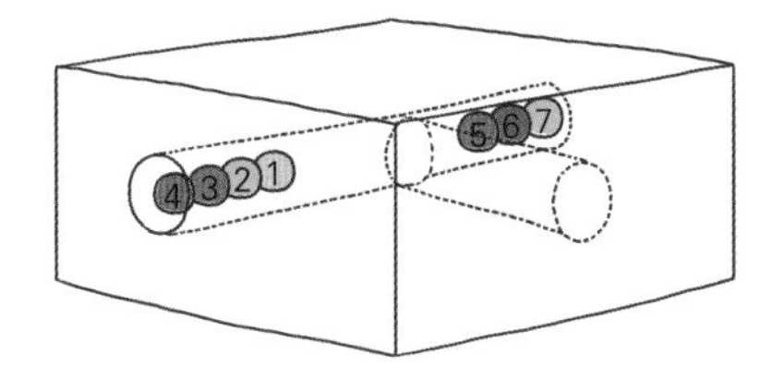

❺ 将 1 号珠子移动至 5 号珠子左侧。

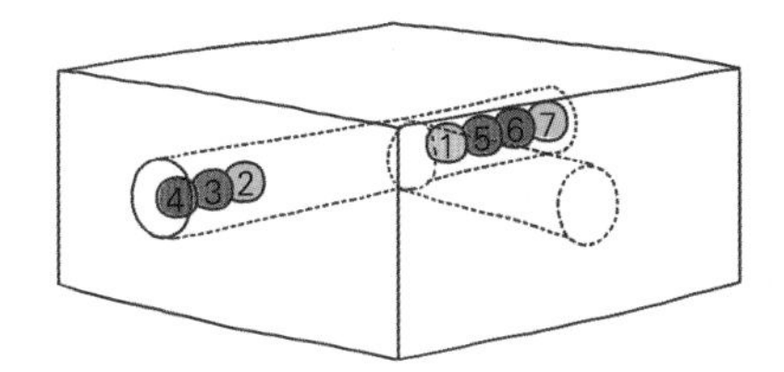

❻ 将 2~4 号珠子移动至密道。

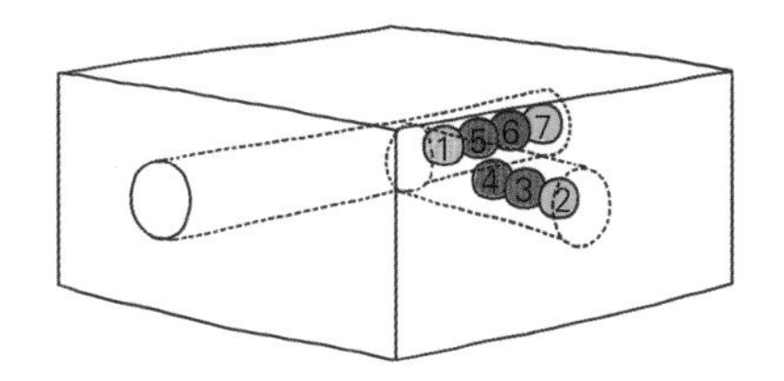

❼ 取出 1 号珠子。

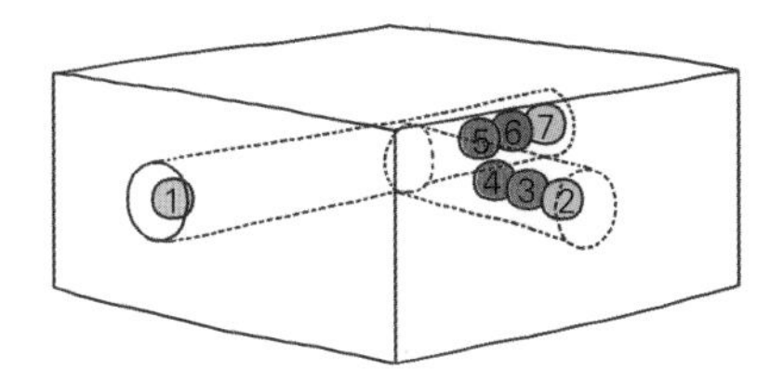

❽ 将 4 号和 3 号珠子移动至长孔。

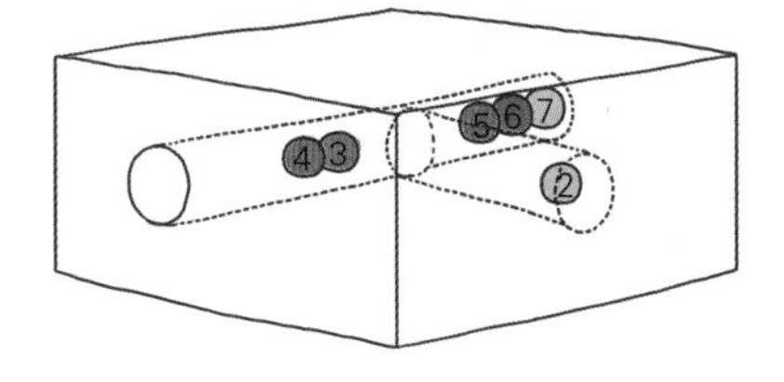

❾ 将 2 号珠子从密道移动至长孔，并将其放置在 5 号珠子左侧。

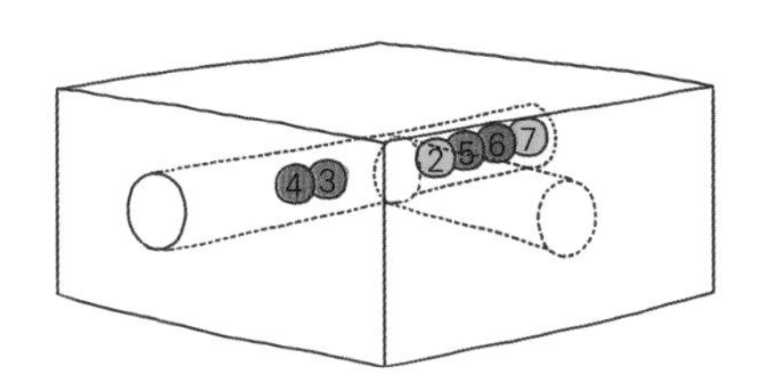

❿ 将 3 号和 4 号珠子移动至密道。

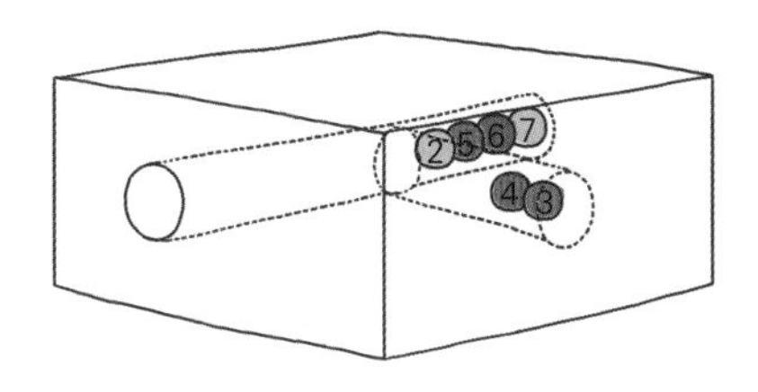

⓫ 取出 2 号珠子。

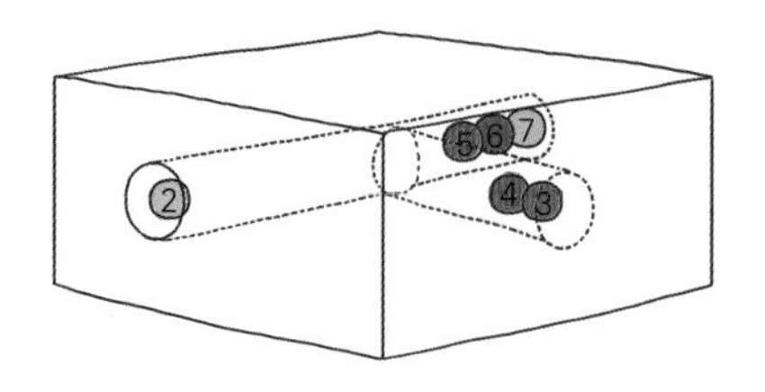

⓬ 将 4 号珠子从密道移动至长孔，并将其放置在 5 号珠子左侧。

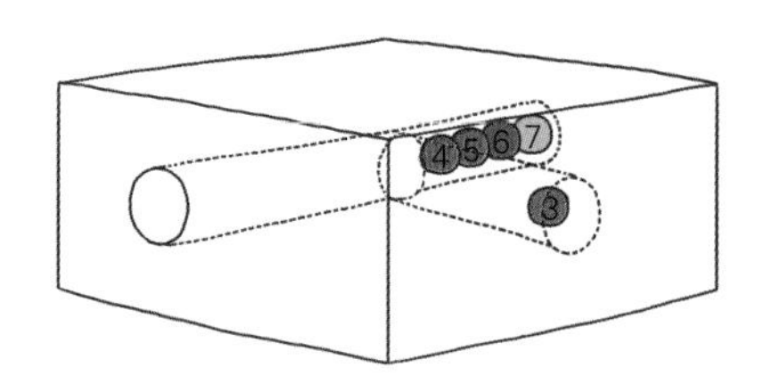

⓭ 将 3 号珠子移动至长孔后取出。

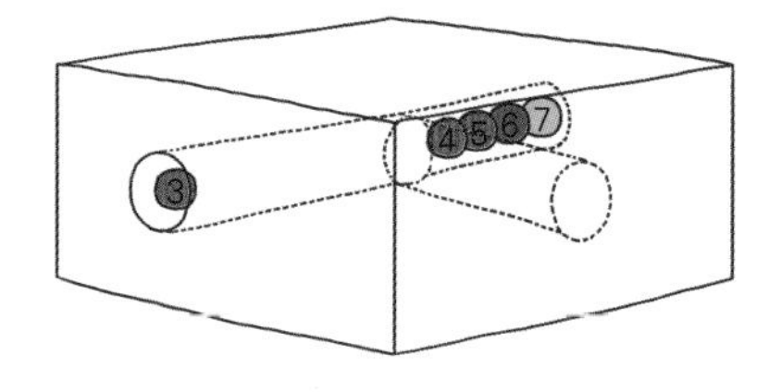

⓮ 依次取出 4~7 号珠子。

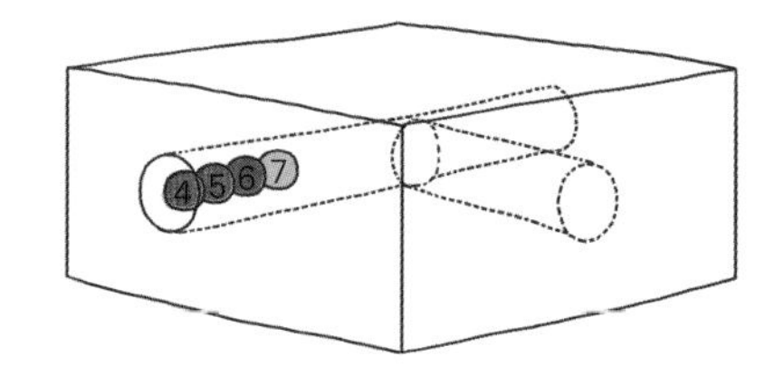

编程原理

栈和队列

在程序中，数据之间的逻辑关系称为“数据结构”，最具代表性的结构就是栈（stack）和队列（queue）。栈仅允许在表的一端插入和删除数据，队列则允许在表的一端插入数据，在另一端删除数据。

栈和队列是计算机中最常用的数据结构，毫不夸张地说，它们广泛应用于所有软件，从操作系统到游戏程序等。虽然它们的概念非常简单，但这些概念结合起来会形成一个复杂的系统。

下面分别讲解栈和队列。

栈

栈只允许在一端对数据进行插入和删除操作。下图所示的硬币盒上，投入和取出硬币的方向相同，最后投入的硬币会最先被取出，这就是典型的栈结构。

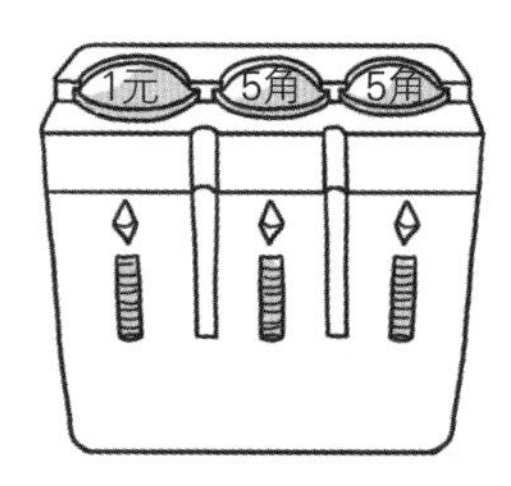

因为最后插入的数据被最先删除，所以栈也被称为“后进先出”（LIFO，Last-In First-Out）结构。

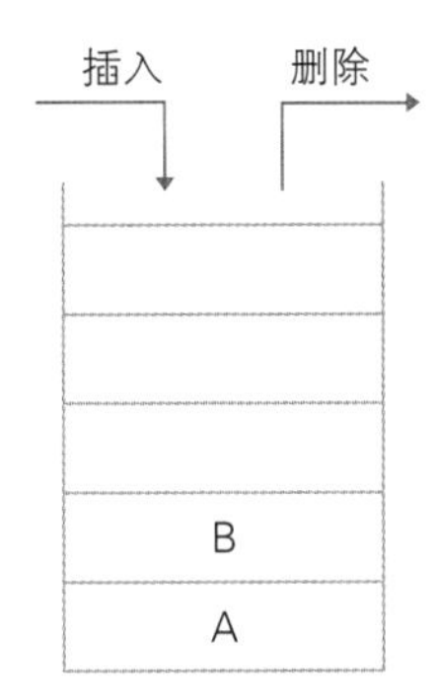

栈结构中，插入或删除数据的位置存储于 top 变量。例如，如果 top 变量的值为 2，则插入的数据存储在栈 2 中；如果 top 变量的值为 3，则将其存储在栈 3 中。

接下来，看看如何在栈中插入数据。

在初始状态下，因为栈是空的，所以 top 变量的值为 1。

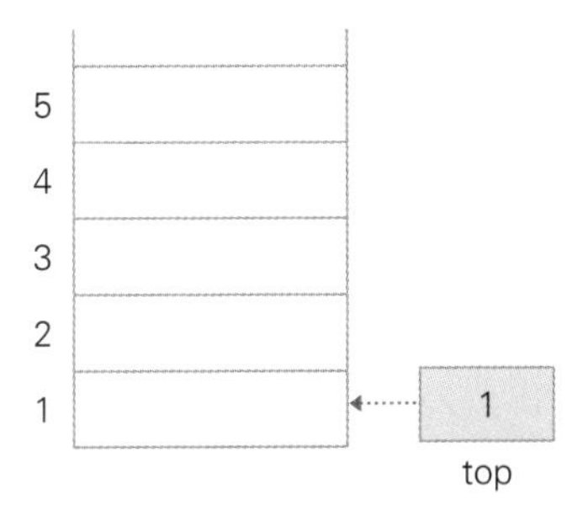

在初始状态下将数据 10 插入栈，操作过程如下所示。

- 将10存储在top指向的1中。
- top增1，所以top的值为2。

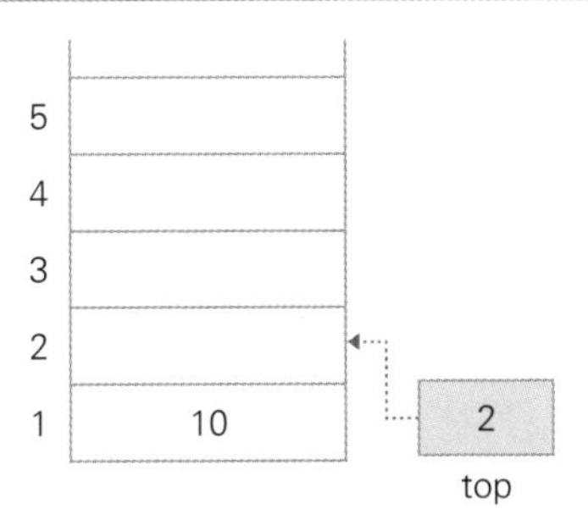

通过这样的操作，继续向栈插入 4 个数据，栈被填满，得到 top 的值为 6。

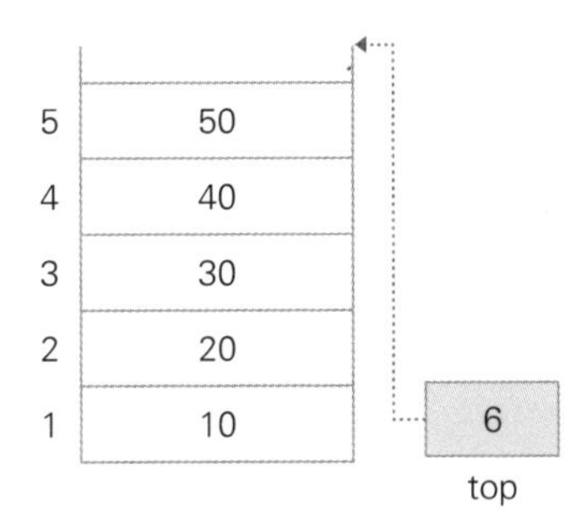

栈 top 已满的情况是，比栈的大小多 1，无法插入更多数据。因此，将数据插入栈之前，首先需要检查栈是否已满。

接下来，看看如何从栈中删除数据。

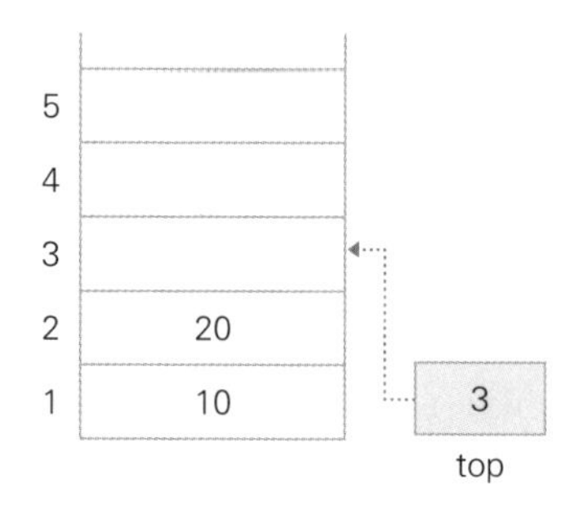

要删除数据，只需要将 top 值减 1。因此，显示插入新数据位置的 top 值为 2。

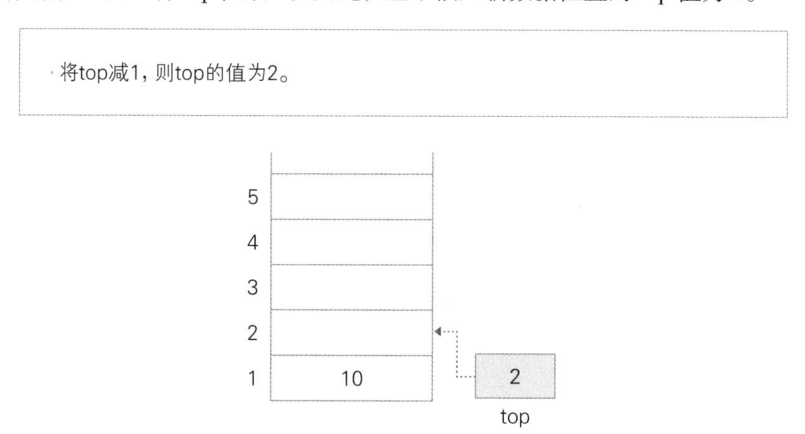

实际上，此操作并没有删除存储在栈 2 中的数字 20，但是如果在此状态中插入新数据，将存储到栈 2，数字 20 将被删除。

假设在前面的状态下再次删除数据，则栈将清空，top 值为 1。

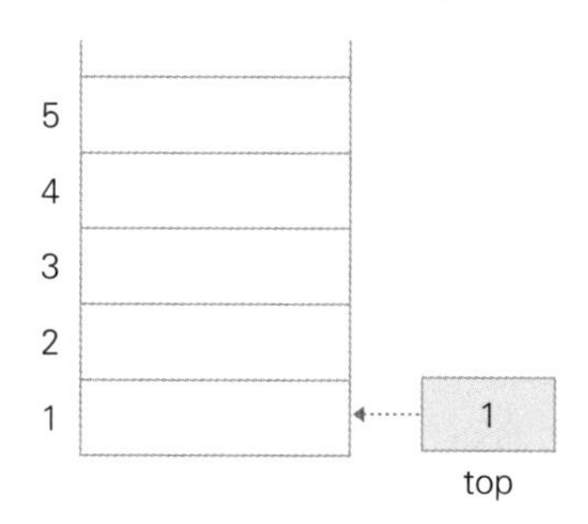

如果 top 为 1，则意味着是空栈，不能再删除数据。因此，从栈中删除数据之前，首先要检查是否已为空栈。

队列

下面了解另一种数据结构——队列。

队列只允许在一端插入数据，在另一端删除数据。如下图所示，顾客在超市收银台排队结账，先到收银台的顾客先结账，这就是一个典型的队列结构。

因为最先插入的数据被最先删除，所以队列也称为“先进先出”（FIFO，First-In First-Out ）结构。

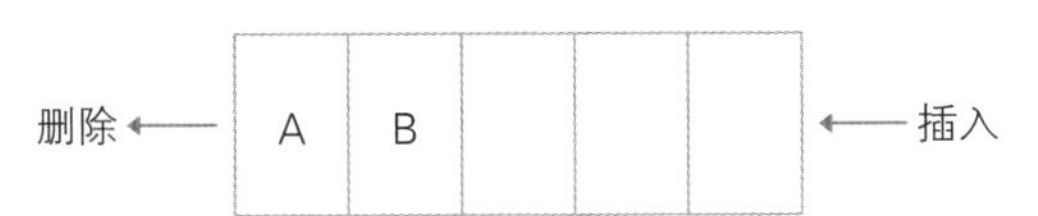

队列结构如下所示，front 是存储第一个数据的位置，rear 是插入新数据的位置。由于处于初始状态，所以 front 和 rear 的值都是 1。

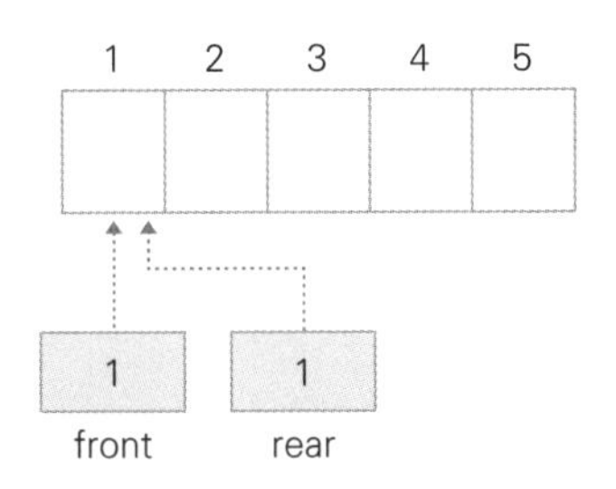

接下来，看看如何在队列中插入数据。

在初始状态下将数据 10 插入队列，操作过程如下所示。

- 将10存储到rear指向的1。
- rear增1，所以rear的值为2。

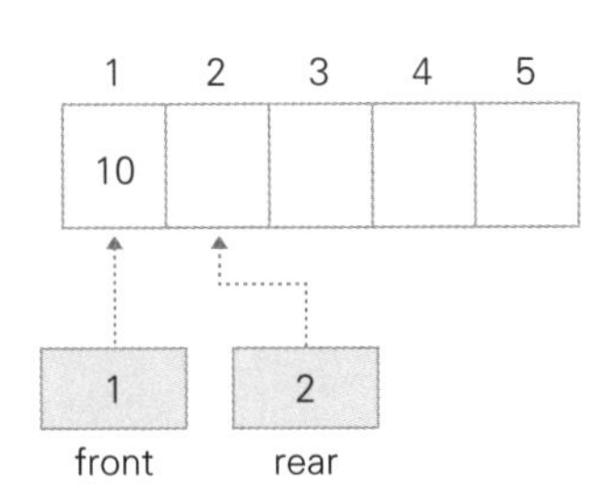

如果向队列继续添加 4 个数据，则队列将满，得到 rear 的值为 6。

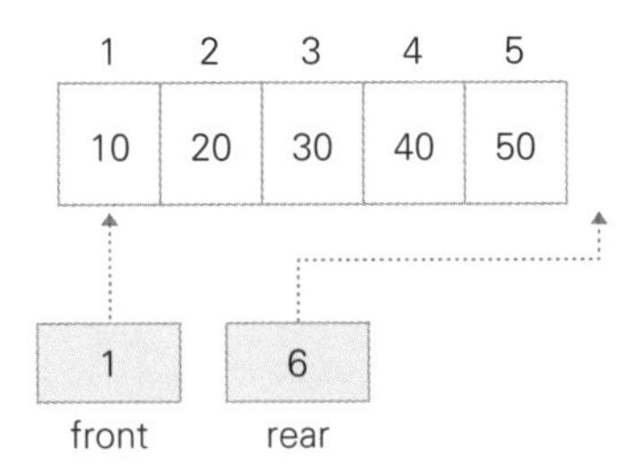

这种状态下的 rear 比队列大 1，表示队列已满，无法插入更多数据。因此，将数据插入队列之前，首先需要检查队列是否已满，只有在未满状态下才能正常插入数据。

接下来，看看从队列中删除数据的操作，如下所示。

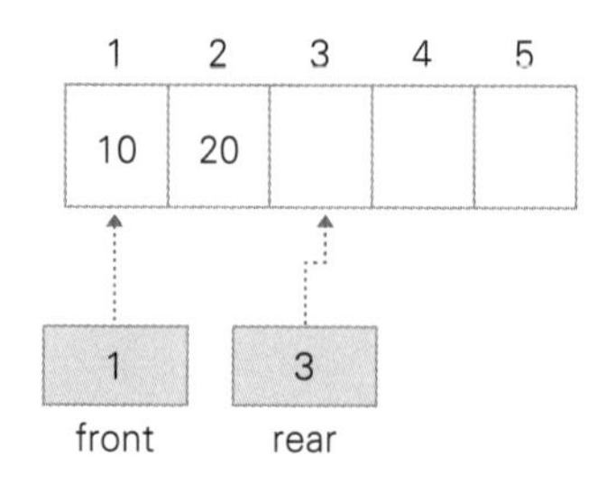

要删除数据，只需要将 front 值增 1。因此，第一个数据位置的 front 值为 2。

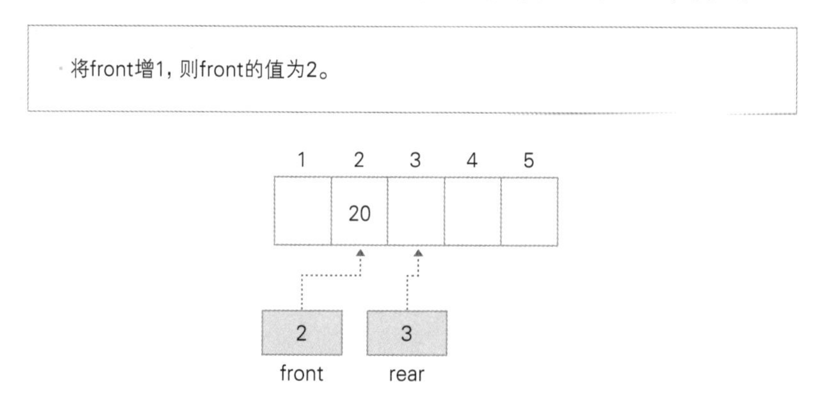

在此状态下，如果再次删除数据，则队列将为空，如下图所示。

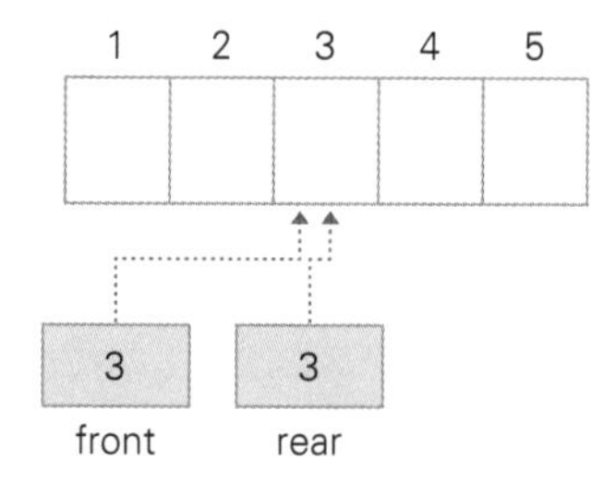

此时的 front 值和 rear 值一致，都表示队列为空，无法再删除数据。因此，从队列中删除数据之前，首先需要检查是否已为空队列。

栈

下面利用 App Inventor 编写栈。

❶ 创建名为“栈”的空列表，在“栈大小”变量中存储 5，在“top”变量中存储 1。

```
初始化全局变量 栈 为 创建空列表
初始化全局变量 栈大小 为 5
初始化全局变量 top 为 1
```

❷ 将“数据”文本框中输入的数据插入“栈”区，如果“top”变量小于等于“栈大小”，则可插入数据，否则表示栈区已满。

```
当 插入按钮 .被点击
执行 如果 取 global top ≤ 取 global 栈大小
    则 在列表 取 global 栈
       的第 取 global top
       项处插入列表项 数据 . 文本
       设置 global top 为 取 global top + 1
       设置 结果 . 文本 为 合并字符串 "结果："
                                    数据 . 文本
                                    "请插入数据"
    否则 设置 结果 . 文本 为 "结果：栈已满"
```

❸ 从“栈”中删除数据的操作如下所示，如果“top”变量大于等于 1，则可删除数据，否则表示栈区为空。

```
当 删除按钮 .被点击
执行 如果 取 global top ≥ 1
    则 设置 global top 为 取 global top - 1
       设置 结果 . 文本 为 合并字符串 "结果：删除的数据"
                                    选择列表 取 global 栈
                                    中索引值为 取 global top
                                    的列表项
                                    "是"
    否则 设置 结果 . 文本 为 "结果：空栈"
```

队列

下面利用 Scratch 编写队列程序。

❶ 删除“队列”列表中的所有项目，并在“队列大小”变量中存储 5。然后在“top”变量中存储 1，在“rear”变量中存储 1。

```
当 被点击
删除第 全部 项于 队列
将 队列大小 设定为 5
将 front 设定为 1
将 rear 设定为 1
```

❷ 将数据插入“队列”，如果“rear”变量小于等于“队列大小”，则可插入数据，否则表示队列已满。

```
当接收到 插入
如果 <<(rear) < (队列大小)> 或 <(rear) = (队列大小)>> 那么
    询问 数据: 并等待
    插入 (回答) 为第 (rear) 项于 队列
    将 rear 增加 1
否则
    说 队列已满 2 秒
```

❸ 从“队列”中删除数据，如果“front”变量小于“rear”变量，则可删除数据，否则表示队列为空。

29 按重量为球排序

将 5 个重量不一的球随机放入下面的箱子中。

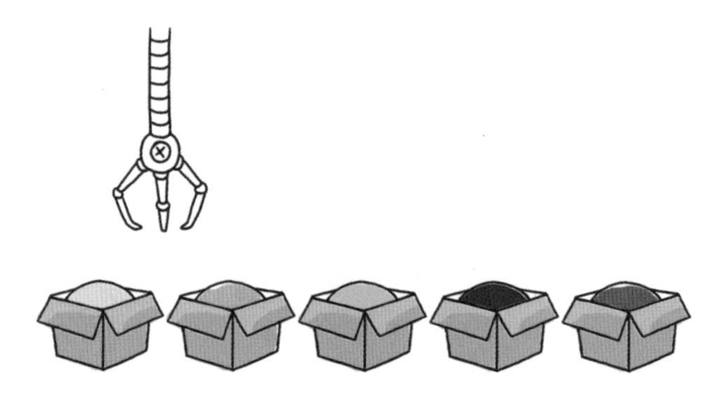

条件

- 可以拿出任意两个相邻的球进行比较。
- 可以变换拿出的两个球的位置。
- 球一旦放入箱子则忘记其重量。

根据以上 条件，利用机器手，将球按从轻到重的顺序依次放入箱子。
完成全部排序时，机器手需要对球进行重量比较的次数是多少？
这会是比较次数最少的排序方法吗？

习题 29 分析与解答

机器手将两个相邻的球提起，比较重量后，将较重的球放在后面。

整个排序过程如下所示。

❶ 提起第一个和第二个球并比较重量。如果第一个球比较重，则交换两个球的位置再放入箱中，否则不变。

❷ 提起第二个和第三个球并比较重量。如果第二个球比较重，则交换两球位置再放入箱中，否则不变。

❸ 提起第三个和第四个球并比较重量。如果第三个球比较重，则交换两球位置再放入箱中，否则不变。

❹ 提起第四个和第五个球并比较重量。如果第四个球比较重，则交换两球位置再放入箱中，否则不变。完成这一步后，最重的球将被放在最后一个箱子中。

❺ 再次提起第一个和第二个球并比较重量。如果第一个球比较重，则交换两球位置再放入箱中，否则不变。

❻ 同样地，提起第二个和第三个球并比较重量。如果第二个球比较重，则交换两球位置再放入箱中，否则不变。

❼ 提起第三个和第四个球并比较重量。如果第三个球比较重，则交换两球位置再放入箱中，否则不变。完成这一步后，第二个最重的球将被放置在第四个箱子中。

❽ 对第一个到第三个球重复以上步骤后，第三个最重的球将被放置在第三个箱子中。

❾ 最后，对第一个和第二个球重复以上步骤后，全部过程结束。

这种排序方法称为“冒泡排序”（bubble sort）。

编程原理 排序

制表软件对于随机输入的成绩应用“排序”功能，可以按分数高低排列。

序号	语文	英语	计算机	总分
1	75	80	90	245
2	90	85	95	270
3	85	90	85	260
4	95	100	90	285
5	80	85	85	250

→

序号	语文	英语	计算机	总分
4	95	100	90	285
2	90	85	95	270
3	85	90	85	260
5	80	85	85	250
1	75	80	90	245

将杂乱无章的数据元素按照一定规则进行排列的过程叫作排序，Excel 和 Word 等许多软件都有排序功能。排序的方法有很多种，下面针对冒泡排序和选择排序（selection sort）进行介绍。

冒泡排序

冒泡排序比较相邻的两个数据，然后将更大的数据放在后面。

我们利用以下数据了解冒泡排序的运算过程。

15	11	1	3	8

❶ 比较第一个数据 15 和第二个数据 11，然后将较大的数据放在后面。由于数据 15 比 11 大，所以需要交换二者位置。

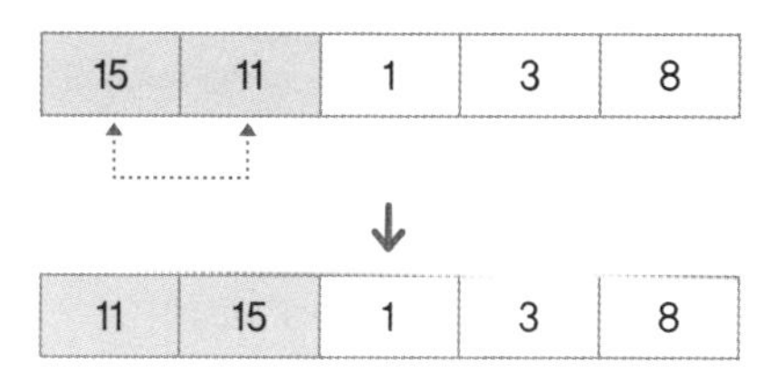

❷ 将第二个数据 15 与第三个数据 1 进行比较，由于前排的数据 15 较 1 大，所以需要交换二者位置。

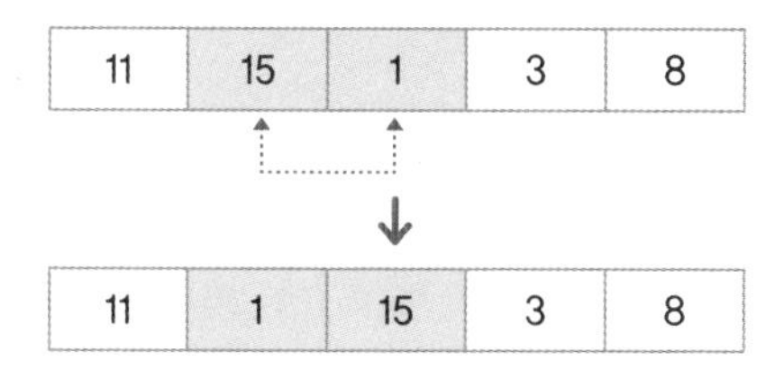

❸ 使用相同的方法，交换第三个数据 15 和第四个数据 3 的位置。

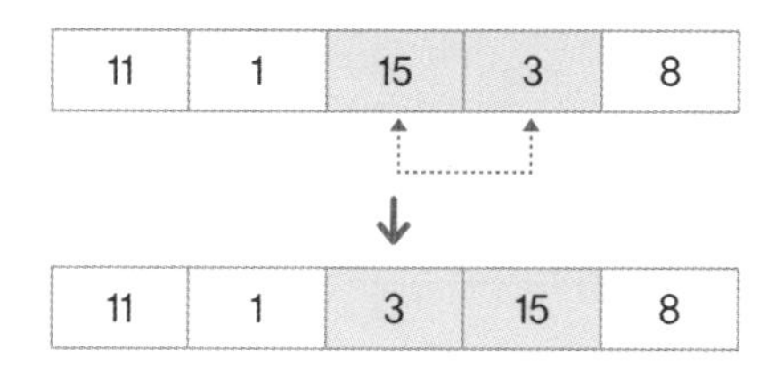

❹ 使用相同的方法，交换第四个数据 15 和最后一个数据 8 的位置。这样最大数据 15 被排在最后。

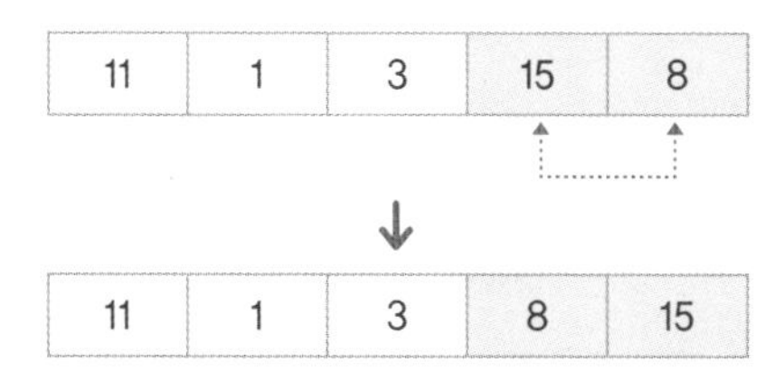

❺ 再次从头开始。比较第一个数据 11 和第二个数据 1。由于前排数据 11 较 1 大，所以需要交换二者位置。

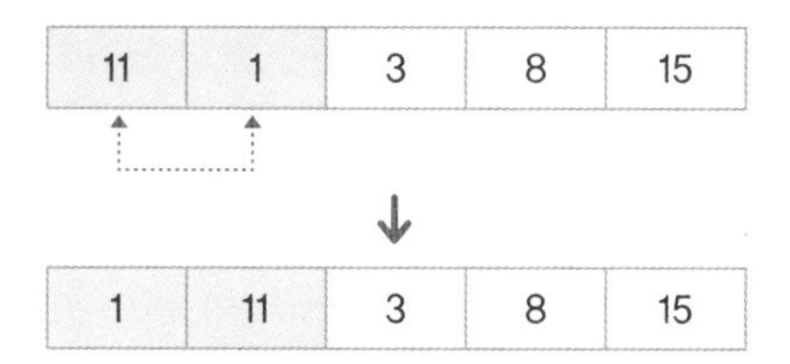

❻ 使用相同的方法，交换第二个数据 11 和第三个数据 3 的位置。

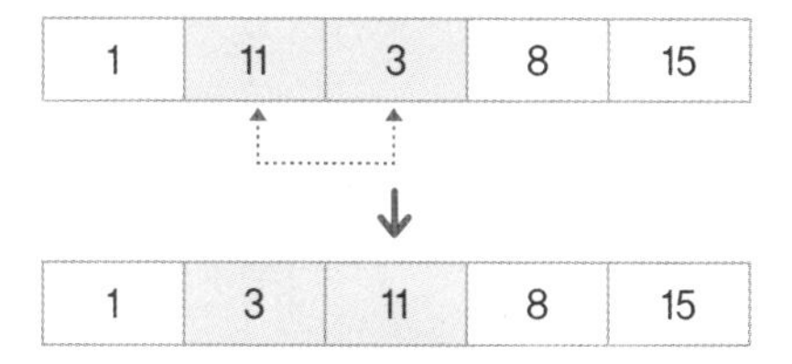

❼ 使用相同的方法，交换第三个数据 11 和第四个数据 8 的位置。这样第二大的数据 11 被排在倒数第二个位置上。

1	3	11	8	15

↓

1	3	8	11	15

❽ 再次从头开始。比较第一个数据 1 和第二个数据 3，由于前排的数据 1 较 3 小，所以不需要交换二者位置。

1	3	8	11	15

❾ 比较第二个数据 3 和第三个数据 8，由于前排的数据 3 较 8 小，所以不需要交换二者位置。这样第三大的数据 8 被排在倒数第三个位置上。

1	3	8	11	15

❿ 再次从头开始。比较第一个数据 1 和第二个数据 3，由于前排的数据 1 较 3 小，所以不需要交换二者位置。至此完成对数据的全部排序。

1	3	8	11	15

选择排序

选择排序从待排序的数据中选出最小的数据，并与最前面的数据交换位置。

我们利用以下数据了解选择排序的运算过程。

15	11	1	3	8

❶ 将排在最前面的数据 15（基准位置）与最小的数据 1 交换位置。将最小的数据置于最前。

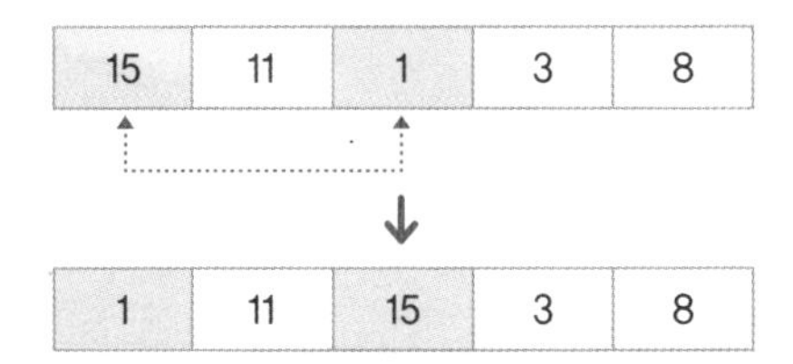

❷ 在余下的数据中选出最小的数据 3，与第二个位置（基准位置）的数据 11 互换。

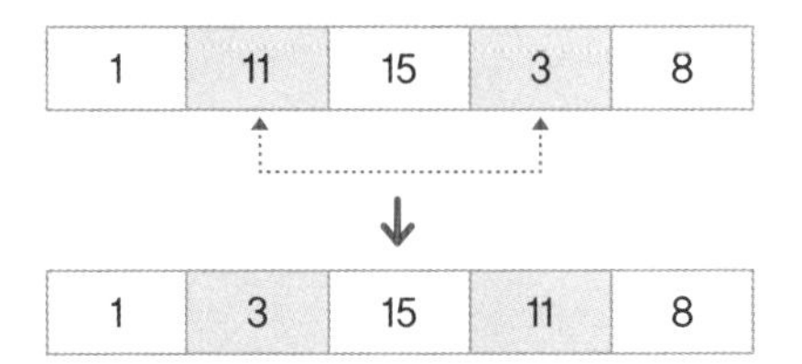

❸ 在余下的数据中选出最小的数据 8，与第三个位置（基准位置）的数据 15 互换。

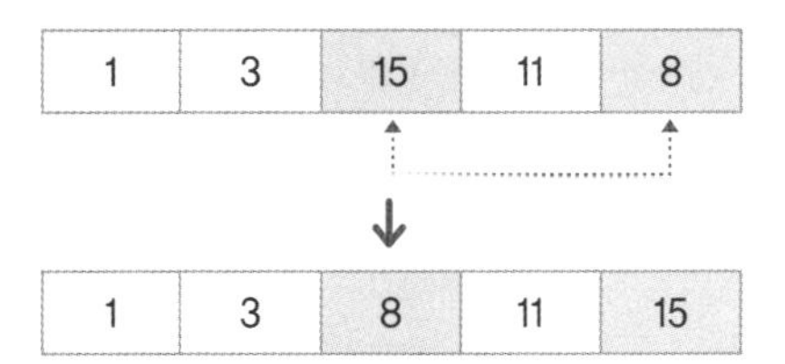

❹ 在余下的数据中选出最小的数据 11，与第四个位置（基准位置）的数据 11 互换。由于数据相同，所以不需要交换位置。至此完成对数据的全部排序。

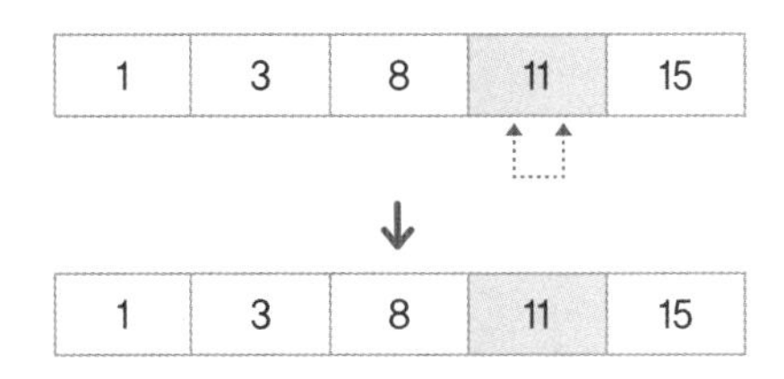

冒泡排序

下面通过 Scratch 程序讲解前面介绍的冒泡排序算法。

❶ 在“数据”列表中存储 10 个 50 ~ 100 的数据。

```
当 被点击
删除第 全部 项于 数据
重复执行 10 次
    将 在 50 到 100 间随机选一个数 加到 数据
```

❷ 对“数据”列表中的 10 个数据进行冒泡排序后输出。

```
将 a 设定为 数据 的项目数
重复执行直到 a = 1
    将 b 设定为 1
    重复执行直到 b = a
        如果 第 b 项于 数据 > 第 b + 1 项于 数据 那么
            将 临时 设定为 第 b 项于 数据
            替换第 b 项于 数据 为 第 b + 1 项于 数据
            替换第 b + 1 项于 数据 为 临时
        将 b 增加 1
    将 a 增加 -1
```

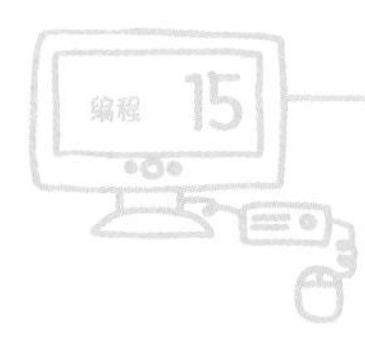

选择排序

下面通过 App Inventor 程序讲解前面介绍的选择排序算法。

❶ 创建“数据”列表，以及 b、“最小位置”和“临时”变量。

```
初始化全局变量 数据 为 创建空列表
初始化全局变量 b 为 0
初始化全局变量 最小位置 为 0
初始化全局变量 临时 为 0
```

❷ 点击“按钮 1”，选择并排序“数据”列表中的 10 个数据，将其输出到“排序后”标签。

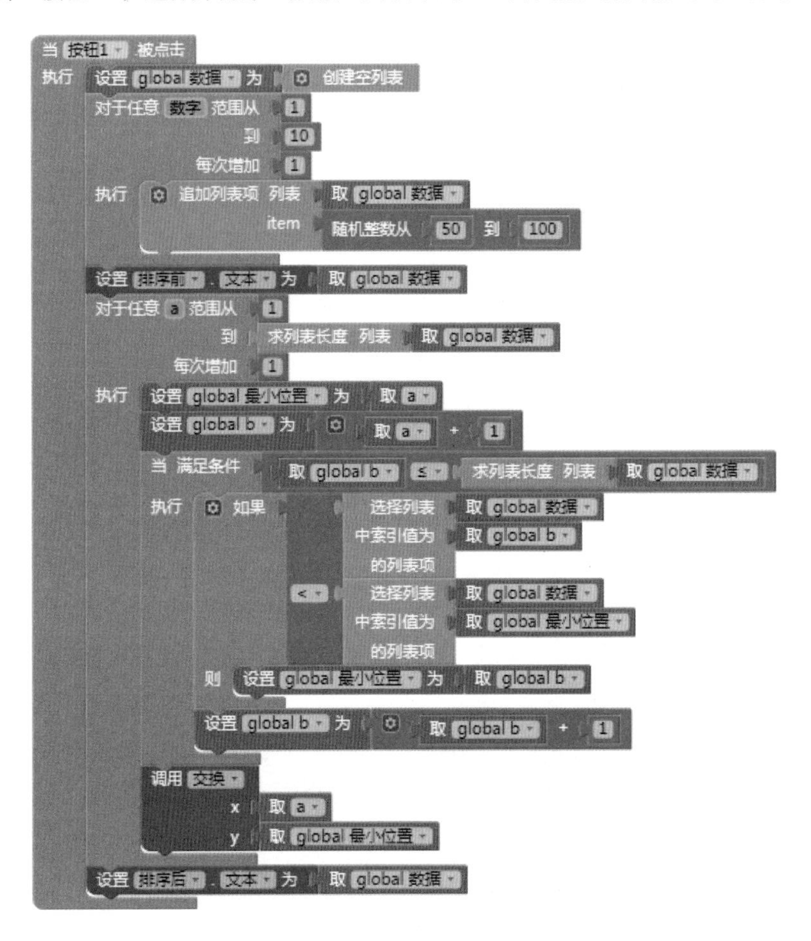

❸ “交换”函数负责交换“数据”列表中的第 x 个和第 y 个数据。

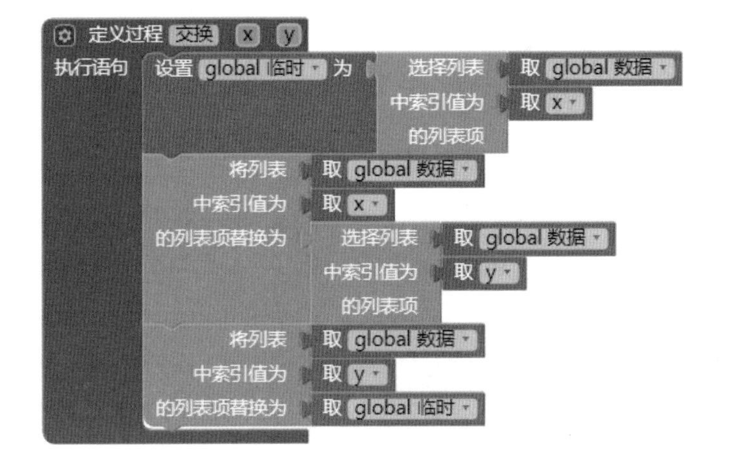

30 幸运抽奖

抽奖箱里装有 21 个球，其中只有 1 个球里装有写着“中奖”字样的纸条，其余 20 个球里全部装有写着“淘汰”字样的纸条。如果想抽中写有“中奖”字样的纸条，最多需要抽几次奖？

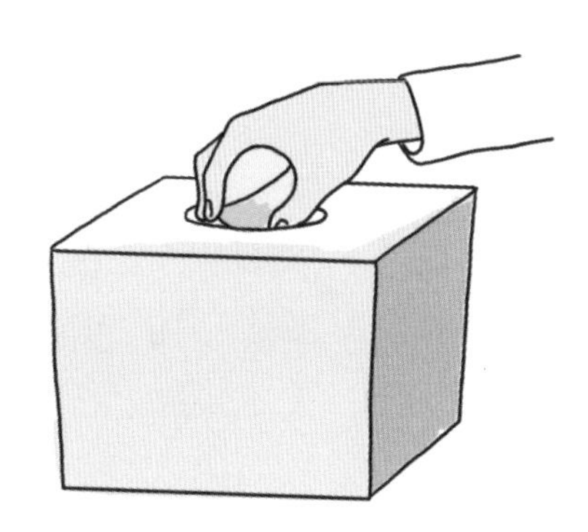

习题 30 分析与解答

必须取出每一个球才能找到“中奖”球。但是万一最后才抽中，那么就需要抽 21 次。因此，最多需要抽 21 次。

这种通过从头至尾逐个搜索以确定所需数据的方法称为“线性查找”（linear search）。

31 寻找卡片

韩非从标有 1 ~ 100 数字的卡片中随机抽取 7 张，将这些卡片按编号进行排列。

随后将卡片全部翻转，看不到任何数字。接着让韩娜找出 34 号卡片。

1　2　3　4　5　6　7

假设韩娜想要经过最少的比较次数来找到想要的卡片，那么应该最先翻开第几个位置上的卡片呢？

习题 31 分析与解答

正确答案是中间的第四张卡片。下面直接翻开这张卡片，尝试找出 34 号卡片。

❶ 首先翻开第四张卡片。

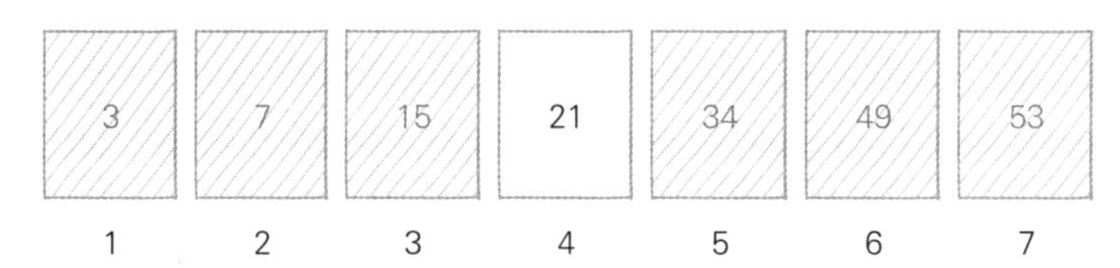

❷ 然后比较待找的 34 号卡片和已翻开的第四张卡片上的数字 21。

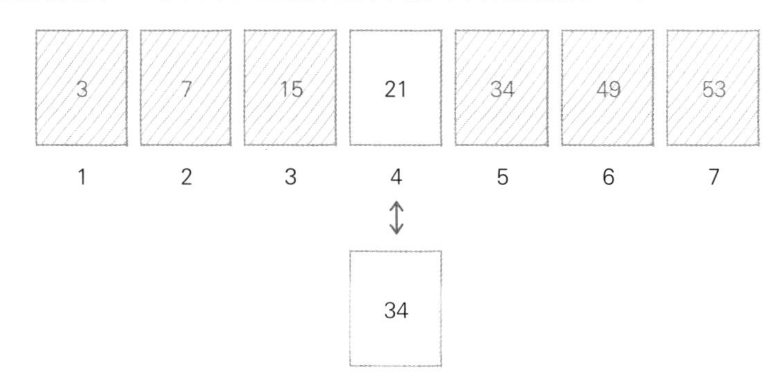

❸ 因为 34 比 21 大，所以 34 号卡片应该在 21 号卡片的右侧。接下来，在 21 号卡片右侧的 3 张卡片中，选出中间的第六张翻开，比较其上的数字与 34 号卡片。

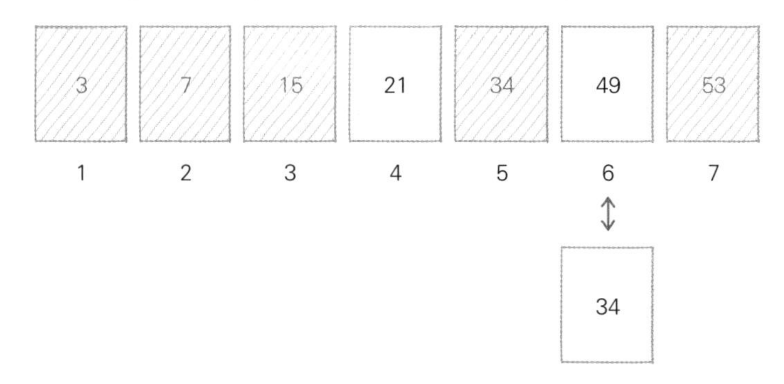

❹ 这次翻开的卡片上的数字 49 比 34 大，因此，可以判断 34 号卡片在 49 号卡片的左侧。由于 49 号卡片的左侧只剩下一张没翻开的卡片，所以直接翻开它就是我们要找的 34 号卡片。

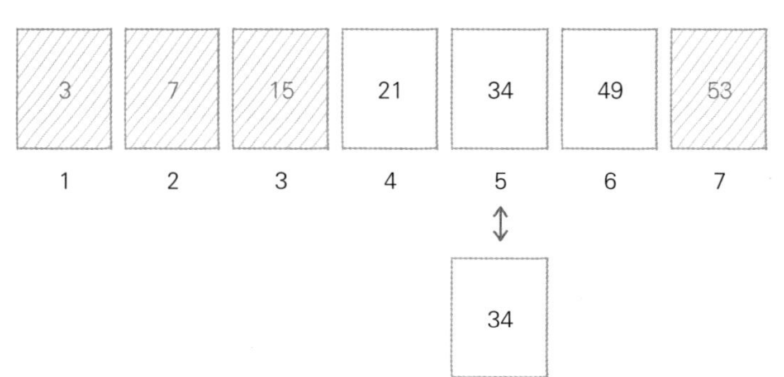

这种按关键字大小有序排列，将数据分成大致相等的两部分进行搜索，直到获取最终值的方法称为“二分查找”(binary search)。

编程原理

查找

Access 等数据库管理软件能够从多个数据中提取满足任意条件的数据。在计算机上存储的各种数据中，通过一定的方法寻找能够满足某种条件和性质的数据的过程叫作“查找”。

待查找的数据可以分为以随机方式混合的数据和根据特定规则分类的数据。不同数据类型有对应的查找方法，下面逐一了解。

线性查找

线性查找面向的是以随机方式混合的数据。

线性查找又称顺序查找 (sequential search)，对一组给定的数据从头至尾逐个检索，以确定所需数据的位置。

在以下数据中，运用线性查找法对数字 7 进行查找，操作过程如下所示。

15	19	5	7	13

❶ 比较第一个数字 15 和数字 7。由于数值不同，跳转至下一步。

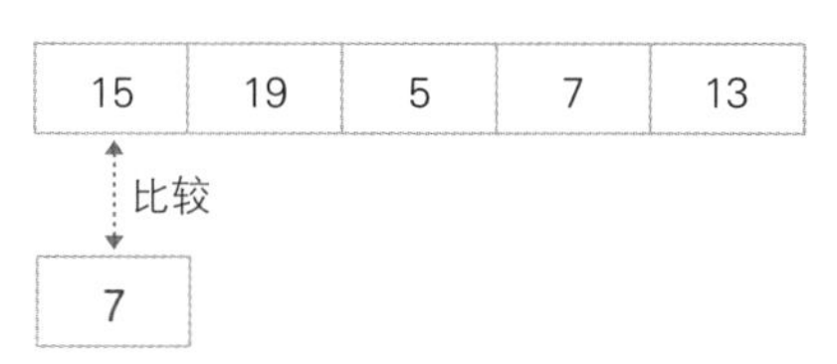

❷ 比较第二个数字 19 和数字 7，由于数值不同，跳转至下一步。

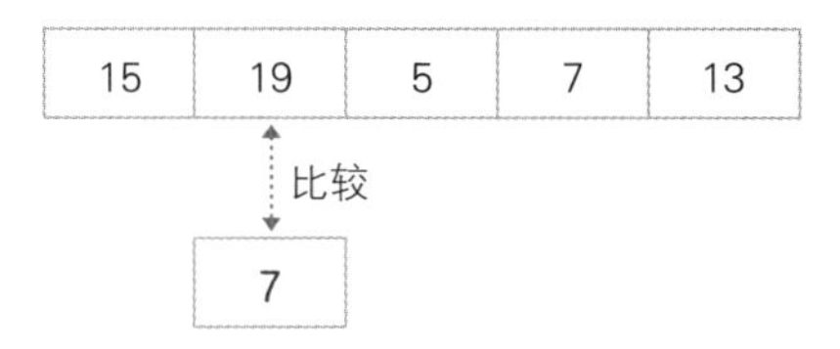

❸ 比较第三个数字 5 和数字 7，由于数值不同，跳转至下一步。

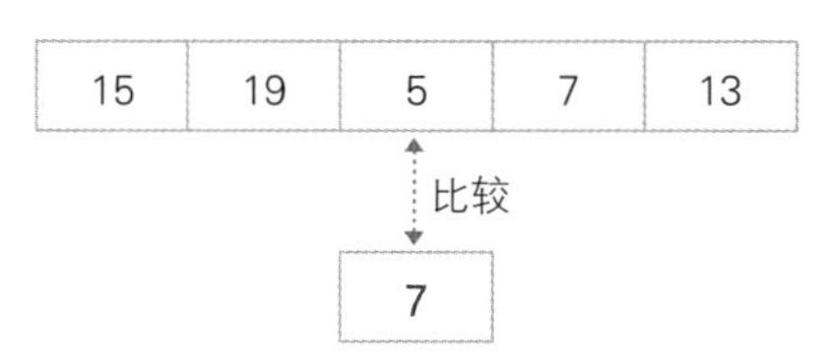

❹ 由于第四个数字 7 和待查找的数字 7 数值相同，结束查找。

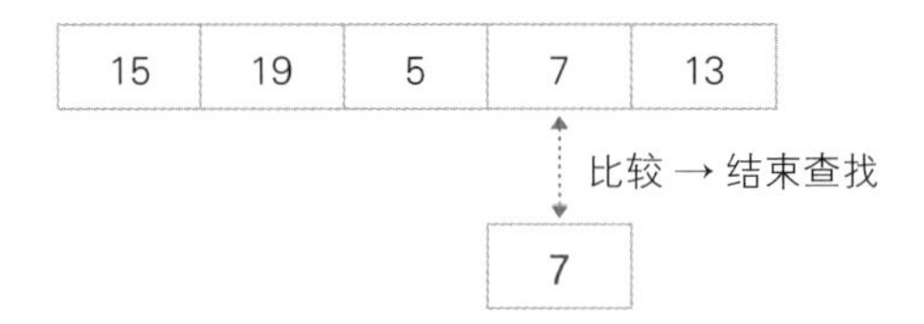

如果直到最后都找不到待查数据，则查找失败。

二分查找

二分查找法对根据特定规则分类的数据进行查找。

二分查找将一组已排序的数据分成大致相等的两部分进行搜索。

在以下数据中，运用二分查找法对数字 9 进行查找，操作过程如下所示。

1	3	5	7	9	11	13

❶ 比较位于中间的数字 7 与数字 9。

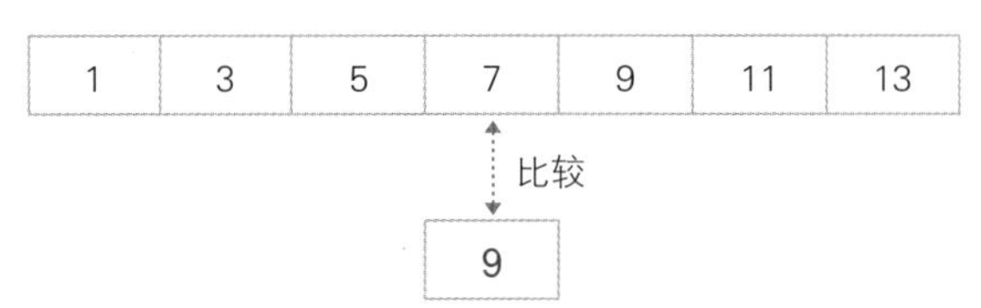

❷ 由于数字 9 比中间数字 7 大，所以对 7 右侧的数据执行二分查找。在新的查找区域比较位丁中间的数字 11 与数字 9。

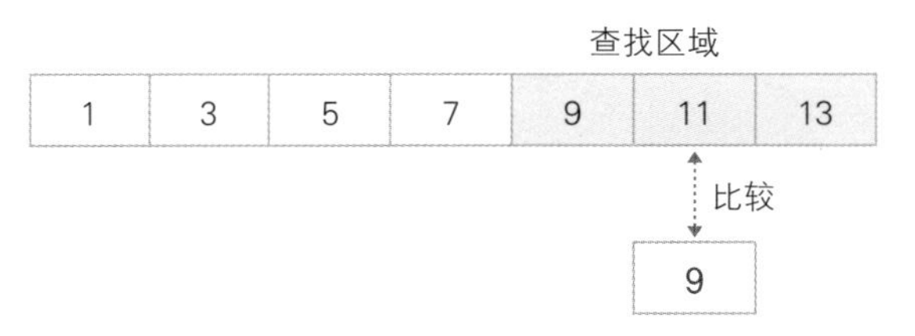

❸ 由于数字 11 比数字 9 大，所以对 11 左侧的数据再次执行二分查找。在新的查找区域，比较数字 9 与待查找的数字 9，因为已找到目标数据，所以结束查找。

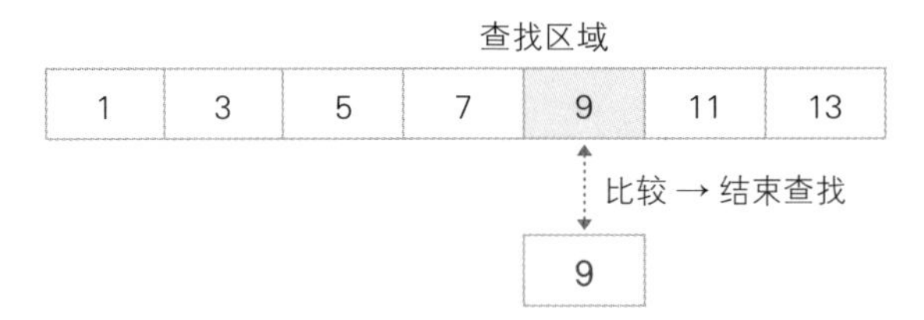

与线性查找一样，如果一直到最后都没有找到待查数据，则查找失败。

除了线性查找和二分查找之外，还有许多其他的查找方法，而且新方法也在不断涌现。探索新的查找方法的最大原因是，为了减少查找时间。

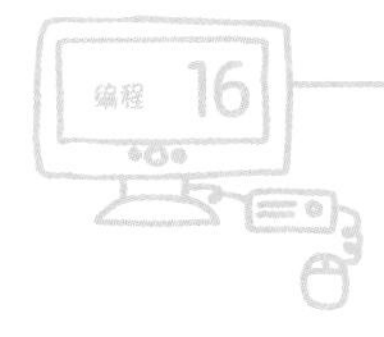

线性查找

下面利用 App Inventor 程序实现线性查找。

❶ 将 1~10 的数字存储在“数据”列表中。

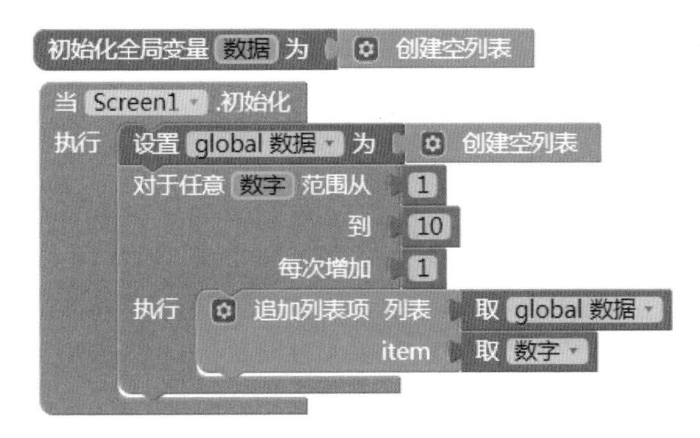

❷ 在“数据”列表中应用线性查找法，依次查找“输入”文本框中输入的数据。如果找到待查数据，则在“输出”标签上输出查找到的位置，否则输出“查找失败”。

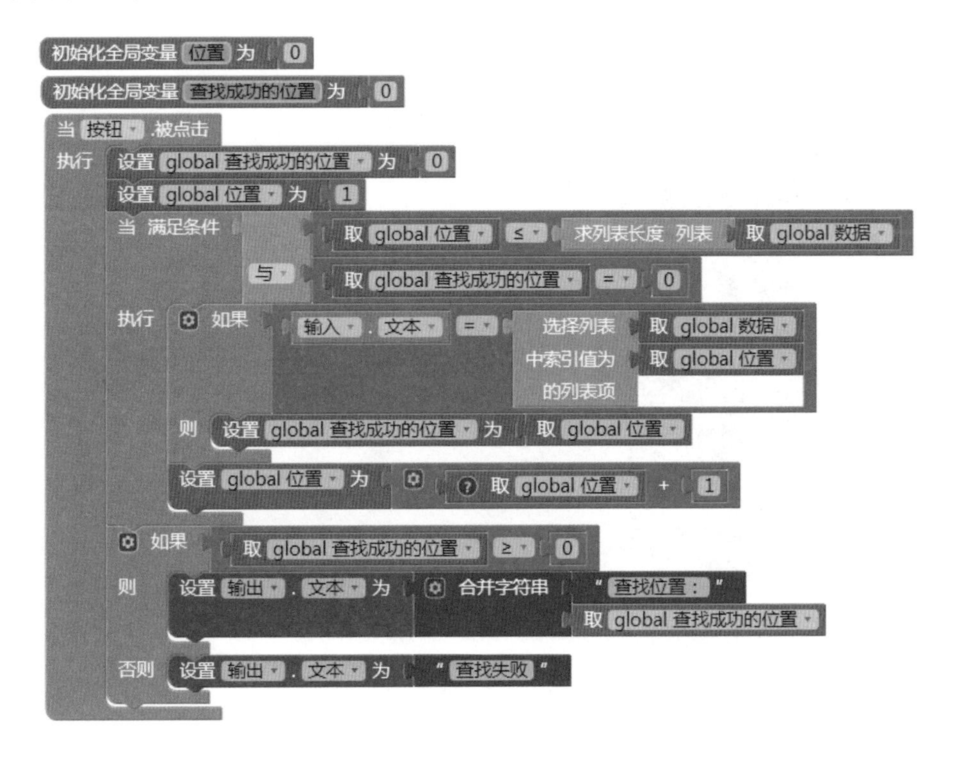

二分查找

下面利用 App Inventor 实现二分查找。

❶ 将 1~10 的数字存储在“数据”列表中。

```
初始化全局变量 数据 为 创建空列表

当 Screen1 .初始化
执行 设置 global 数据 为 创建空列表
     对于任意 数字 范围从 1
                    到 10
              每次增加 1
     执行 追加列表项 列表 取 global 数据
                    item 取 数字
```

❷ 在“数据”列表中应用二分查找法，查找“输入”文本框中输入的数据。如果找到待查数据，则在“输出”标签上输出查找到的位置，否则输出“查找失败”。

```
初始化全局变量 low 为 0
初始化全局变量 high 为 0
初始化全局变量 mid 为 0
初始化全局变量 查找成功的位置 为 0

当 按钮 .被点击
执行 设置 global 查找成功的位置 为 0
     设置 global low 为 1
     设置 global high 为 求列表长度 列表 取 global 数据
     当 满足条件   取 global low ≤ 求列表长度 列表 取 global high
               与 取 global 查找成功的位置 = 0
     执行 设置 global mid 为 求商 取 global low + 取 global high ÷ 2
          如果 输入 . 文本 = 选择列表 取 global 数据
                            中索引值为 取 global mid
                            的列表项
          则 设置 global 查找成功的位置 为 取 global mid
          否则，如果 输入 . 文本 < 选择列表 取 global 数据
                                  中索引值为 取 global mid
                                  的列表项
          则 设置 global high 为 取 global mid - 1
          否则 设置 global low 为 取 global mid + 1
     如果 取 global 查找成功的位置 > 0
     则 设置 输出 . 文本 为 合并字符串 " 查找位置： "
                                      取 global 查找成功的位置
     否则 设置 输出 . 文本 为 " 查找失败 "
```

32 安排游乐设施

游乐园里有 3 种游乐设施。为防止学生们集中玩一种，老师们特意为每种设施都贴上编号，并如下所示，以学生学号为标准安排游乐设施。若依此方法进行，15 号学生将被安排玩哪种游乐设施？

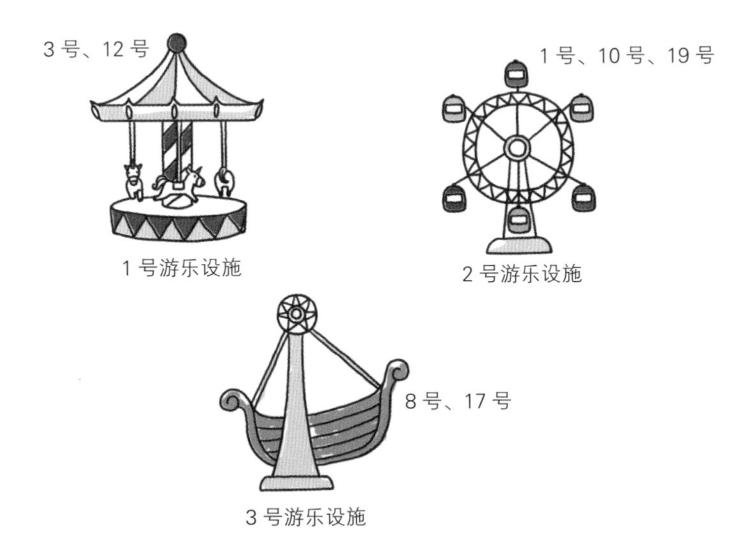

习题 32 分析与解答

对使用各游乐设施的学生学号进行汇总，如下所示。

游乐设施编号	学生学号
1	3、12
2	1、10、19
3	8、17

由表可知，游乐设施编号和使用该游乐设施的学生学号之间存在一定的规律。使用 1 号游乐设施的学生学号除以 3，余数为 0；使用 2 号游乐设施的学生学号除以 3，余数为 1。同理，使用 3 号游乐设施的学生学号除以 3，应当得出余数为 2。

总结可知，将学生学号除以游乐设施个数 3，得出的余数加上 1，所得的值就是使用的游乐设施的编号。因此，将 15 号学生的编号 15 除以 3，得出的余数 0 加上 1，所得的值为 1。即该名学生将被安排玩 1 号游乐设施。

整顿停车场的车

韩非在一家停车场工作，当客人们来托管车时，他代客泊车；当客人们提车时，他代客取车。但是随着客人的增多，车辆也越来越多，很难查找停放的具体位置。为此，韩非陷入了深深的苦恼。

经过一番思考，韩非终于想到了一个好主意。停车场有5个车库，分别是1～5号。可以按以下方式整顿车辆：如果车牌号的末位是1和6，则停在1号车库；如果末位是2和7，则停在2号车库；如果末位是3和8，则停在3号车库。

第二天，心情愉快的韩非使用以上方法对车辆进行整顿时，却发生了一个意想不到的问题：每个车库里可以停放10辆车，5个车库共计可以停放50辆车。但是托管的车辆达到25辆时，1号车库就已经满了。为什么会出现这种情况呢？

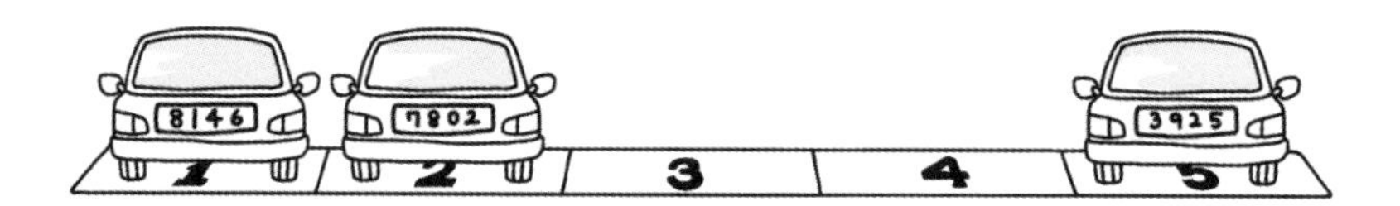

习题 33 分析与解答

每个车库相当于一个散列表（hash table）。运用散列函数（hash function）定位并查找车辆的方法为：将车牌号除以5，如果余数为1，则停放于1号车库；如果余数为2，则停放于2号车库。

如果一直有不同车牌号的汽车驶进停车场，它们会自动散列到散列表中，能够大大提高工作效率。但是，这种简单运算的散列方法也可能导致某些问题，本题就是其中之一。此习题中，尾号为1和6的汽车，即散列函数除以5，余数为1的车辆会大量驶进停车场，进而造成特定车库（即散列表）拥挤，导致备用空间不足。

最优选的散列函数应当确保数据均匀分布，而不集中于某个特定散列表。

散列算法

编译器将高级编程语言编写的源程序转换为计算机可理解并可执行的程序，为了提高速度，这种软件使用散列算法进行快速转换。此外，需要快速访问的数据库管理系统也使用散列算法来管理数据。像这样，在需要快速存储并检索数据的程序中，散列是一个重要概念。

散列表示通过数据的值确定存储数据的位置或查找存储数据的位置。通过散列算法存储数据的空间称为“散列表”，使用数据值确定存储位置的运算称为“散列函数”。

最优选的散列函数不应当使数据集中于散列表中的某些位置，而是将数据均匀分布。

下面以一个长度值为 5 的散列表为例进行说明。

0	
1	
2	
3	
4	

以下散列函数执行简单运算：除以散列表数据的大小并求出余数。例如，将数据 9 除以散列表的长度值 5，得出余数为 4（9 % 5 = 4）。

将数据 9 保存到散列表的 4 中，如下所示。

0	
1	
2	
3	
4	9

通过以上运算方式，将数据 5 和 7 保存到散列表后，如下所示。

0	5
1	
2	7
3	
4	9

在此状态下，若又有一个数据 10，则必须将其保存到散列表的 0 中，但此位置已保存数据 5，所以发生冲突。

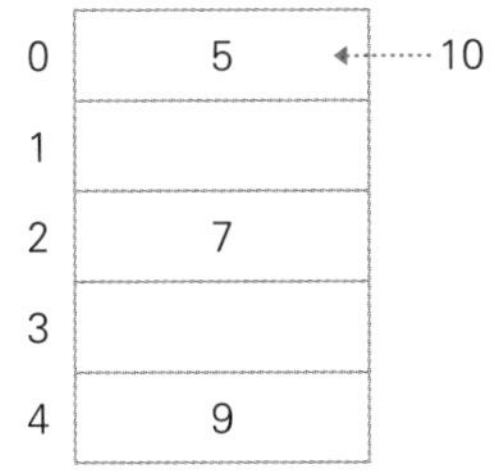

0	5	←······10
1		
2	7	
3		
4	9	

解决此类冲突的最简方法是扩展散列表结构，以便可以在每一行保存多个数据块，如下所示。

0	5	10	
1			
2	7		
3			
4	9		

“习题 32”和“习题 33”都基于散列概念。

安排游乐设施

使用“习题 32”中的方法安排游乐设施，如下所示。

游乐设施编号	学生学号
1	3, 6, 9, 12, …
2	1, 4, 7, 10, …
3	2, 5, 8, 11, …

根据学生学号可以得出相应的游乐设施编号，如下所示。

> 将学生学号除以3，余数加1。

根据此方法，利用 Scratch 程序确定游乐设施的编号，如下所示。

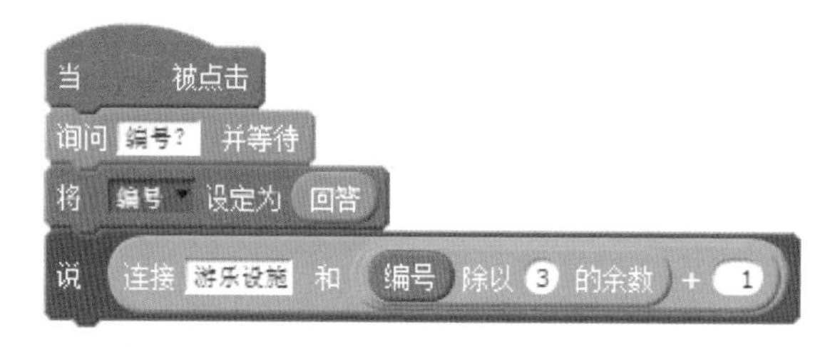

打开魔法之门!

辛巴达寻找宝藏的途中，出现了一道紧闭的魔法门。
开启该门的方法是：需将标有数字的 9 块石头准确无误地放置于圈内。

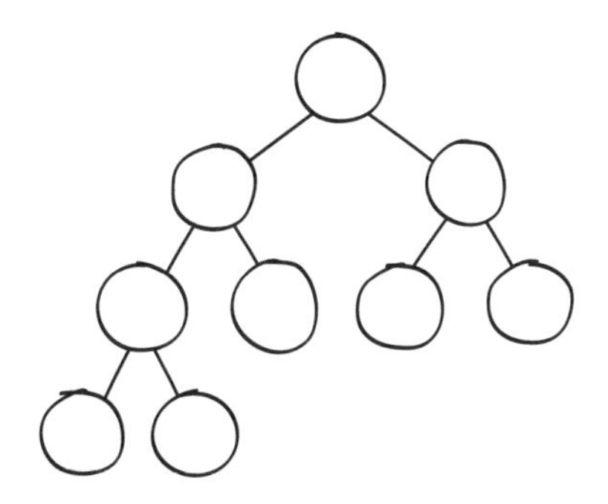

魔法门下写有开门方法，并且摆放着标有数字 1 ~ 9 的石头。

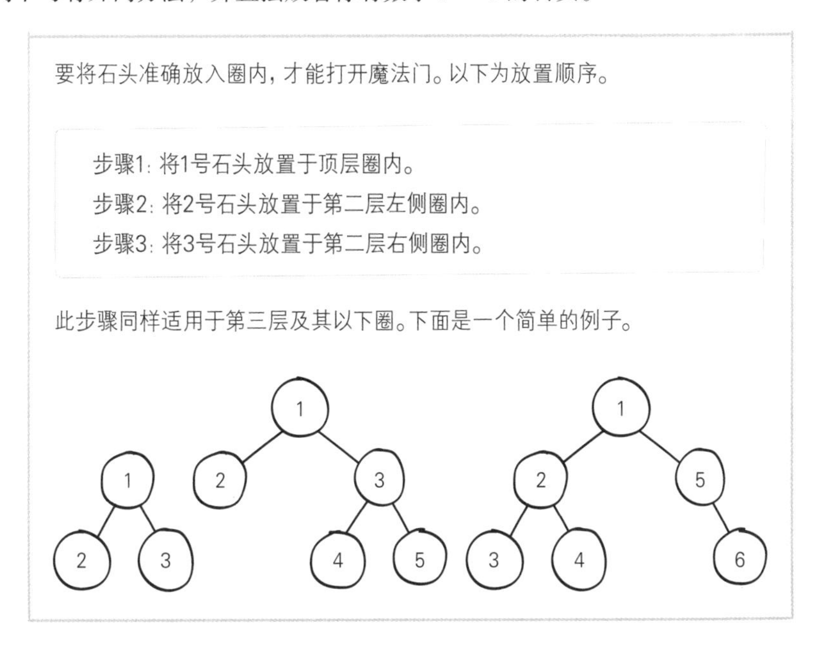

要将石头准确放入圈内，才能打开魔法门。以下为放置顺序。

步骤1：将1号石头放置于顶层圈内。
步骤2：将2号石头放置于第二层左侧圈内。
步骤3：将3号石头放置于第二层右侧圈内。

此步骤同样适用于第三层及其以下圈。下面是一个简单的例子。

如何将标有数字 1 ~ 9 的石头准确放入各个圈，并打开魔法之门呢？请写出正确的数字。

习题 34 分析与解答

解题过程如下所示。

❶ 以顶层圈为基准，将其左分支的所有子圈组合成一个集合（以下简称为集合 1），将其右分支的所有子圈也组成一个集合（以下简称为集合 2）。然后将 1 号石头置于顶层圈内。

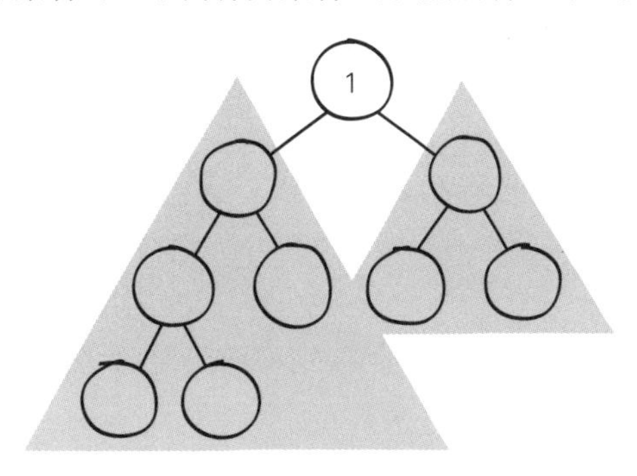

❷ 为了放置 2 号石头，以集合 1 最上层的圈为基准，将位于其左分支的所有子圈组合成一个集合（以下简称为集合 3），然后将 2 号石头置于最上层的圈内。

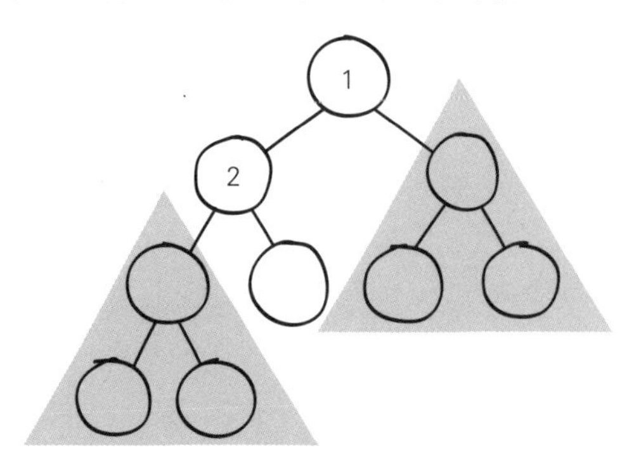

❸ 接着以集合 3 为基准，将 3 号石头置于最上层的圈内。

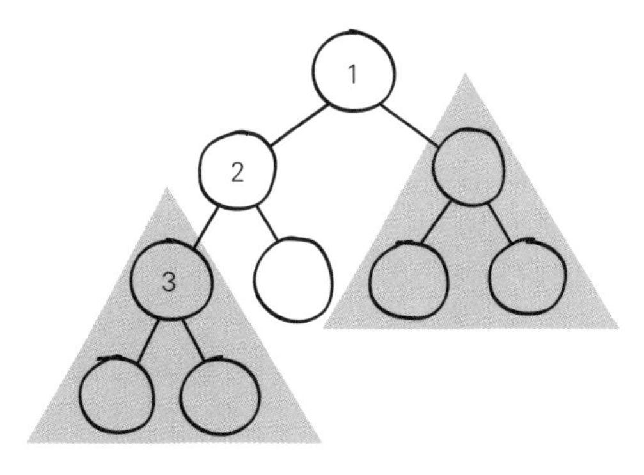

❹ 以 3 号石头为基准，将 4 号石头置于左侧圈内。

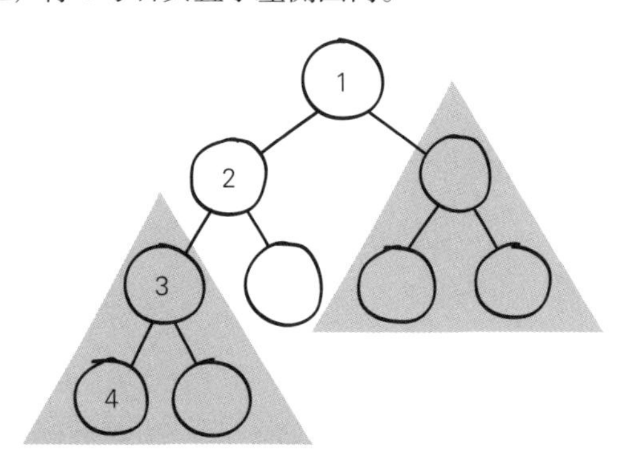

❺ 以 3 号石头为基准，将 5 号石头置于右侧圈内。

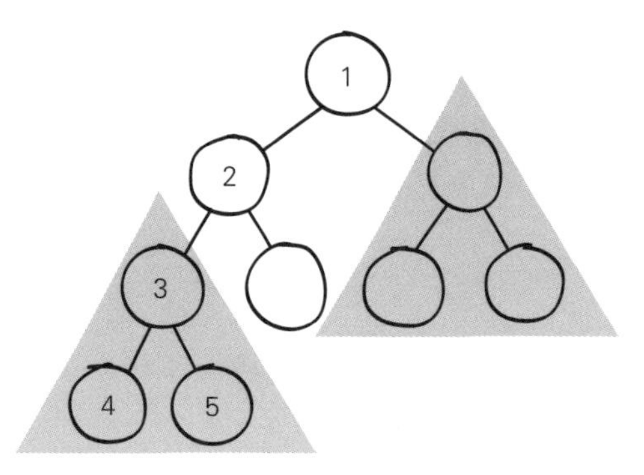

❻ 以 2 号石头为基准，由于其所有左侧圈均已被石头填满，因而需将 6 号石头置于右侧圈内。

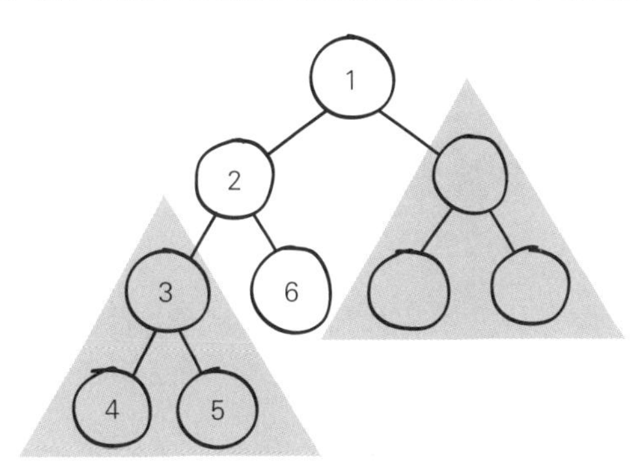

❼ 以 1 号石头为基准，由于其所有左侧圈均已被石头填满，因而需在右侧圈的集合中，将 7 号石头置于最上层的圈内。

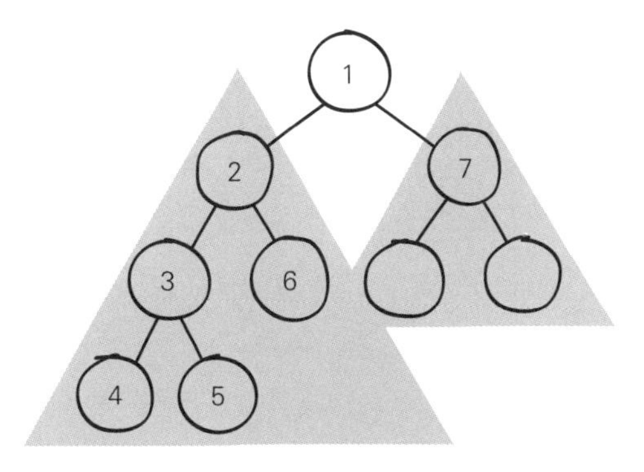

❽ 以 7 号石头为基准，将 8 号石头置于左侧圈内。

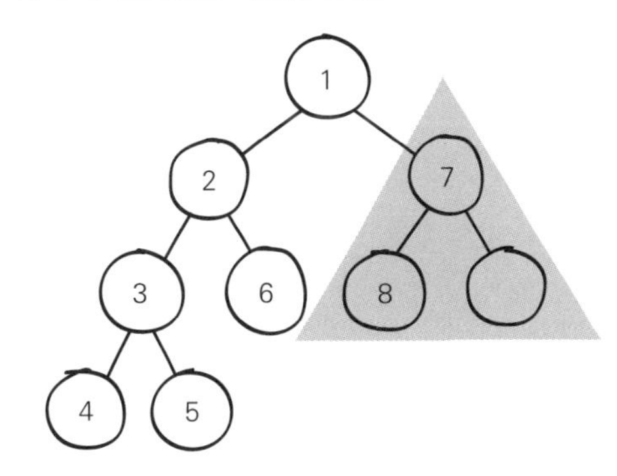

❾ 以 7 号石头为基准，将 9 号石头置于右侧圈内。至此，所有石头放置完毕。

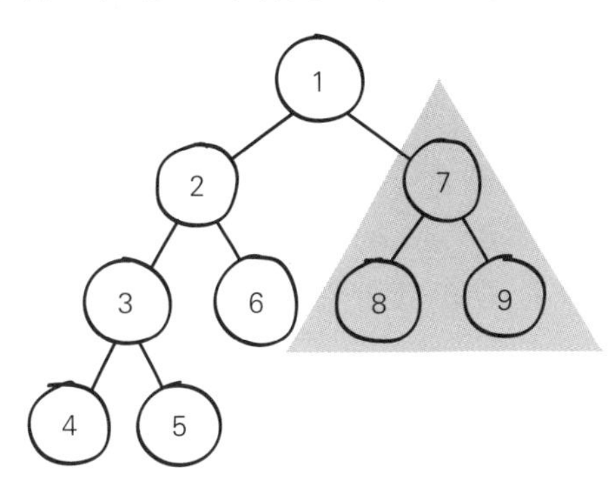

35 创造魔法数字！

辛巴达顺利通过第一道魔法门后，马上面临第二道门的挑战——创造魔法数字。

打开该门的方法是：需将标有数字和运算符的石头准确无误地放置于圈内，使运算结果为 5。

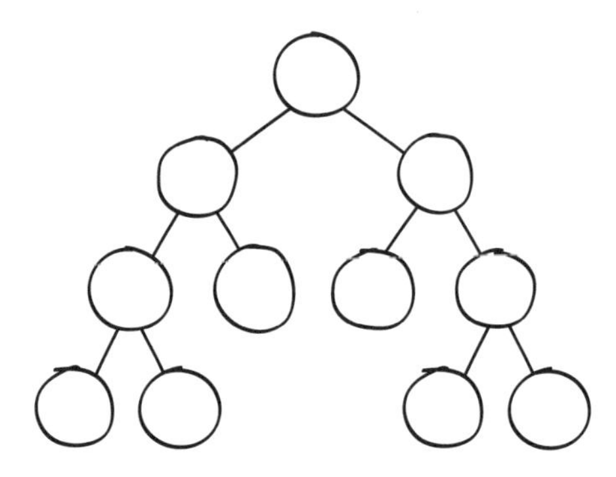

门下摆放着标有数字 1 ~ 9 和 +、−、×、÷ 运算符的石头。

如下图所示摆放石头，可得出2 + 3 = 5。

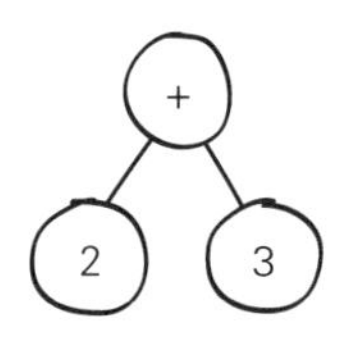

接下来，由下向上计算式子2 ×(3 + 4)，得出结果为14，如下所示。

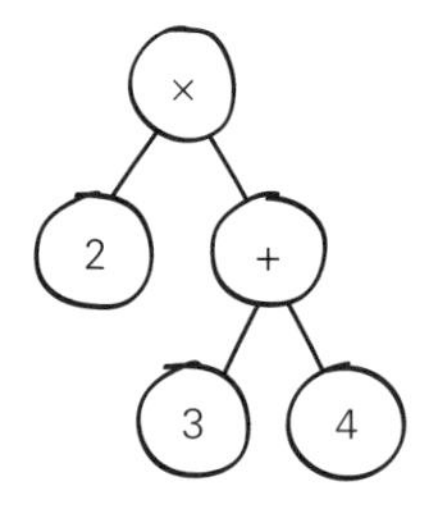

为了打开魔法之门，究竟应该如何将标有数字 1 ~ 9 和 +、−、×、÷ 运算符的石头准确放入各个圈，使运算结果等于 5 呢？请写入正确的数字和运算符。

需要注意，标有数字 1 ~ 9 的石头只能使用一次，不能重复使用，但标有运算符的石头可以反复使用。

习题 35 分析与解答

首先要区分数字和运算符的部分，然后将要进行运算的数字全部置于最末端部分的圈内，将运算符置于剩余圈内。由图可知，总共需要 6 个数字和 5 个运算符。

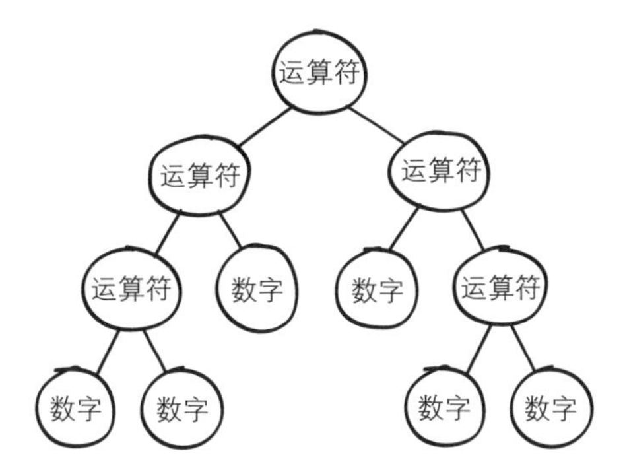

以顶层圈为基准，左右两侧运算结果的值应为 5。因此，根据顶层圈的运算符，对左右两边式子进行运算，得到的值如下所示。

顶层圈中的运算符	左侧运算结果	右侧运算结果
+	1	4
	2	3
	3	2
	4	1
−	6	1
	7	2
	8	3
	9	4
×	5	1
	1	5
÷	5	1
	10	2

可以利用此表解决“运算结果为 5”的问题，以下是解题方法之一。

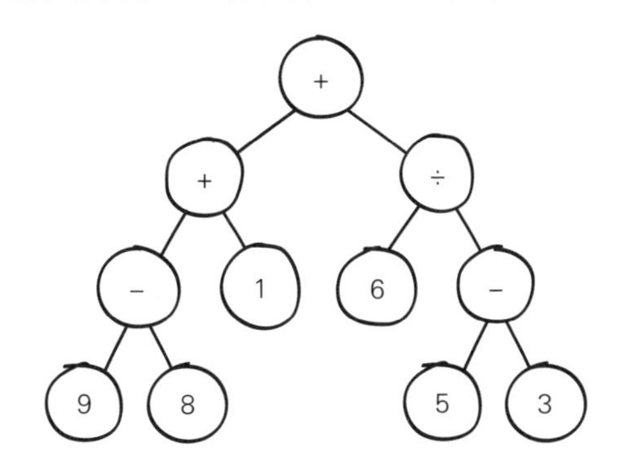

树状结构

顾名思义，树状数据结构就像一棵倒置的树，非常适合表示层次结构。树状结构在许多程序中都很常用，比如编译器的分析树，用于数据库查找的搜索树等。

下面讲解树状结构。

以下树状结构图表示的是参与 SW 训练营的团队。一个圆被称为一个“节点”（node），而“边”（edge）则表示由一节点到另一节点的分支。位于最顶端的节点被称为“根节点”（root node），有且仅有一个。韩非、小美等位于最底端的节点被称为“终端节点”（terminal node），或者“叶节点”（leaf node）。

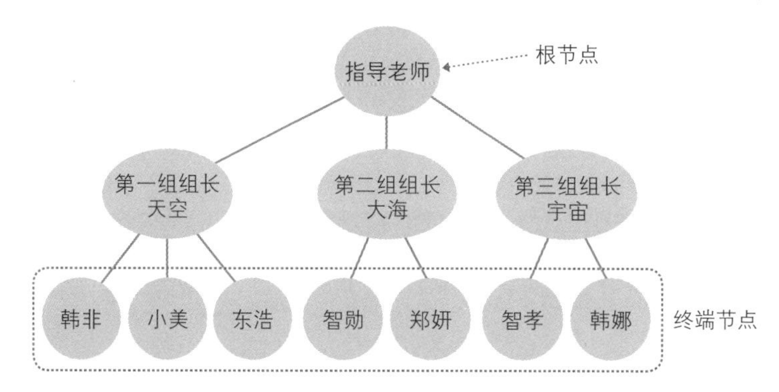

通过以下树状结构了解几个术语。

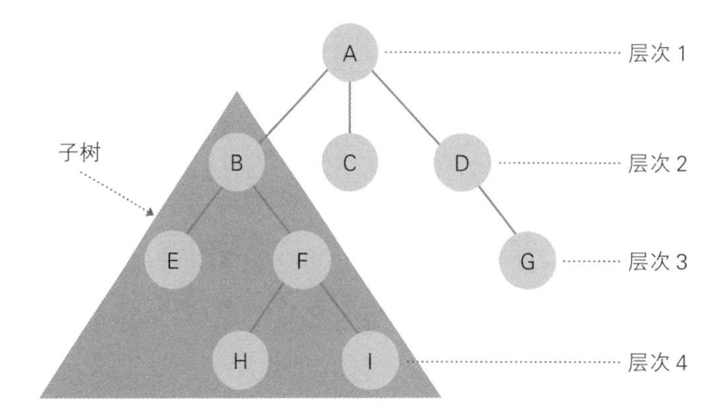

选择一个任意节点后，该节点及其下面所有节点共同组成一个新的树状结构，这种结构称为“子树”（sub tree）。任意节点之上的节点称为“父节点”（parent node），直接连在父节点之下的节点称为“子节点”（children node）。具有同一父节点的子节点是彼此的“兄弟节点”（sibling node）。如上图所示，对于节点 B，A 为其父节点，E 和 F 为其子节点，C 和 D 为其兄弟节点。

从根节点到任意节点所经路径上的分支数称为“层次”（level）。如上图所示，节点 B 的层次为 2，节点 E 的层次为 3。需要特别注意的是，树中节点的最大层次数称为“深度”（depth）。由图可知，树的最大层次为 4，即深度为 4。

最常用的树状结构是“二叉树”（binary tree），这种结构中，每个节点最多有两个子树，可以将其分成左子树和右子树，如下图所示。

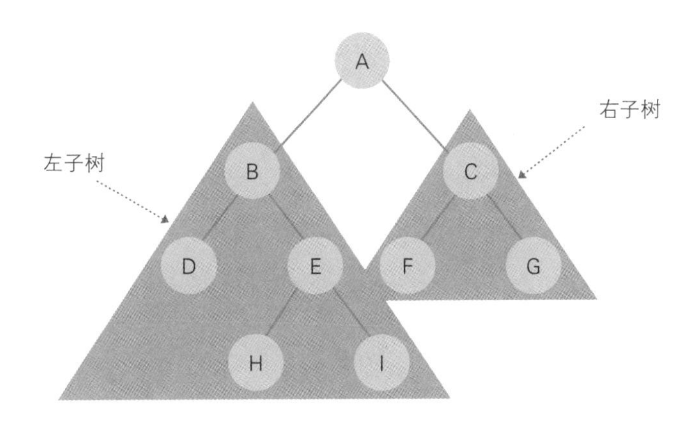

36 定位数字7和16

辛巴达智取第二关后，又遇到了一道门。要想打开这扇门，需要按照规律将标有数字 7 和 16 的石头准确放入空白圈内。

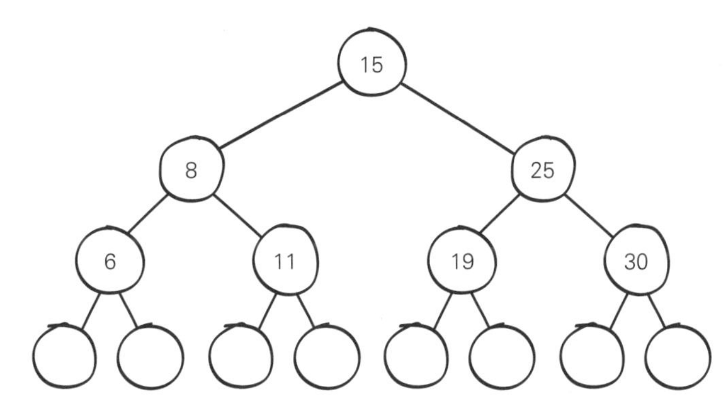

请找出圈内已标数字之间的规律，然后将标有数字 7 和 16 的石头准确放入空白圈中，开启魔法之门。

习题 36 分析与解答

圈内已标数字之间的关系存在一定规律，如下所示。

> 标在顶层圈上的数字比其左子圈的数字大，比其右子圈的数字小。

由于数字 7 小于 15 和 8，大于 6，所以应该将其置于数字 6 的右子圈内。

同理，数字 16 大于 15，小于 25 和 19，因此其应该位于数字 19 的左子圈内。

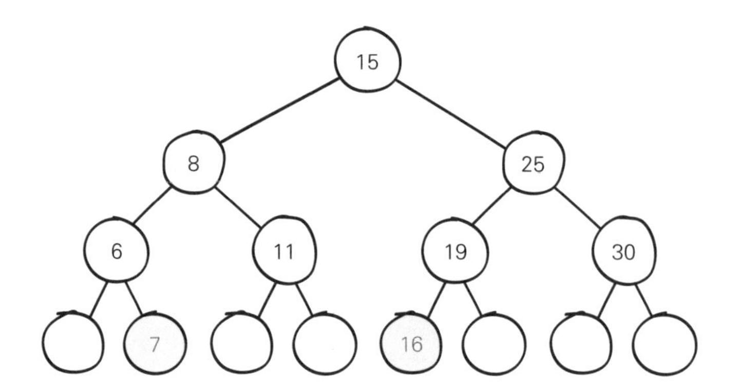

创建二叉查找树

辛巴达排除万难，终于来到了最后一道魔法门前。要打开此门，需将标有数字 1 ~ 7 的石头准确放入圈内。

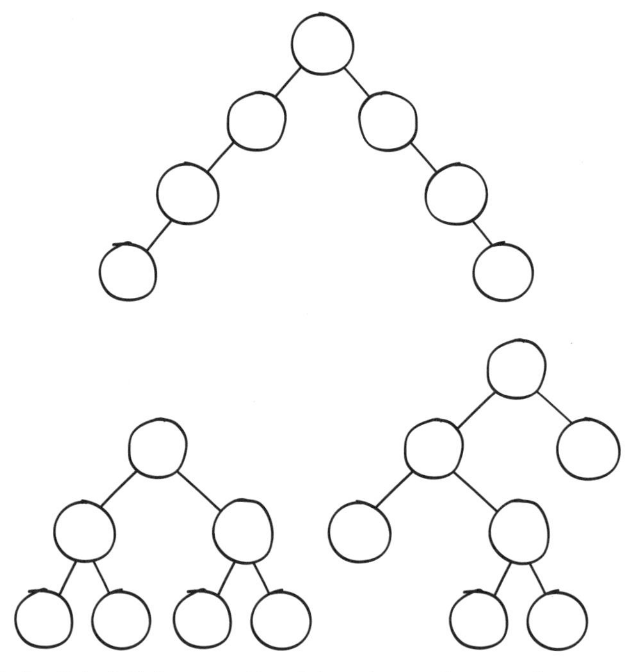

门下写有开门方法：将标有数字 1 ~ 7 的石头每 3 个一组放置于圈内。

要想打开魔法门，必须将石头正确放入圈内。圈内数字应满足的条件如下所示。

特征1：圈内的数字不能相同。
特征2：左下分支中的所有数字都小于当前圈内数字。
特征3：右下分支中的所有数字都大于当前圈内数字。

以下是一个简单的示例。

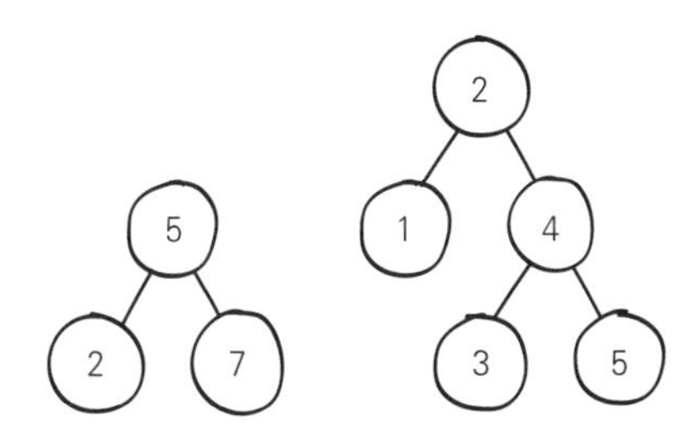

请将标有数字 1 ~ 7 的石头准确放入圈内，开启魔法之门。需要注意，放置时必须同时满足以上 3 个条件。

习题 37 分析与解答

可以运用如下规则解题，此规则同样适用于子集。

规则

1. 以顶层圈为基准，将其左分支所有子圈组合成一个集合（以下简称集合1），将其右分支所有子圈组合成另一个集合（以下简称集合2）。
2. 在集合1中，将圈内数字较大的一块石头置于最上层的圈内。
3. 然后将比最上层圈内数字小的石头全置于集合1中。
4. 最后将比最上层圈内数字大的石头全置于集合2中。

正确答案如下所示。

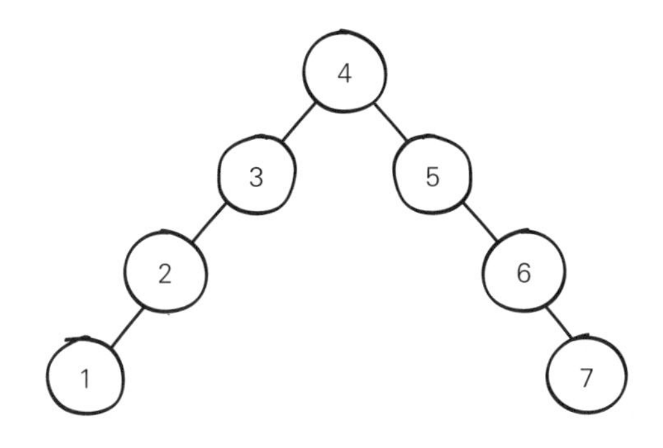

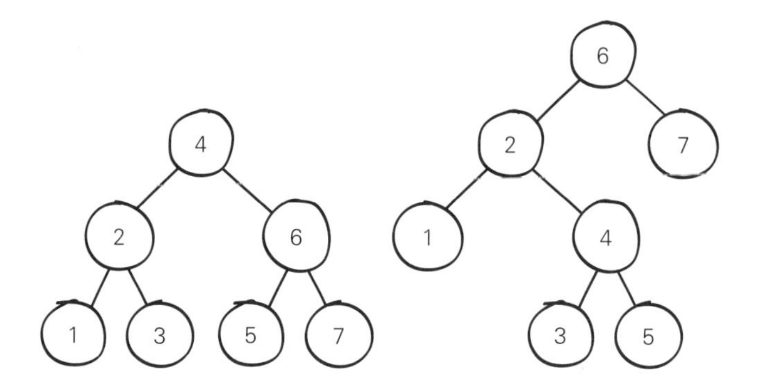

编程原理

二叉查找树

对于经常执行数据插入、删除、查找等操作的程序，二叉查找树（binary search tree）非常有效。下面了解一下二叉查找树。

二叉查找树是一种特殊结构的二叉树，各节点的值互不相同，并且左子树中的所有节点的值均小于当前节点，右子树中的所有节点的值均大于当前节点。以下是一个二叉查找树示例。

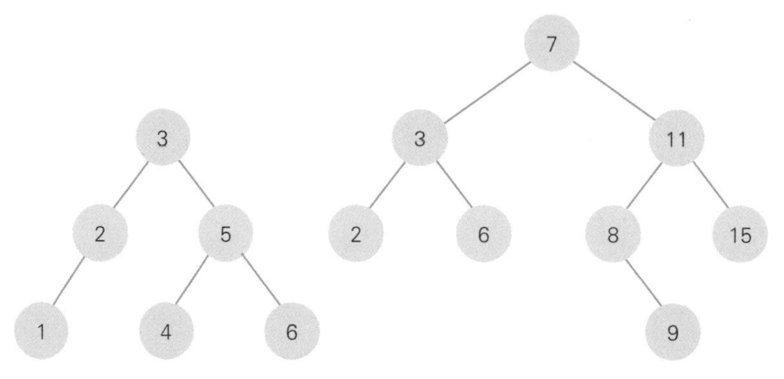

二叉查找树中的查找始于根节点，将待查找的数据值与根节点的数据进行比较，若待查找的数据值等于根节点的数据，则说明查找成功，终止操作。反之，如果待查找的数据值小于根节点的数据，则应查找根节点的左子树；如果待查找的数据值大于根节点的数据，则应查找根节点的右子树。

例如，在下面的树状结构中查找节点 8。

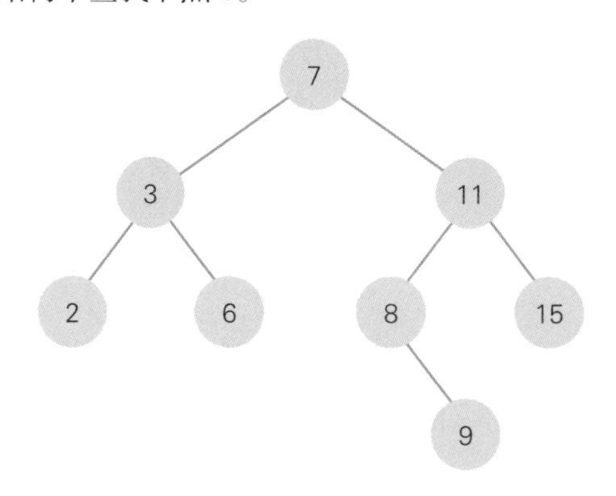

❶ 将根节点与待查找的节点值进行比较，由于待查找的节点 8 大于根节点 7，所以查找右子树。

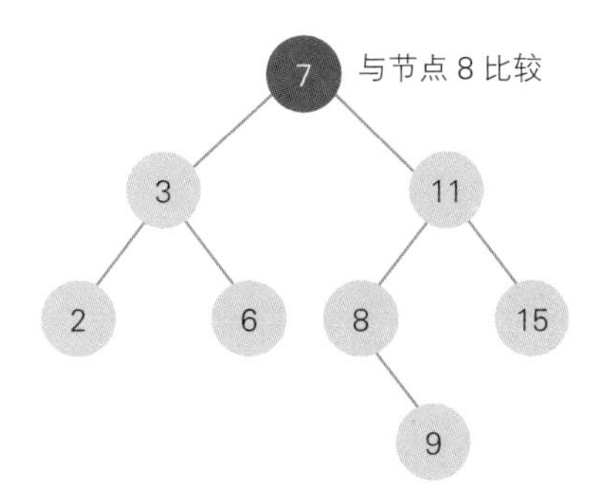

❷ 将右子树与当前根节点的数据值进行比较，由于待查找的节点 8 小于根节点 11，所以查找左子树。

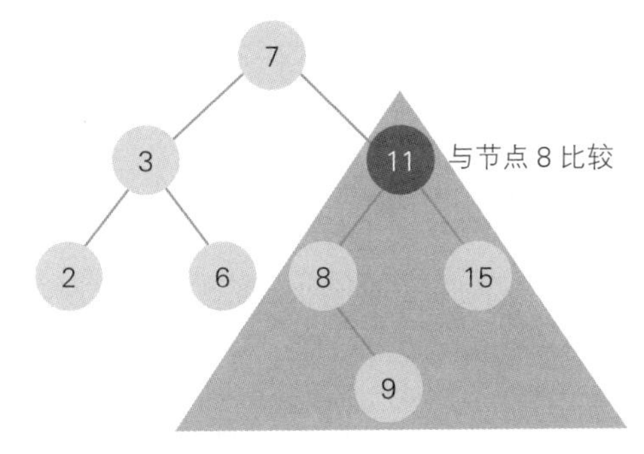

❸ 将左子树与当前根节点的数据值进行比较，由于待查找的节点 8 与根节点 8 相等，所以终止查找。

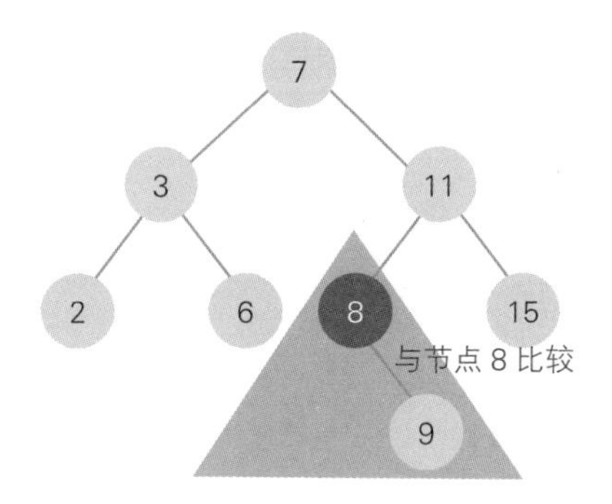

但是，如果一直查找到终端节点仍未找到相同的数据，则表示查找失败。

二叉查找树中的插入是通过查找过程完成的。因为不存在具有相同数据的节点，所以如果节点的数据值相等，则说明查找成功，同时也表示插入失败。而如果查找失败，则可以在终止查找的位置插入一个新的节点值。

例如，在下页的树状结构中插入节点 5。

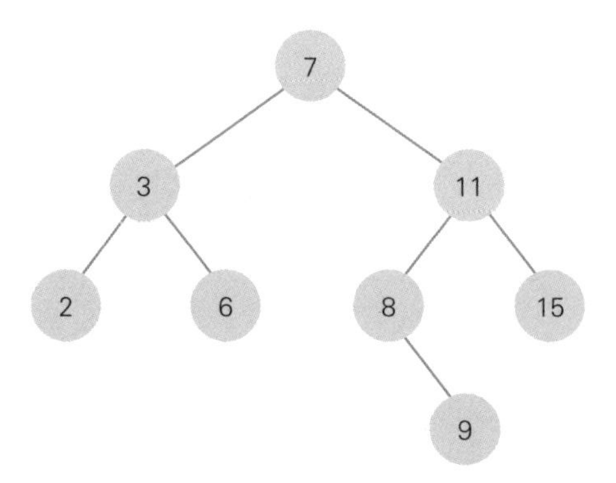

❶ 查找待插入的节点 5。由于一直到终端节点 6 仍查找不到节点 5，说明查找失败，因此可以插入新节点。

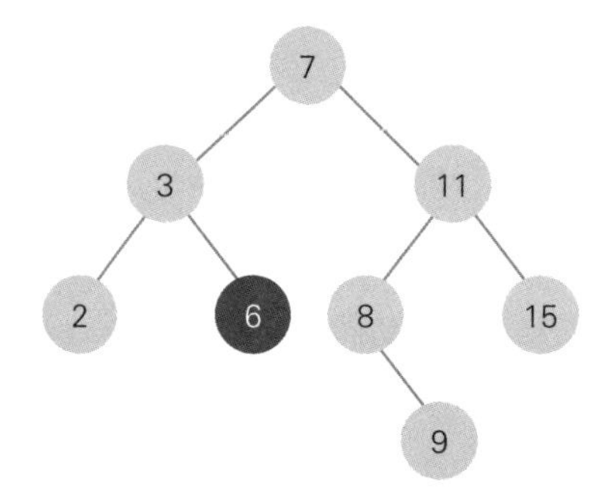

❷ 由于待插入的节点 5 小于终端节点 6，所以将 5 插入终端节点 6 的左侧子节点。

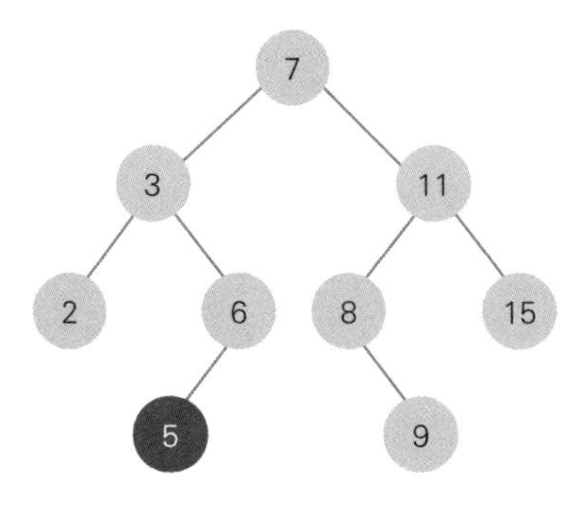

狼与羊过河问题

现有 3 头狼和 3 只羊要渡河，河边只有一条船，且这条船一次最多只能载 2 只动物。可怕的是，无论在河的哪一边，只要狼的数量比羊多，它们就会吃掉羊。

如何在保证羊不被狼吃掉的情况下，6 只动物全部安全过河呢？

习题 38 分析与解答

解决此问题的方法之一如下所示。

❶ 初始状态如下所示，有船的一边以灰底显示。

河左岸	河右岸
羊 3	羊 0
狼 3	狼 0

❷ 1 只羊和 1 头狼渡到河右岸。

河左岸	河右岸
羊 2	羊 1
狼 2	狼 1

❸ 1 只羊独自返回河左岸。

河左岸	河右岸
羊 3	羊 0
狼 2	狼 1

❹ 2 头狼渡到河右岸。

河左岸	河右岸
羊 3	羊 0
狼 0	狼 3

❺ 1 头狼独自返回河左岸。

河左岸	河右岸
羊 3	羊 0
狼 1	狼 2

❻ 2 只羊渡船到河右岸。

河左岸	河右岸
羊 1	羊 2
狼 1	狼 2

❼ 1 只羊和 1 头狼返回河左岸。

河左岸	河右岸
羊 2	羊 1
狼 2	狼 1

❽ 2 只羊渡船到河右岸。

河左岸	河右岸
羊 0	羊 3
狼 2	狼 1

❾ 1 头狼独自返回河左岸。

河左岸	河右岸
羊 0	羊 3
狼 3	狼 0

❿ 2 头狼渡船到河右岸。

河左岸	河右岸
羊 0	羊 3
狼 1	狼 2

⓫ 1 头狼独自返回河左岸。

河左岸	河右岸
羊 0	羊 3
狼 2	狼 1

⓬ 2 头狼渡船到河右岸，解题成功。

河左岸	河右岸
羊 0	羊 3
狼 0	狼 3

树查找

下面通过树查找程序解决此问题。

首先，羊、狼和船的状态表示如下。

(河左岸的羊的数量, 河左岸的狼的数量, 河右岸的羊的数量, 河右岸的狼的数量, 船只位置)

初始状态是，3 只羊和 3 头狼都在河左岸，船也在此，所以状态为 (3, 3, 0, 0, 左)。而最终的目标状态是，3 只羊和 3 头狼都要在河右岸，船也要在此，所以状态为 (0, 0, 3, 3, 右)。

在初始状态下，以树状结构表示几种可能出现的情况，如下所示。第一，有 1 只羊从河左岸独自渡船到河右岸，状态变为 (2, 3, 1, 0, 右)。第二，有 2 只羊从河左岸渡船到河右岸，状态变为 (1, 3, 2, 0, 右)。但是这两种情况都会造成左岸的狼比羊多，不符合题目要求，因此不可能存在下一状态。

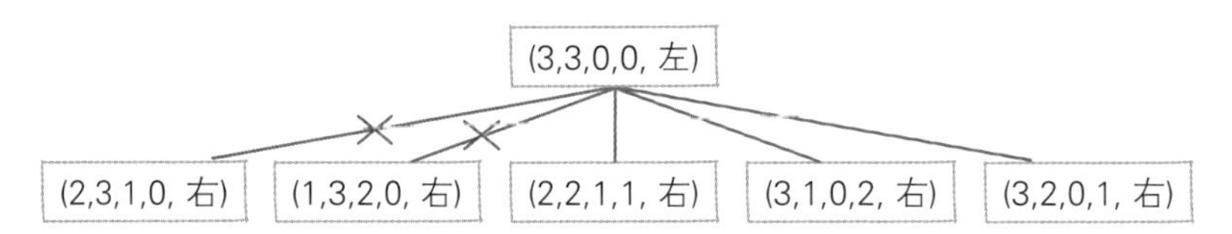

若将剩余状态继续向下扩展，则会达到想要的目标状态，如下所示。

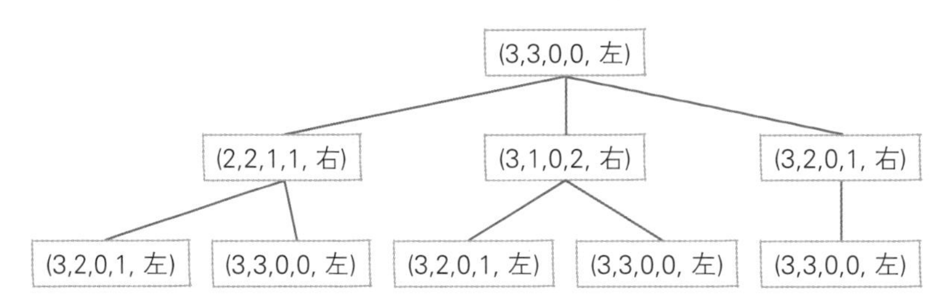

以下是达到目标状态的方法之一。

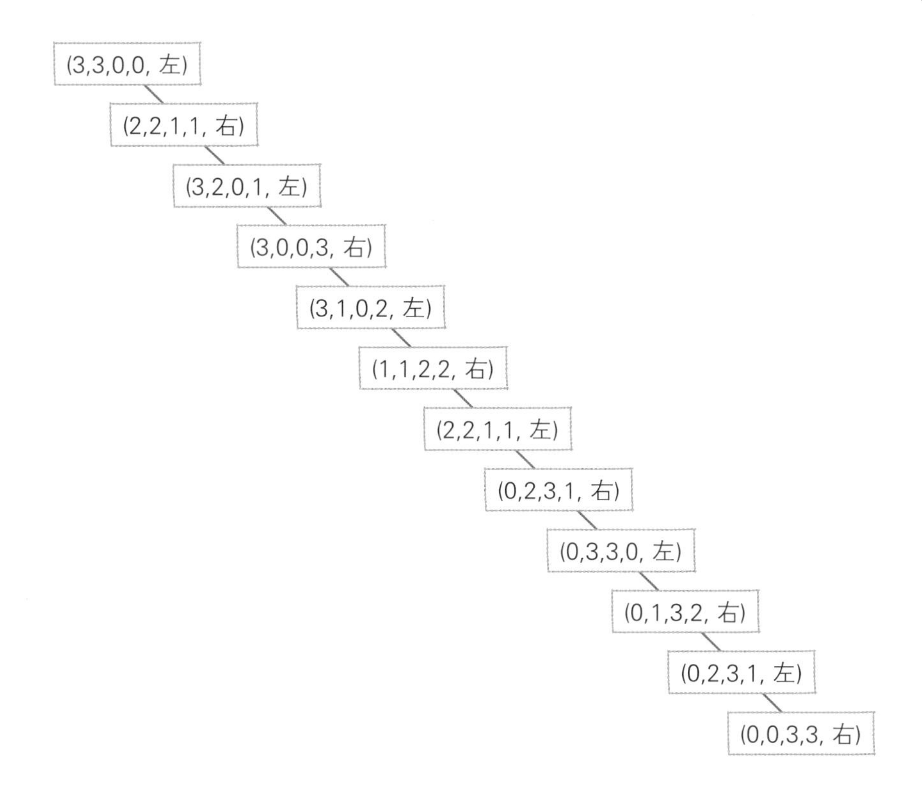

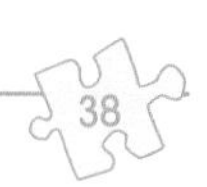

编程原理 树查找

现有容量分别为 4 升和 3 升的水壶（均无刻度标记），如何利用二者按规则将 2 升水装入 4 升的水壶?

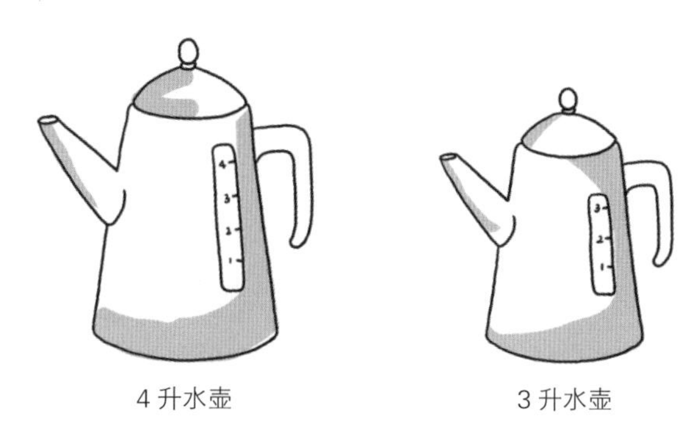

4 升水壶　　3 升水壶

解决这个问题之前，首先应当了解水壶的状态。

(4升水壶中的水量, 3升水壶中的水量)

由此可知，初始状态为 (0, 0)，目标状态为 $(2, y)$。

首先拟定解题规则，如下所示。

规则	条件		结果	说明
规则 1	(x, y) 且，$x<4$	→	$(4, y)$	将 4 升水壶装满
规则 2	(x, y) 且，$y<3$	→	$(x, 3)$	将 3 升水壶装满
规则 3	(x, y) 且，$x>0$	→	$(0, y)$	将 4 升水壶倒空
规则 4	(x, y) 且，$y>0$	→	$(x, 0)$	将 3 升水壶倒空
规则 5	(x, y) 且 $x+y \geqslant 4$，$y > 0$	→	$(4, y-(4-x))$	用 3 升水壶装水并倒入 4 升水壶，直到 4 升水壶满为止
规则 6	(x, y) 且 $x+y \geqslant 3$，$x > 0$	→	$(x-(3-y), 3)$	将 4 升水壶的水倒入 3 升水壶，直到 3 升水壶满为止
规则 7	(x, y) 且 $x+y \leqslant 4$，$y > 0$	→	$(x+y, 0)$	将 3 升水壶的水全部倒入 4 升水壶中
规则 8	(x, y) 且 $x+y \leqslant 3$，$x > 0$	→	$(0, x+y)$	将 4 升水壶的水全部倒入 3 升水壶中

为便于理解，下面通过示例进行说明。

4 升水壶和 3 升水壶全部为空的状态是 (0, 0)，若运用规则 1，即表示将 4 升水壶装满，则状态变为 (4, 0)。

规则 1

(0, 0) ⟶ (4, 0)

若对状态 (4, 2) 适用规则 6，即表示将 4 升水壶的水倒入 3 升水壶，直到 3 升水壶满为止，则状态变为 (3, 3)。

规则 2

(4, 2) ⟶ (3, 3)

向 4 升水壶恰好装入 2 升水的过程如下所示。

向初始状态 (0, 0) 适用规则 1 后，状态变为 (4, 0)；若适用规则 2，则状态变为 (0, 3)。用树状结构表示如下。

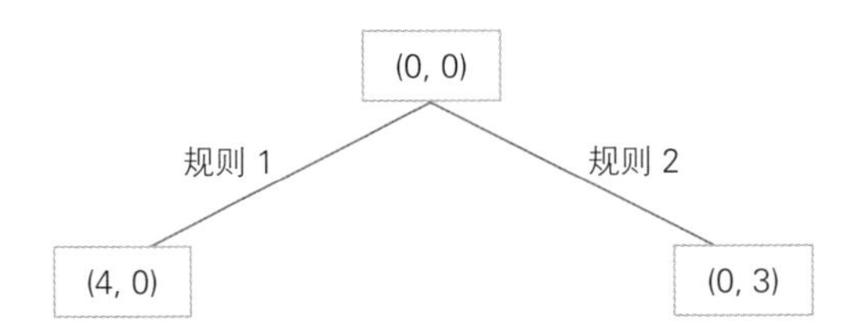

在 (4, 0) 和 (0, 3) 状态下，可以考虑添加的状态如下图所示。

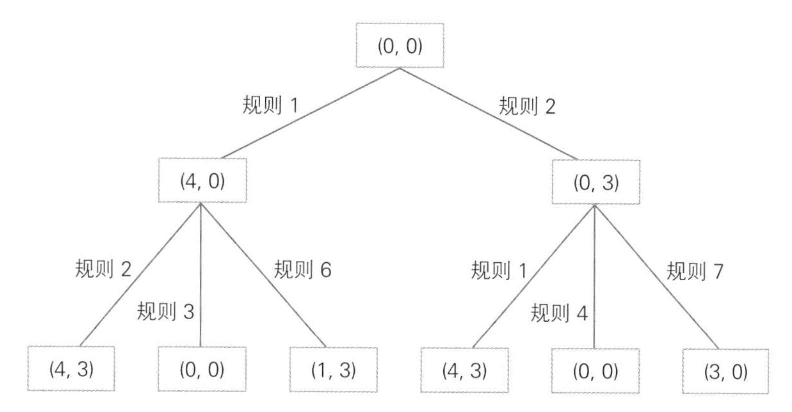

如上所示逐步适用规则，将达到目标状态。以下是方法之一。

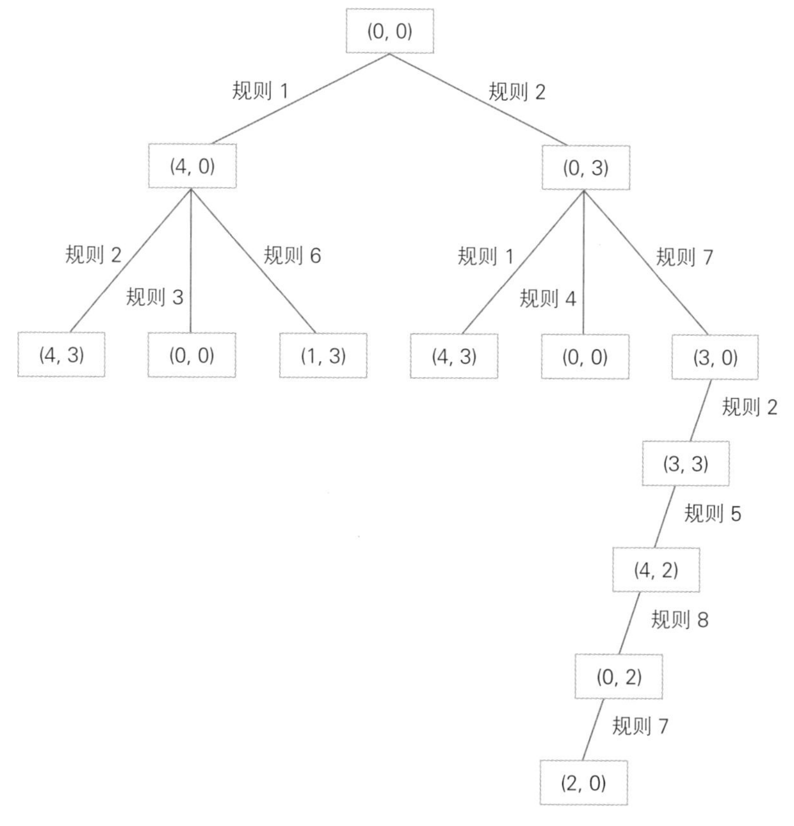

这种运用树状结构解决问题的方法称为“树查找”。

39 8字拼图游戏

8 字拼图游戏是指，利用空格，将 8 枚棋子从初始状态移动到目标状态。

从初始状态到目标状态，棋子需要移动多少步？

4	1	3
	2	6
7	5	8

初始状态

1	2	3
4	5	6
7	8	

目标状态

习题 39 分析与解答

通过“最佳优先搜索”可以解决给定问题，下面实际利用此方法解开习题。关于最佳优先搜索的具体内容，我们将在“编程原理”部分进行探讨。

❶ 在初始状态下，可以设想的下一个状态有 3 种：状态 2 ~ 4。然后选择评价函数值最大的状态 2，如下所示。

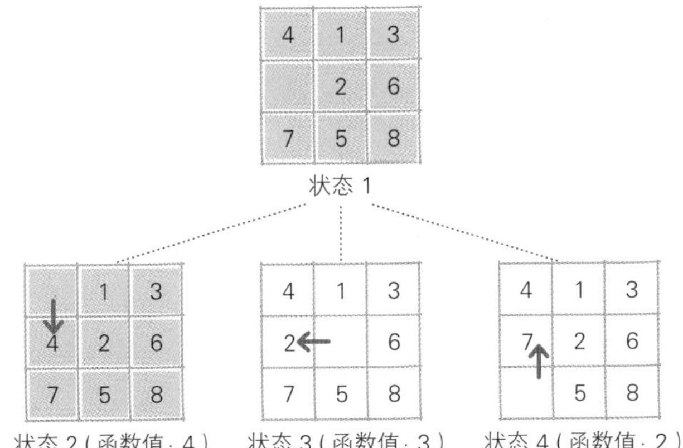

状态 2（函数值：4）　状态 3（函数值：3）　状态 4（函数值：2）

评价函数值当前所处的位置和目标状态的位置保持不变，由下图可知，状态2中的棋子3、4、6、7所在的位置与目标状态的位置一致，得到评价函数值为4。

	1	3
4	2	6
7	5	8

状态 2

1	2	3
4	5	6
7	8	

目标状态

❷ 状态 2 的下一个状态只有 1 种：状态 5。接下来，在未选定的状态 3 ~ 5 中，选择评价函数值最大的状态 5。

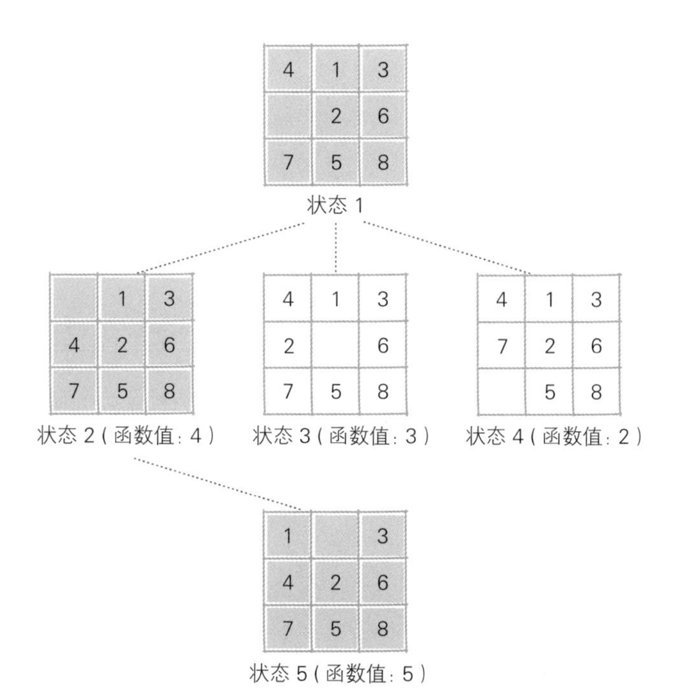

❸ 状态 6 和 7 是状态 5 的下一个状态，对两个状态进行比较，选择评价函数值最大的状态 6。

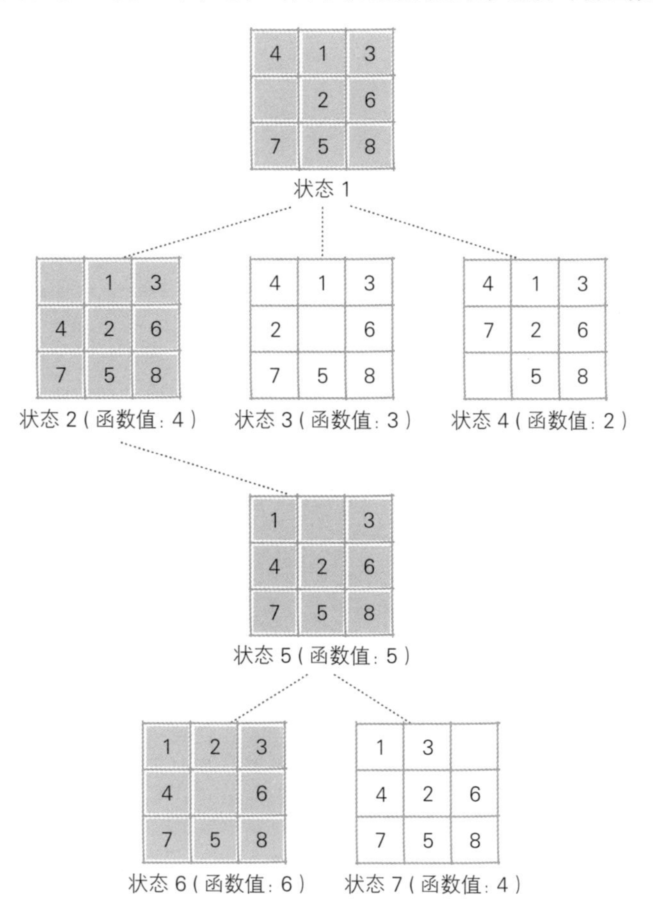

❹ 状态 6 的下一个状态有 3 种：状态 8 ～ 10，选择其中评价函数值最大的状态 10。

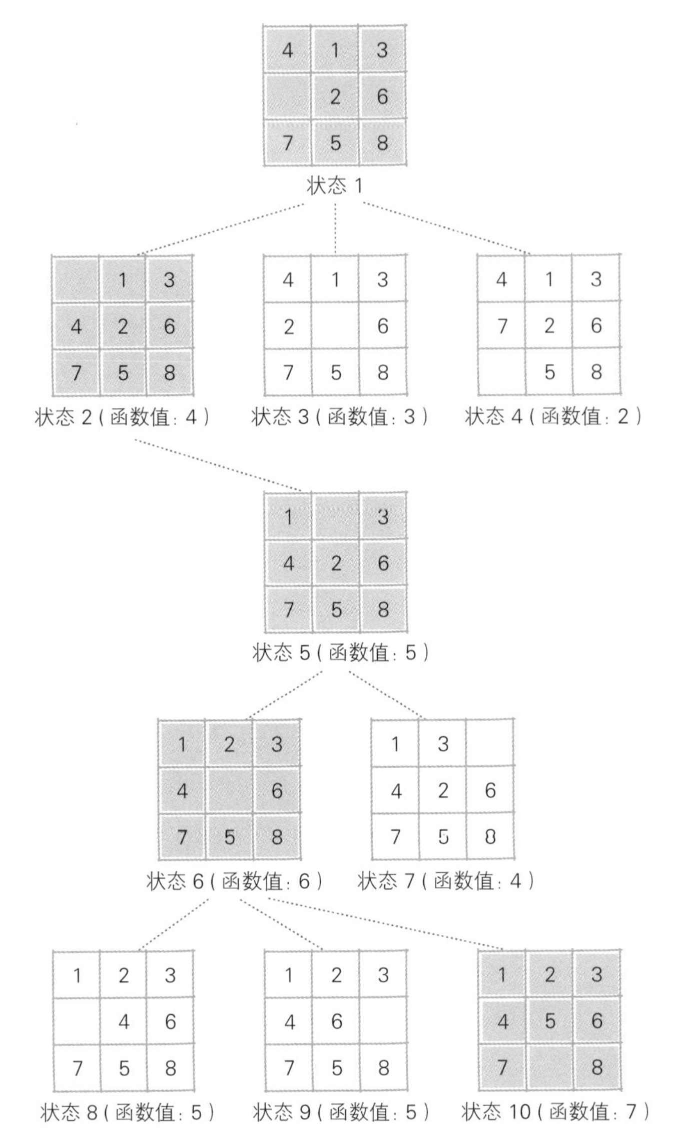

❺ 状态 10 的下一个状态有两种：状态 11 和 12，两者相比，选择评价函数值最大的状态 12。而它就是我们要实现的目标状态，所以结束查找。

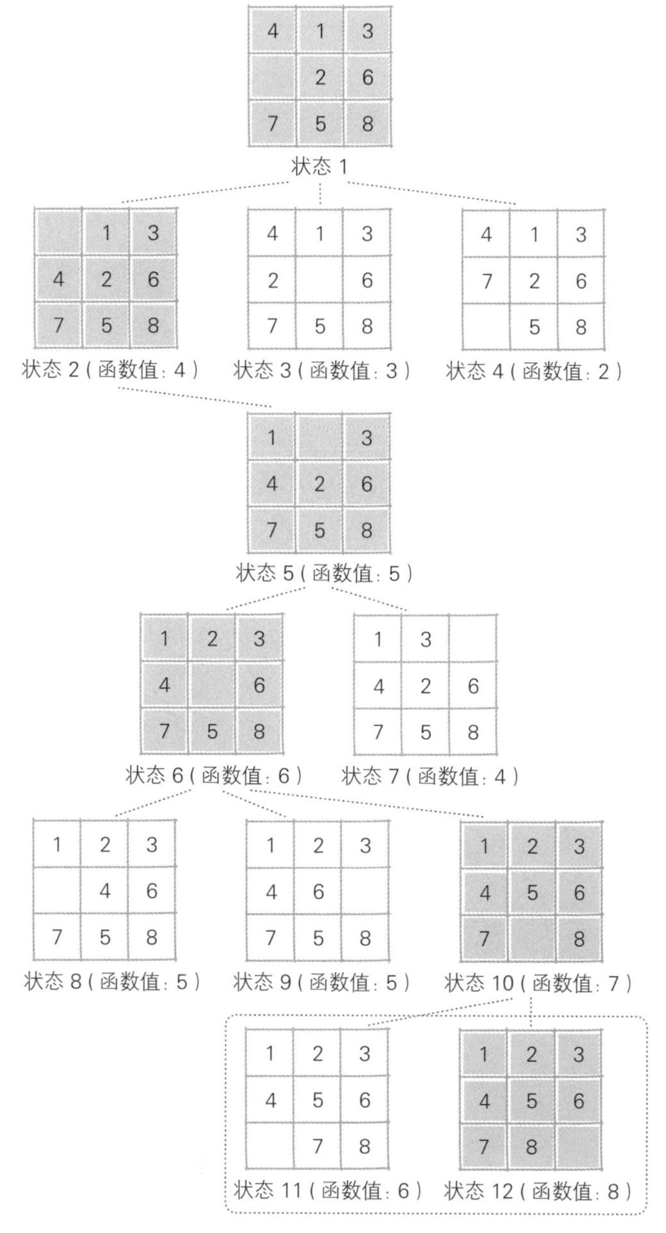

由运算结果可知，棋子移动 5 步。

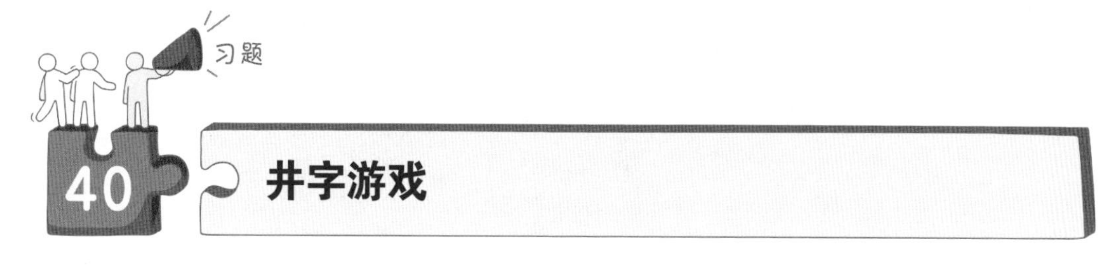

40 井字游戏

井字游戏是一款有趣的连线游戏，两名玩家轮流在 3×3 的 9 个空格中画 O 和 X，最先以横、竖、对角方向连成一线的一方为胜。

如果我方画 X，而对手画 O，以下哪一种状态我方更有胜算？

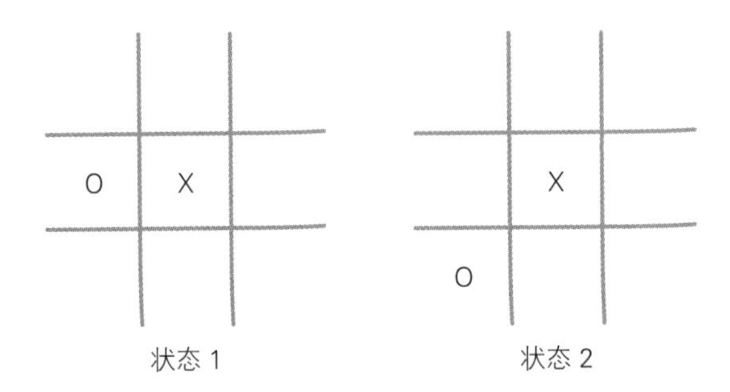

习题 40 分析与解答

以我方立场寻找最优行动方案时，采用“极小化极大算法”将提高获胜概率。有关“极小化极大”算法的具体内容，将会在“编程原理”部分详细介绍。

在状态 1 中，画 X 将横、竖、对角方向连成一线的方法有 6 种，如下所示。

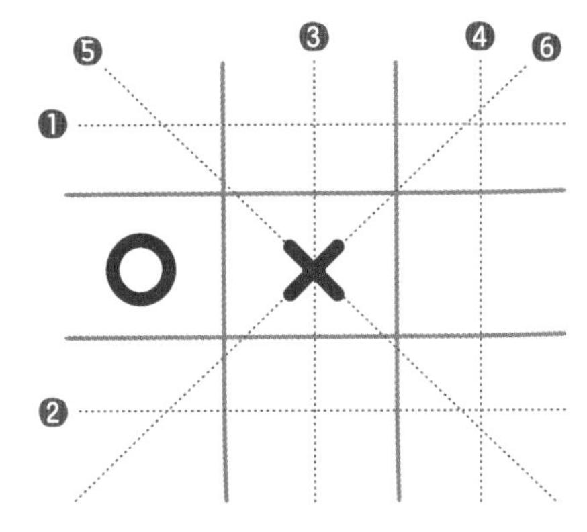

另一方面，画 O 将横、竖、对角方向连成一线的方法有 4 种，如下所示。由此可知，我方可获胜的函数值为 6 – 4 = 2。

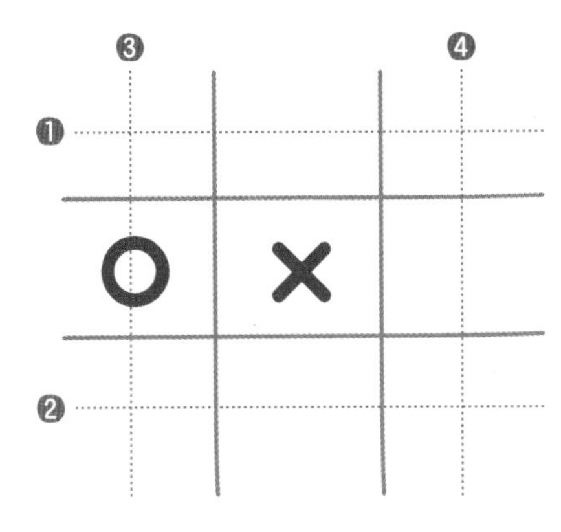

利用以上方法，在状态 2 中，画 X 将横、竖、对角方向连成一线的方法有 5 种，画 O 将横、竖、对角方向连成一线的方法有 4 种。由此可知，我方能获胜的函数值为 5 – 4 = 1。

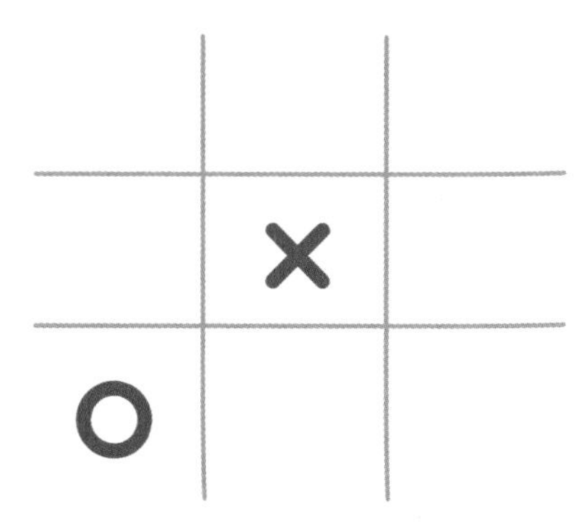

最终得出结论，我方获胜概率最高的状态是状态 1。

人工智能搜索

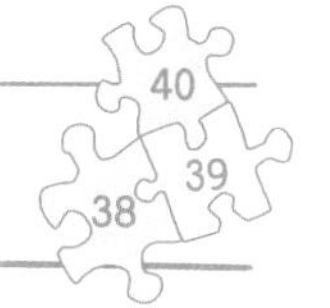

“习题 39”中提及的最佳优先搜索是达到目标状态最合适的搜索方法，“习题 40”中提到的“极小化极大”算法则主要考虑我方状态。这两种方法都被称为“人工智能搜索”。

最佳优先搜索

最佳优先搜索（best-firs tsearch）是指，为了从任意状态到达目标状态，推算一条最佳路径。此外，用于估算状态值的函数称为评价函数。因此，最佳优先搜索就是从搜索的状态中选择评价函数值最大的状态。

由下图可知，初始状态的下一个状态有 3 种：状态 A ~ C，从中选择评价函数值最大的状态 C。

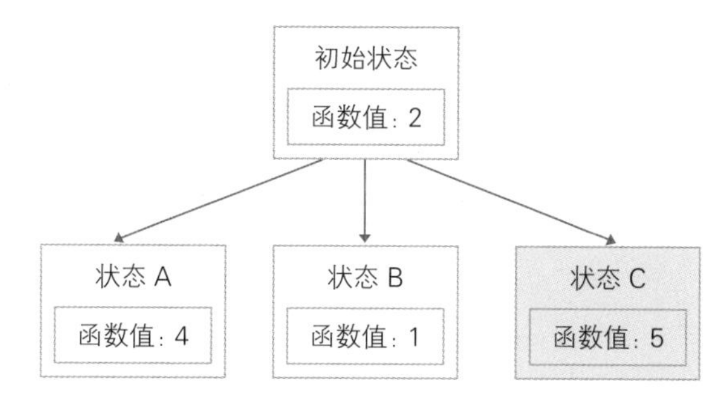

状态 C 的下一个状态有两种：状态 D 和状态 E，并且当前可选状态为状态 A、状态 B、状态 D 和状态 E。由下页图可知，A 是评价函数值最大的状态，所以选择状态 A。

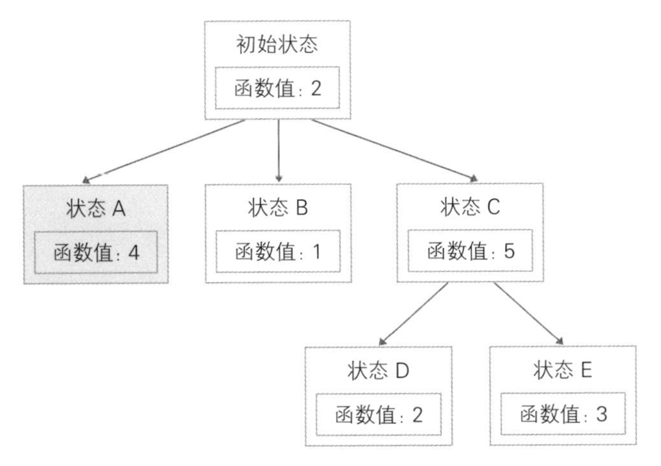

状态 A 当前可选状态为状态 B、状态 D、状态 E 和状态 F，恰好其下一个状态——状态 F 的评价函数值最大。

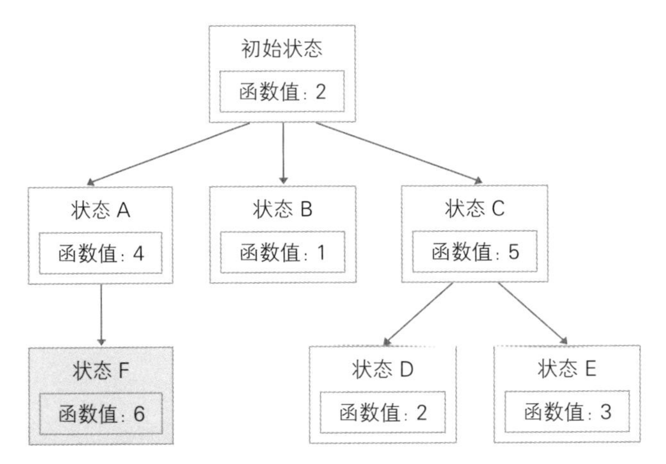

状态 F 的下一个状态是状态 G 和状态 H，当前可选状态中，状态 H 的评价函数值最大。由此可知，当前已选的 H 成为初始状态，而状态 C、状态 A 和状态 F 都成为未被选定的状态。

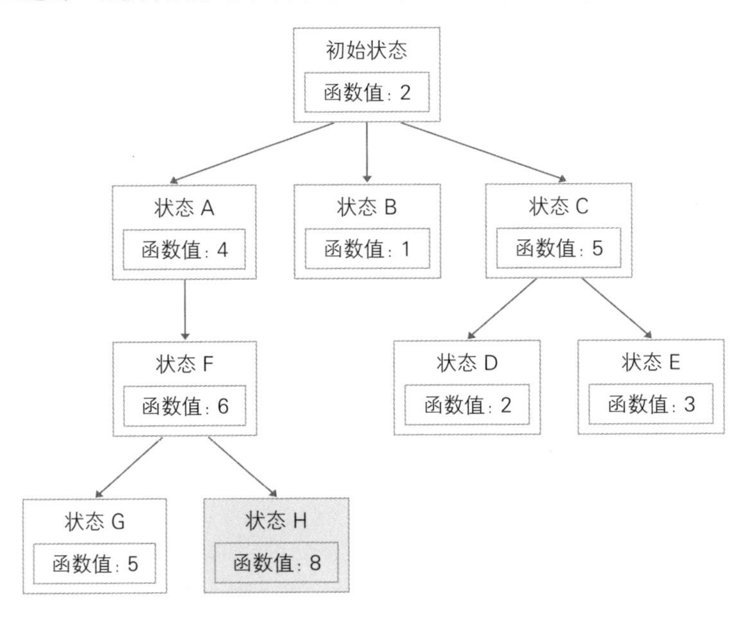

“极小化极大”算法

最佳优先搜索法要探索的是对我方有利、对对手不利的方法，因而不能一味追求最佳路径，所以此方法并不适用于国际象棋或象棋等两个选手参加的游戏。这类游戏适用的搜索方法是“极小化极大”（minimax）算法。

“极小化极大”算法是指，选择对手的最小值以使自己获得最大值。下面通过示例具体说明。

假设某个游戏中评价函数值范围为 -1 ~ 1。在这种情况下，-1 意味着对手获胜，1 代表我方获胜。因此，站在我方立场，应选择较大函数值的节点，而对手则应选择较小函数值的节点。

下图中的每个节点名旁边都有括号，括号中的数字表示评价函数值。评价函数值越大，对我方越有利。在游戏中，我方选择初始节点的最大化阶段为取胜条件，对手则以下一阶段的最小化阶段为取胜条件。然后我方先开始游戏。

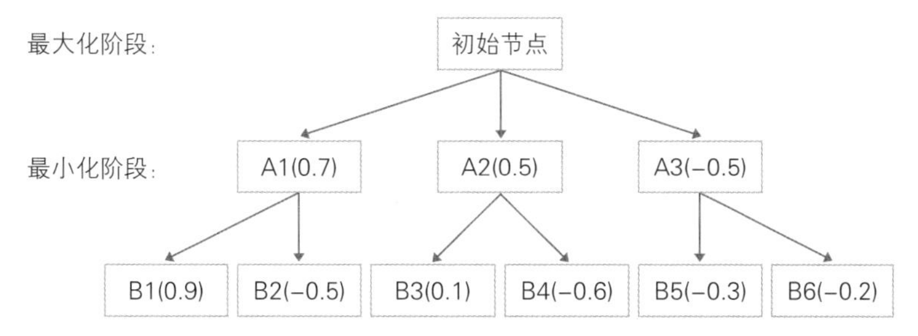

如果只显示初始节点下的第二阶段，则首选函数值最大的节点 A1。但倘若不止显示第二阶段，还包括第二阶段下的第三阶段，则应该选择哪个节点？答案是节点 A3，原因如下所示。

假设选择函数值最大的节点 A1，如下所示。

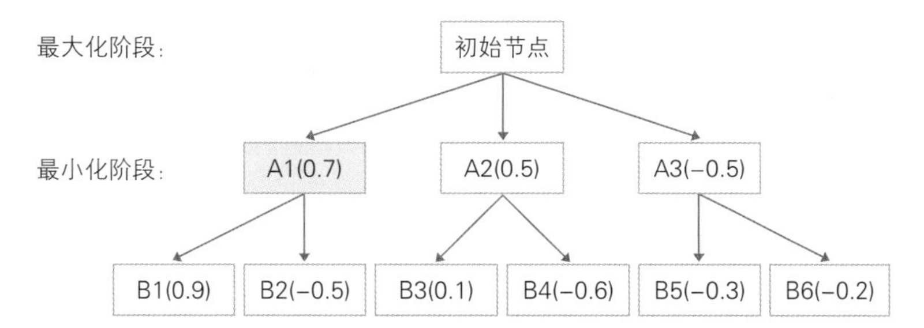

下一阶段轮到对手进行游戏，对手将会选择一个有利于自己的较小函数值，即函数值为 -0.5 的 B2 节点。

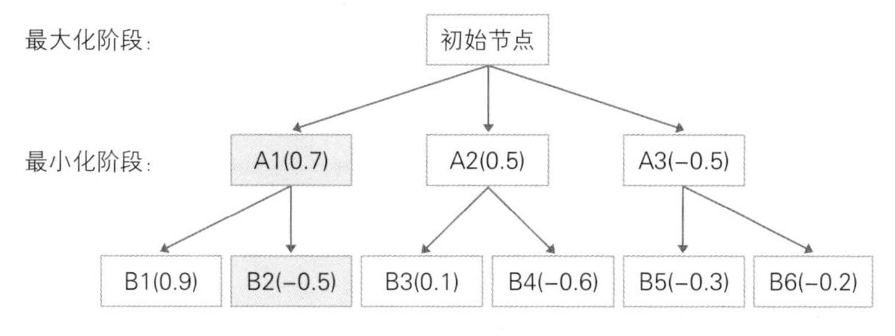

但是，假设一开始我先选择节点 A3 而不是节点 A1，结果会怎样？

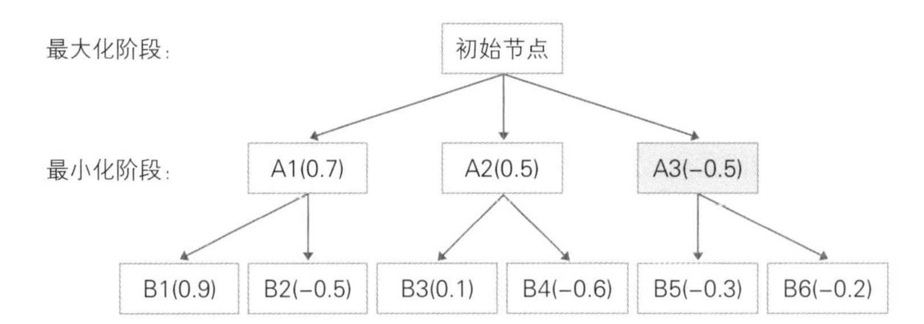

对方将不可避免地选择 B5 节点，此时的函数值为 −0.3。由此可知，游戏开始时选择 A3 节点而不是 A1 节点对我方是有利的。

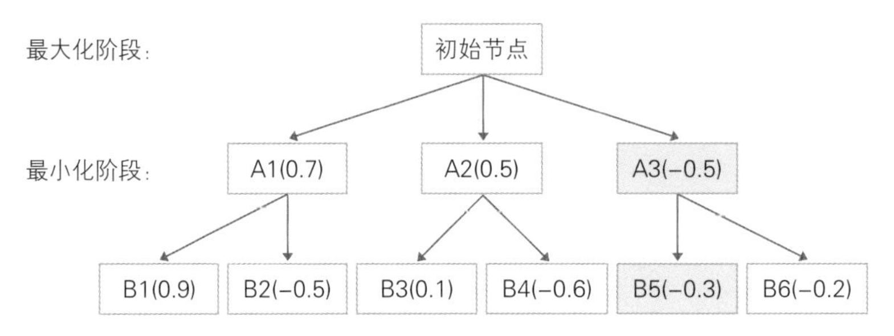

假设可显示初始节点下的两个阶段，那么使用“极小化极大”算法的操作过程如下所示。

从子节点 B1 和 B2 中选择较小的函数值 −0.5，然后将节点 A1 的函数值更改为 −0.5。使用相同的方法，将节点 A2 的函数值改为 −0.6，节点 A3 的函数值改为 −0.3。最后，选择其中函数值最大的节点 A3。

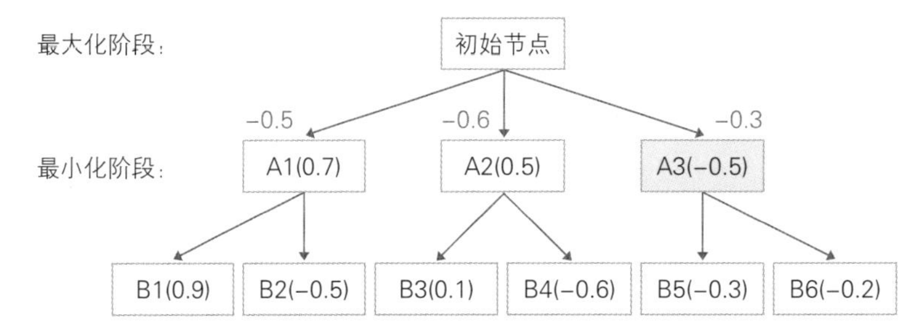

如上所述，以我方选择最大值、对手选择最小值为有利条件的状态加以考虑，搜索对我方有利的状态，此策略称为“极小化极大”算法。如果向下扩展更多阶段，对我方取胜将非常有利，但同时也会对内存空间和运行时间造成负担。

以图表标识出行路线

在社会课上，韩娜用箭头（→）标出下页图各城市之间的出行路线。此处的箭头表示从出发地到目的地的路径，旁边的表格标记各城市与出行路线之间的关系。

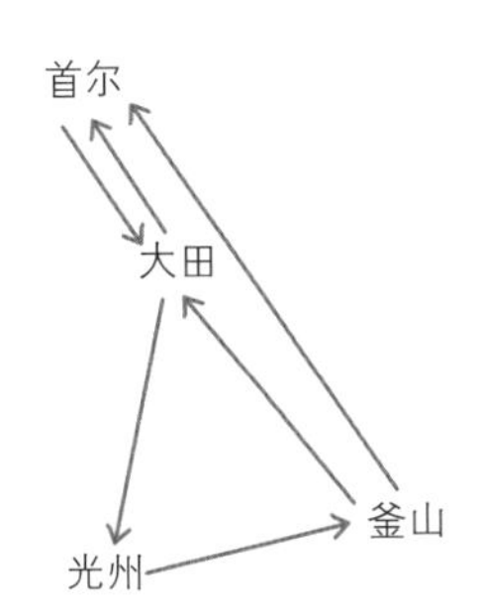

目的地

出发地	首尔	大田	光州	釜山
首尔	0	1	0	0
大田	1	0	1	0
光州	0	0	0	1
釜山	1	1	0	0

但是，朋友们指出，在出行路线上同时标出所需时间才能提供更有用的信息，所以韩娜决定补充一些数据。

如下所示完善后，若为了表示出行路线与所需时间之间的关系，应如何绘制新的表格？

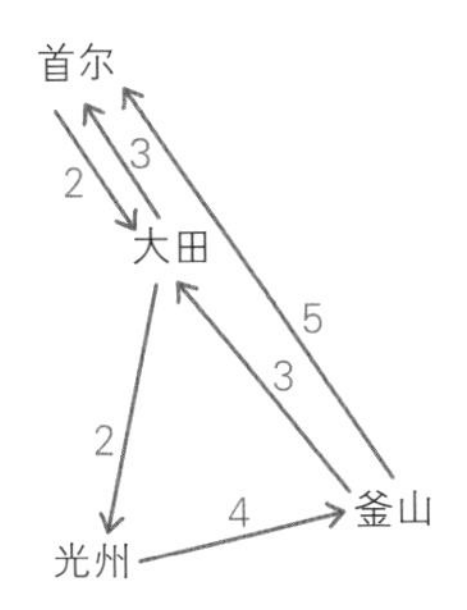

目的地

出发地	首尔	大田	光州	釜山
首尔				
大田				
光州				
釜山				

习题 41 分析与解答

右表中，出发地和目的地的交叉点处的数字 0 和 1 表示是否存在出行路线。例如，首尔 – 釜山之间显示无路线，因此以 0 表示；而反方向釜山 – 首尔之间显示有路线，因此以 1 表示。

目的地

出发地	首尔	大田	光州	釜山
首尔	0	1	0	0
大田	1	0	1	0
光州	0	0	0	1
釜山	1	1	0	0

问题的关键在于，因为要表示出行路线所需时间，所以同样需要在表格中填写。但由于无出行路线则意味着无所需时间，故以 0 表示，从而得出正确答案，如下所示。

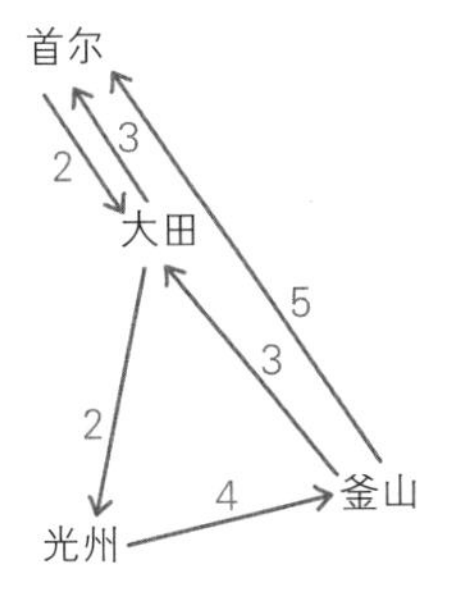

目的地

出发地	首尔	大田	光州	釜山
首尔	0	2	0	0
大田	3	0	2	0
光州	0	0	0	4
釜山	5	3	0	0

42 巧排座位

新学期伊始，韩娜被推选为新任班长。看到老师眉头紧锁的样子，韩娜问道：

“老师，您有什么需要帮忙的吗？”

老师回答说：

“嗯，我正想着怎么给你们安排座位呢。本来打算照着你们之前填写的朋友欢迎度调查表给大家安排满意的同桌，现在看来不是件容易的事啊。”

韩娜看着老师手里拿着的调查表，也陷入了思索之中。请参照下面的朋友欢迎度调查表，为韩娜班上的同学安排座位。提示：与本人最喜欢的同学或第二喜欢的同学坐在一起时，为最佳组合。

韩娜

朋友姓名	智孝	郑妍	智勋	东浩	韩非
受欢迎程度	★★★★★	★★★★★	★★☆☆☆	★★★☆☆	★☆☆☆☆

智孝

朋友姓名	韩娜	郑妍	智勋	东浩	韩非
受欢迎程度	★★☆☆☆	★★★☆☆	★★★★☆	★★★★★	★☆☆☆☆

郑妍

朋友姓名	韩娜	智孝	智勋	东浩	韩非
受欢迎程度	★★★★☆	★★★★★	★☆☆☆☆	★★☆☆☆	★☆☆☆☆

智勋

朋友姓名	韩娜	智孝	郑妍	东浩	韩非
受欢迎程度	★☆☆☆☆	★★☆☆☆	★☆☆☆☆	★★★★★	★★★☆☆

东浩

朋友姓名	韩娜	智孝	郑妍	智勋	韩非
受欢迎程度	★★★☆☆	★★★★☆	★★★★★	★☆☆☆☆	★☆☆☆☆

韩非

朋友姓名	韩娜	智孝	郑妍	智勋	东浩
受欢迎程度	★★★☆☆	★★☆☆☆	★★★★★	★★★★☆	★☆☆☆☆

因为只要和自己最喜欢的前两位同学之一坐在一起就能满意，所以对于每位同学，各自的选择如下所示。

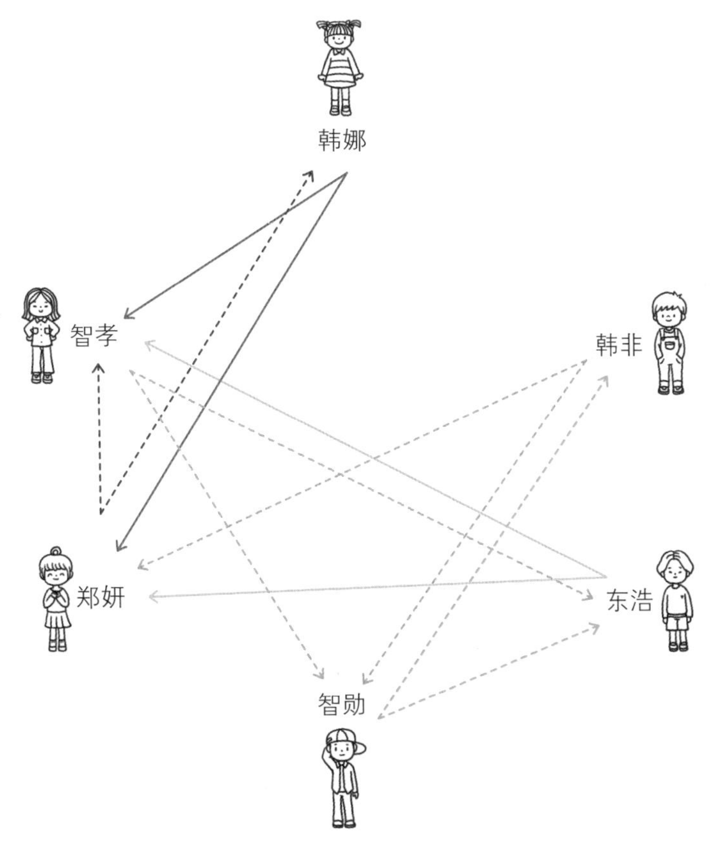

任意两人之间有双向箭头，则表示一个最佳组合配对成功。因此，合理的座位安排为(韩娜，郑妍)、(智孝，东浩)和(智勋，韩非)。

在导航系统中，“图”（graph）是一种具有代表性的数据结构，用于描述各城市间的关系、通信网和电路等复杂结构的信息。图用点和线反映数据之间的关系，点表示数据，线表示数据关系。

“哥尼斯堡七桥”（Königsberg’s bridge）问题是经典的数学问题之一：能否从任一地出发，刚好经过每座桥一次，再回到起点？

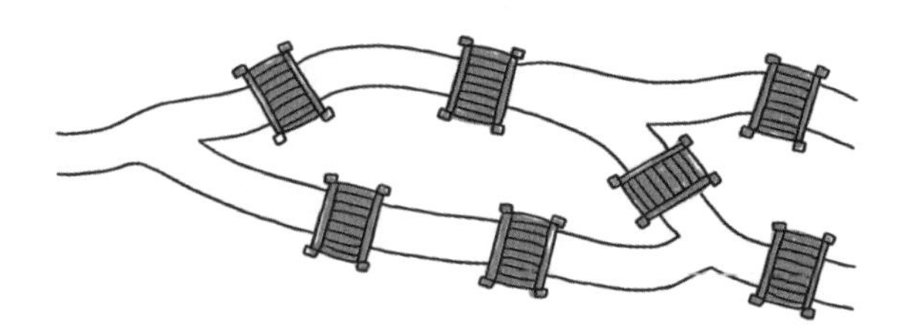

为了解决这个问题，数学家欧拉通过下图描述“哥尼斯堡七桥”，这就是图的初始形态。欧拉最终得出结论，此种走法不成立。

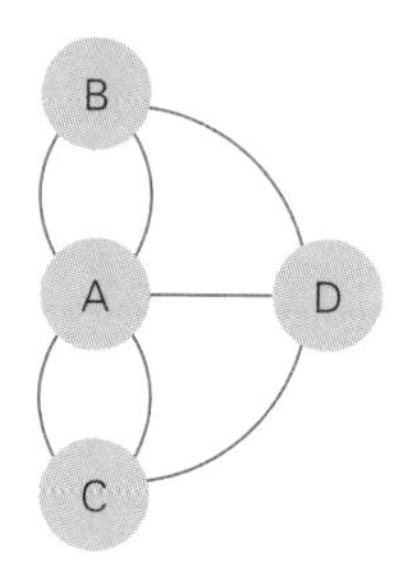

上图中的点A、B、C和D被称为“顶点”，连接顶点的线称为“边”。此外，连接到每个顶点的边的数量称为“边数”。由定义可知，顶点D的边数为3。

图可以大致分为两种：有向图（directed graph）和无向图（undirected graph）。

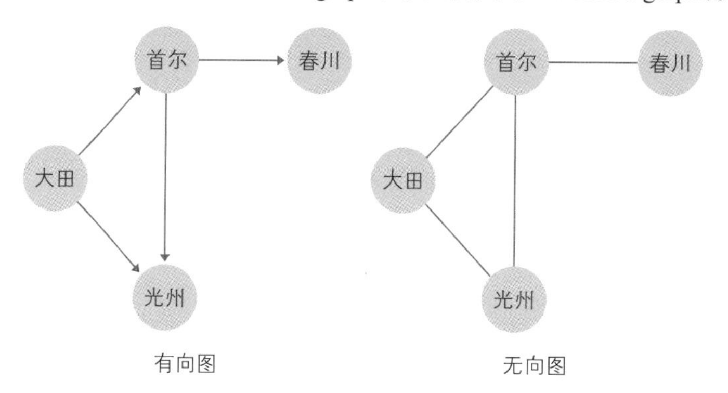

有向图　　无向图

有向图中的每条边都带有一个方向。例如，左上图表示首尔－春川有路线，春川－首尔无路线。无向图中的边没有方向。由右上图可知，连接首尔－大田的线是双向的，因此可以在两城市之间往返。

使用图可以更好地梳理各种数据之间的关系。与解决“习题41”和“习题42”一样，在日常生活中使用图可以更轻松地应对复杂的状况。

43 节约颜料种数

韩非从事着色工作。有一天，韩娜带来如下页所示的图，并向他提出一个特别的要求。

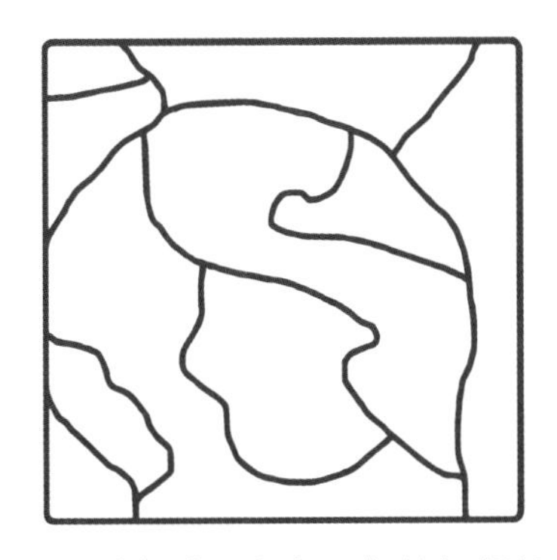

韩娜的要求是，将图上的所有区域都涂上颜色，但是相邻的两个区域颜色不能相同。由于颜料一经打开就会凝固，不能再次使用，所以如何利用最少的颜色来达到目标是问题的关键。

最少需要多少种颜料能够将图全部着色？

习题 43 分析与解答

为了便于区分，以字母 A ～ J 为每块区域命名。

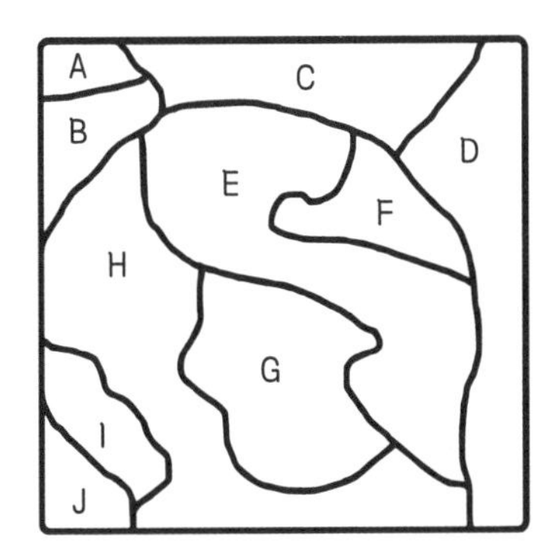

在图中，一块区域不能与周围相邻的区域颜色相同，因此，关键在于了解每个区域与哪些区域相邻即可。换言之，A 与 B、C 相邻，B 与 A、C、E、H 相邻……所有区域的相邻情况如下所示。

区域	相邻区域	相邻区域数（边数）
A	B, C	2
B	A, C, E, H	4
C	A, B, D, E, F	5
D	C, E, F, H	4
E	B, C, D, F, G, H	6
F	C, D, E	3
G	E, H	2
H	B, D, E, G, I, J	6
I	H, J	2
J	H, I	2

上页表可以用下图表示：设每个区域为顶点，区域之间的连接状态为边。下表显示每个顶点的边数。

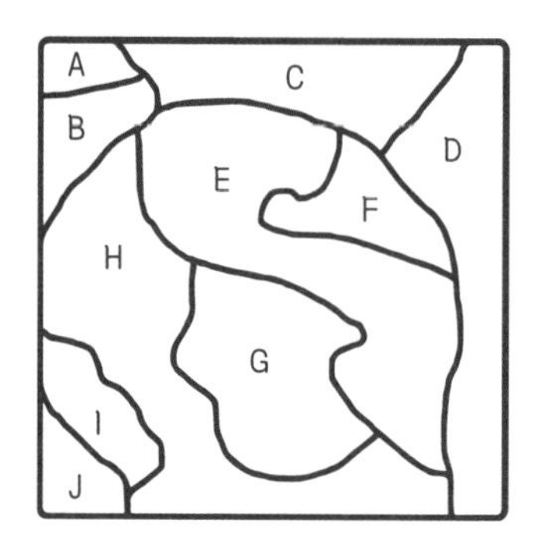

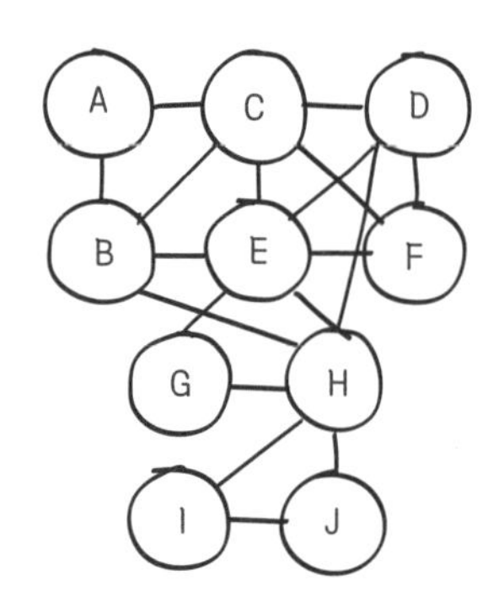

顶点	A	B	C	D	E	F	G	H	I	J
边数	2	4	5	4	6	3	2	6	2	2

下面讲解着色过程。

❶ 在未着色顶点中，找出边数最多的顶点，为其确定颜色并着色。下图中，顶点 E 和 H 拥有边数最多，分别有 6 条边。将顶点 E 着上红色。

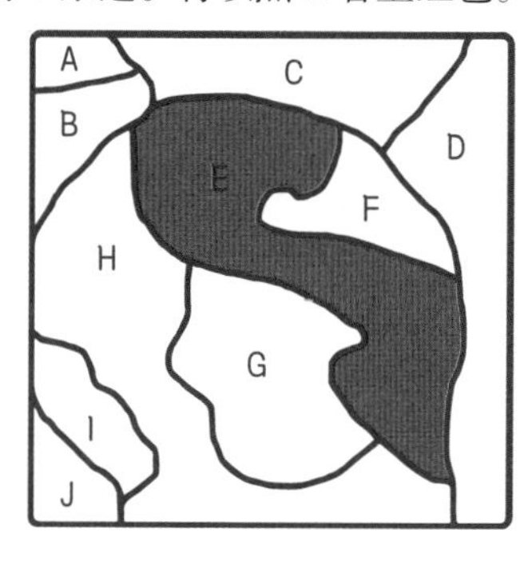

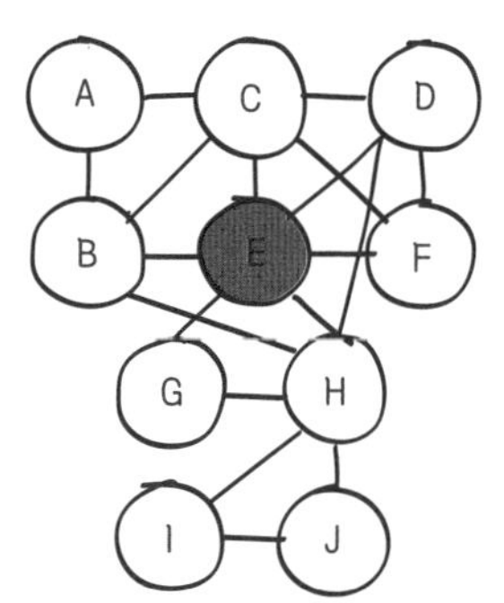

顶点	A	B	C	D	E	F	G	H	I	J
边数	2	4	5	4	6	3	2	6	2	2
颜色					红色					

❷ 找出与已着色顶点 E 不相邻的顶点，并用与 ❶ 相同的颜色为其着色。由图可知，顶点 A、I、J 与顶点 E 不相邻，而顶点 I 和 J 相邻，因此将不相邻的顶点 A 和 I 着上红色。

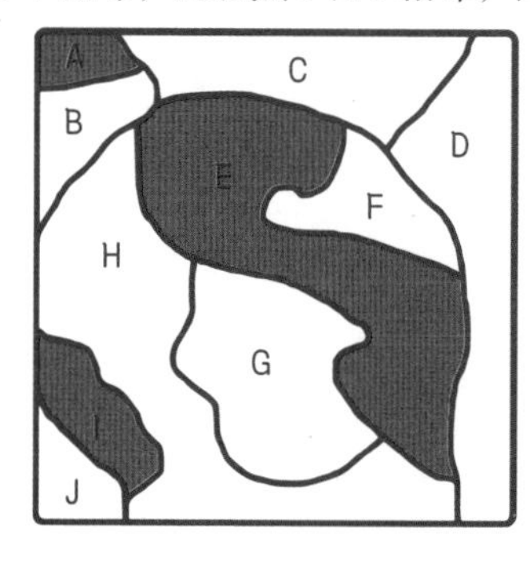

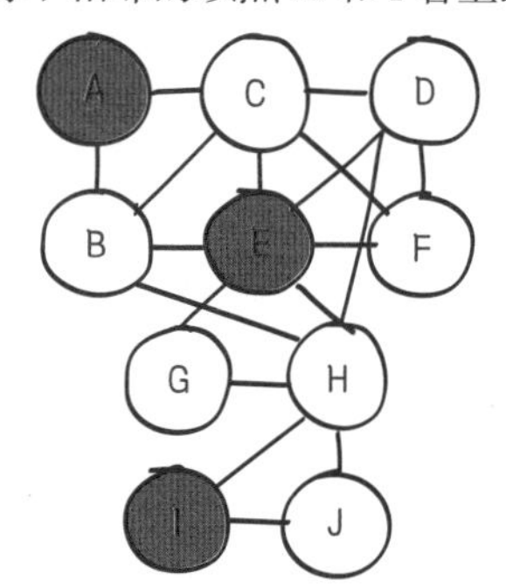

顶点	A	B	C	D	E	F	G	H	I	J
边数	2	4	5	4	6	3	2	6	2	2
颜色	红色				红色				红色	

❸ 在未着色顶点中，顶点 H 拥有边数最多，将其着上蓝色。由图可知，顶点 H 与顶点 C、F 不相邻，将其中边数最多的顶点 C 着上蓝色。由于相邻区域不能同色，故 F 不能着蓝色。

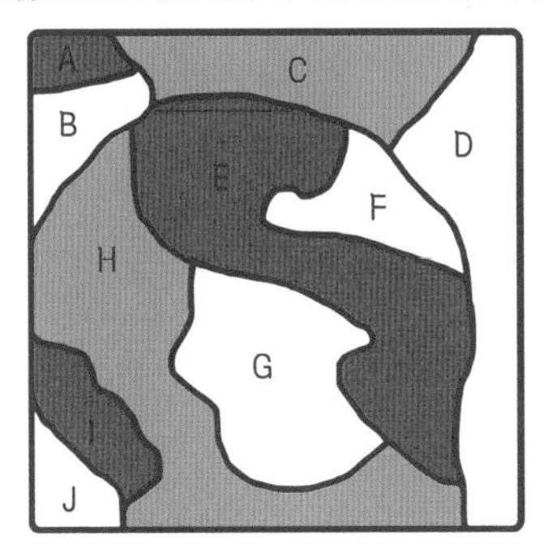

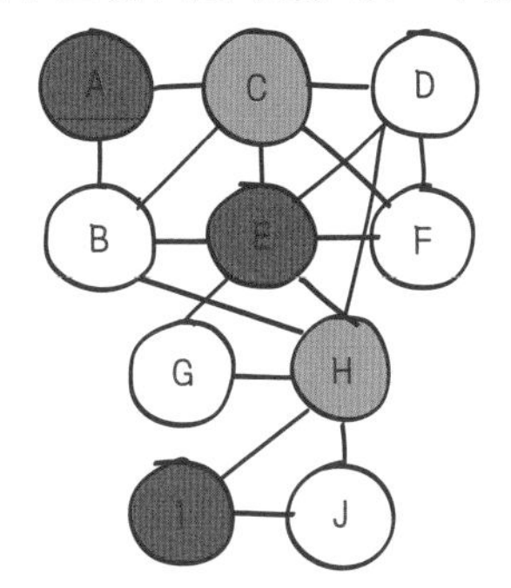

顶点	A	B	C	D	E	F	G	H	I	J
边数	2	4	5	4	6	3	2	6	2	2
颜色	红色		蓝色		红色			蓝色	红色	

❹ 在剩余边数最多的顶点 B、D 中，选择顶点 B，将其着上绿色。由图可知，与顶点 B 不相邻且未着色的有顶点 D、F、G、J，由于顶点 D 与 F 相邻，故将边数最多的顶点 D 以及不相邻的顶点 G 和 J 均着上绿色。

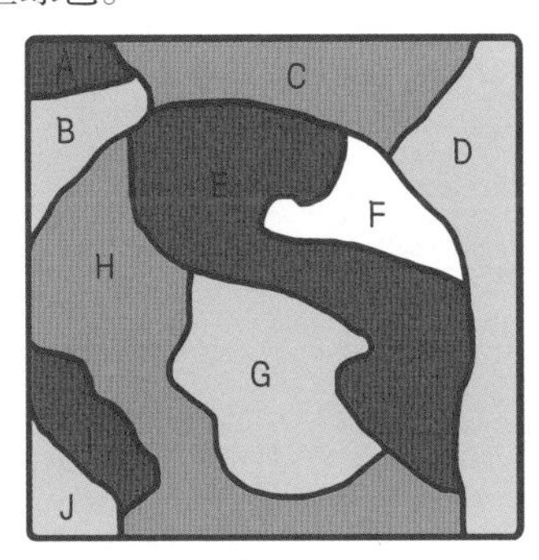

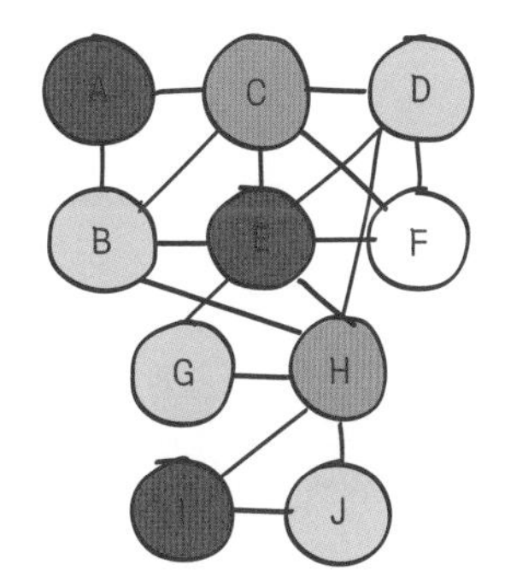

顶点	A	B	C	D	E	F	G	H	I	J
边数	2	4	5	4	6	3	2	6	2	2
颜色	红色	绿色	蓝色	绿色	红色		绿色	蓝色	红色	绿色

❺ 将最后一个未着色的顶点 F 涂上黄色。至此，韩娜的问题圆满解决。

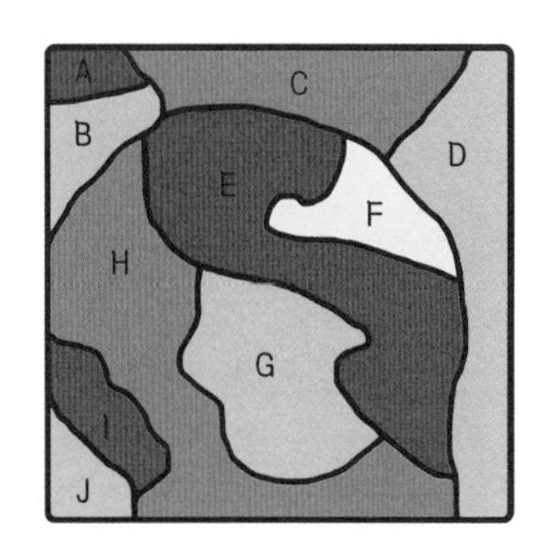

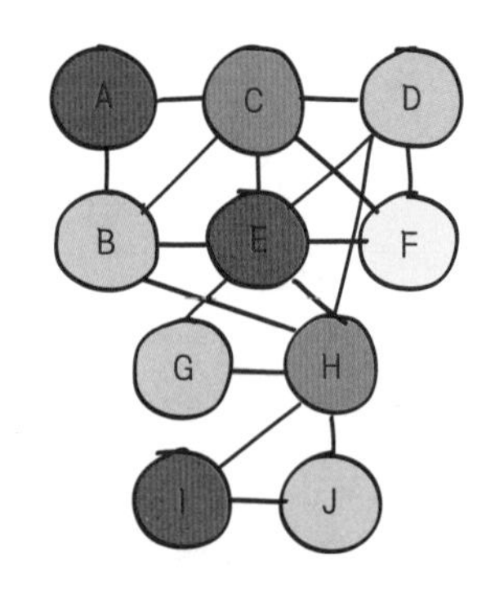

顶点	A	B	C	D	E	F	G	H	I	J
边数	2	4	5	4	6	3	2	6	2	2
颜色	红色	绿色	蓝色	绿色	红色	黄色	绿色	蓝色	红色	绿色

综上所述，解决此问题共需使用 4 种颜色。

创建课程表

下表展示了几名学生选修的计算机类课程。

课程	韩娜	智孝	郑妍	智勋	东浩	韩非
HTML5		○	○			
C	○					○
Java						○
Python					○	
Scratch	○		○	○		
Logo	○	○		○	○	

由于学生不能同时听多门课程，所以必须合理安排授课时间。在尽可能少开课的情况下，依然要满足所有学生都可以参加自己选修的课程，请问总共需要几课时？

提示：每堂课的课时均为 1 小时，且教室数量满足所有课程同时授课。

习题 44 分析与解答

每门课程都如下所示，表示为图的顶点。

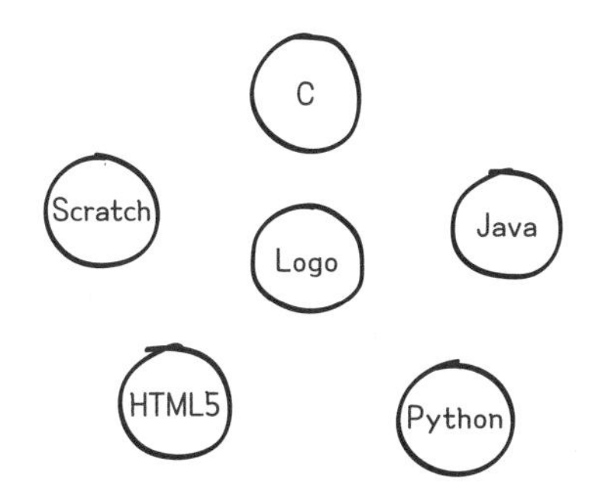

每名学生的每个科目均通过边来连接。例如，韩娜参加了 C、Scratch 和 Logo 课程，所以将 C 与 Scratch、C 与 Logo 以及 Logo 与 Scratch 均通过每条边一一相连。将其他学生选修的课程也以相同方式连接，如下图所示。

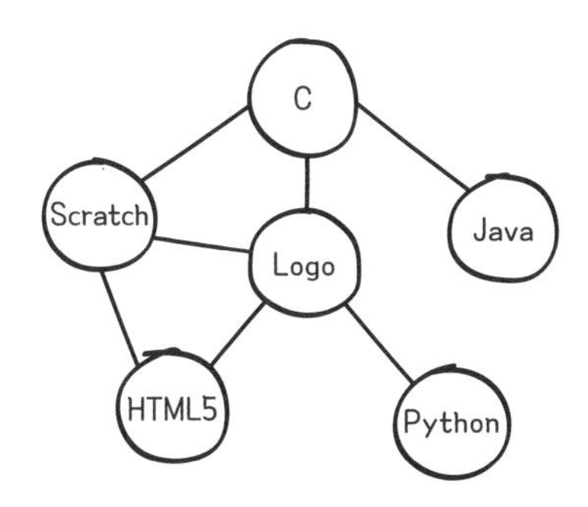

通过给图着色的方法也可以解决这个问题，解题顺序如下所示。

❶ 从边数最多的课程开始着色。由图可知，Logo 与 C、Scratch、HTML5、Python 相连，所以这些课程不能安排在相同的课时。换言之，如果将 Logo 着上蓝色，与之相连的其他 4 门课程就不能着蓝色。最后，将未与 Logo 相连的 Java 着上蓝色。

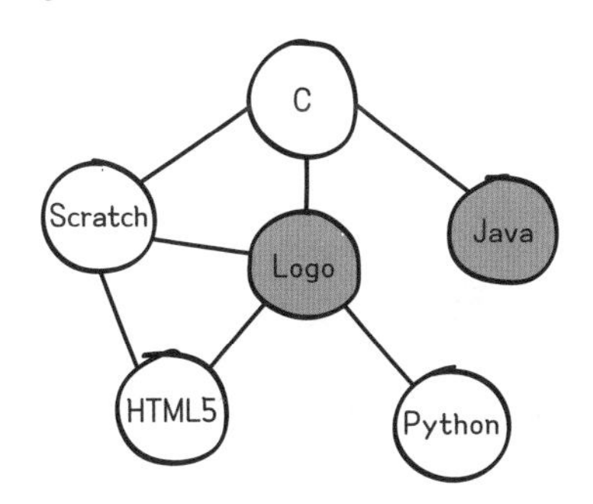

❷ C 和 Scratch 是边数第二多的课程，选择其中的 C 着上红色。由图可知，Scratch 是与 C 相连且未被着色的课程。除此之外，由于 HTML5 和 Python 可以安排在相同的时间进行，因而均着上红色。

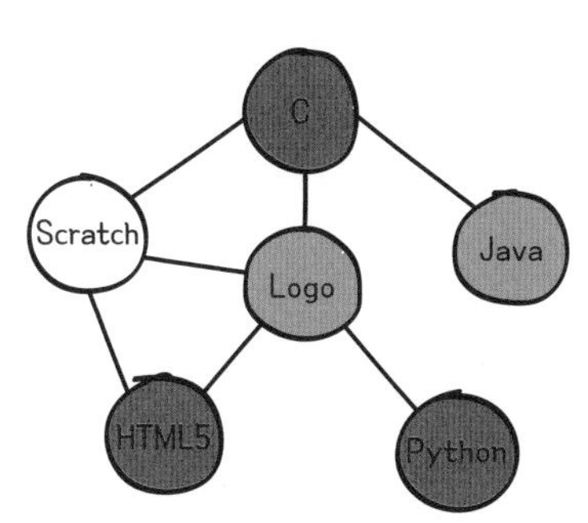

❸ 最后，将剩下的 Scratch 着上绿色。

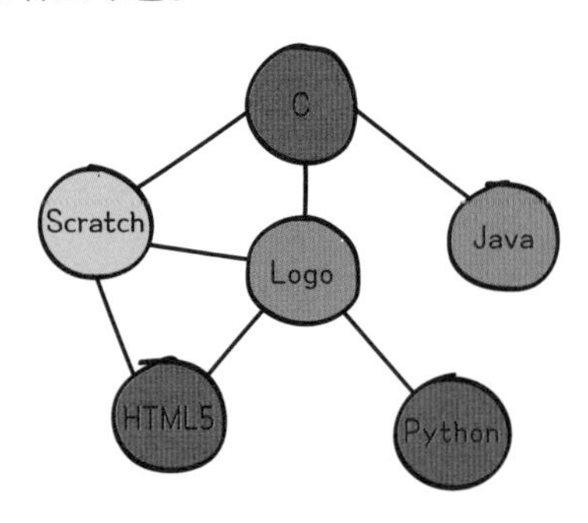

相同的颜色意味着可以在同一时间进行，将图着上颜色后的情况如下表所示。

颜色	课程
蓝色	Logo, Java
红色	C, HTML5, Python
绿色	Scratch

由此可知，满足此问题总共需要 3 课时。

编程原理 图的着色

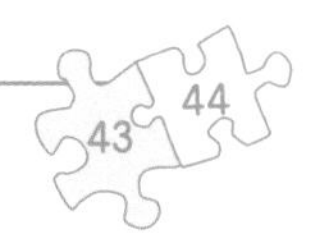

图的着色（graph coloring）问题是指，将图中顶点着 m 种颜色。根据情况的不同，着色方式也不同。习题 43 和习题 44 要求为图的顶点着色，但条件是每条边连接的两个相邻顶点着不同颜色。

我们身边的各种问题都可以用图表示，并可通过图的着色问题轻松解决，例如习题 43 和习题 44。

图的着色问题应用于各种领域，诸如在编译器中分配处理器寄存器的问题，以及有效共享无线通信中的频率等。

“四色定理”（four color theorem）是各种图的着色问题中最重要的理论。它指出，任何二维平面图均可以用至少 4 种颜色着色。换言之，任何一张地图均可用 4 种颜色就能使任意两个相邻的国家着上不同颜色。

由于问题包含的情况数量巨大且难以确定，很多数学家虽然绞尽脑汁，但仍未能从理论上证明四色定理。直到 1976 年，美国伊利诺伊大学的肯尼斯 · 艾拉 · 阿佩尔与沃尔夫冈 · 哈肯利用计算机，最终证明了四色定理。尽管有争议认为这是“计算机（而不是人）进行的证明”，但我们仍能从中获得启示：人们可以利用计算机解决身边发生的各种重要问题。

45 盗取宝箱

辛巴达潜入强盗们的宝库，发现由结实的绳索系在一起的 4 个宝箱。绳索旁边的数字表示绳子的重量，如下所示。

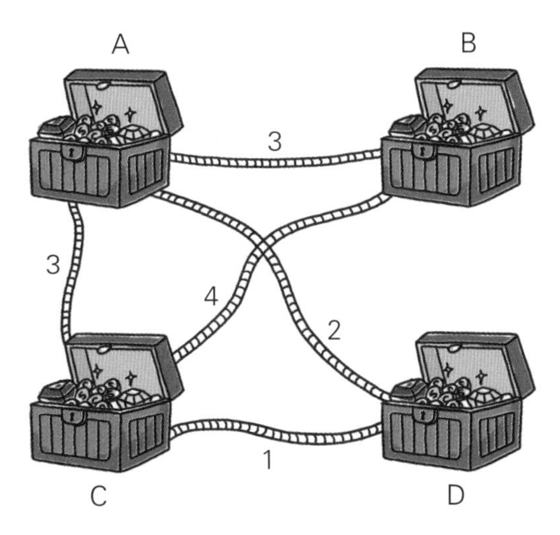

辛巴达想把所有宝箱都搬走，但是马背上只能放一个宝箱。于是，他想到一个好主意：利用中心点，将其中一个宝箱拴到马背上，然后自然而然地拖走其余宝箱。

但是，为了减少马的负担并且尽快逃走，需要减轻绳索的重量。方法当然是切断多余的绳索，那么为了将重量减到最小，又能拖动全部 4 个宝箱，应当切断哪些绳索？

习题 45 分析与解答

虽然这个问题很容易解决，但如果想将解法应用于更复杂的情况，就有必要采取一些策略。接下来，我们使用克鲁斯卡尔算法解题。

首先，宝箱之间的连接情况如下图所示。

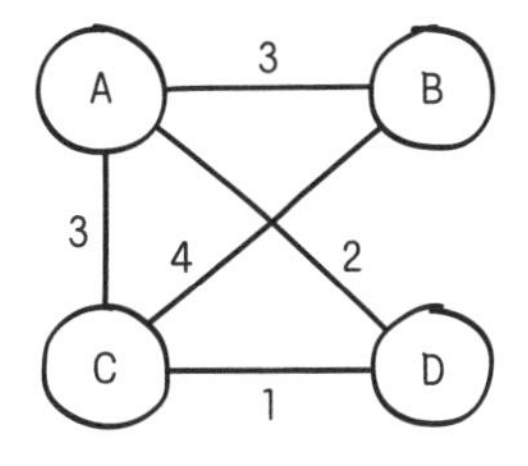

选择最轻的绳子及其相连的宝箱，重复此操作，直到所有宝箱均被选取并连接。具体过程如下页所示。

❶ 首先，连接 C 和 D 的绳索最轻，故将其和宝箱 C、D 选中。所选的宝箱和绳索以红色表示。

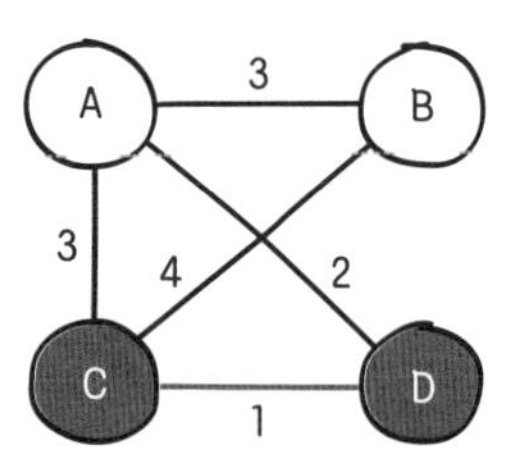

❷ 接着，在剩余绳索中，连接 A 和 D 的绳索最轻，故将其与宝箱 A 选中。

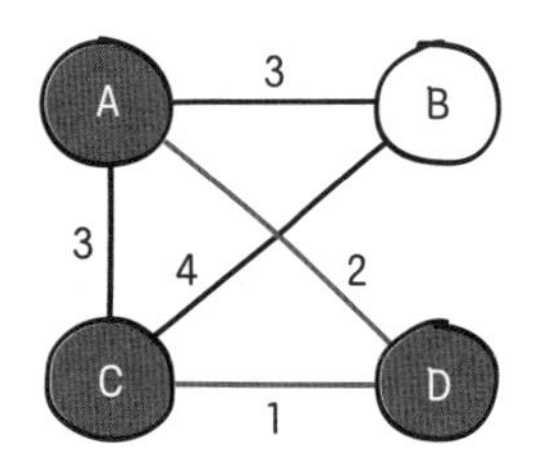

❸ 最后，在剩余绳索中，连接 A 和 C 以及连接 A 和 B 的绳索最轻。但是，由于宝箱 A、C 和 D 形成回路，不可取，所以选择宝箱 A 和 B 以及连接二者的绳索。至此，所有宝箱均被选取和连接。

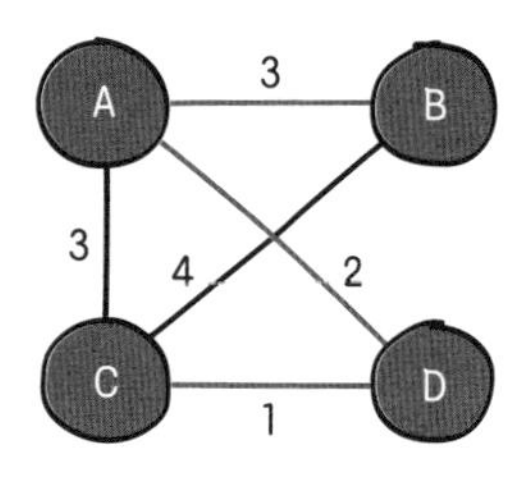

由此可知，切断连接 A 和 C 以及连接 B 和 C 的绳子即可。

46 盗取 7 个宝箱

辛巴达在习题 45 中成功取走宝箱之后，决定到邻国宝库运走盗贼所藏的宝物。顺利进入宝库后，辛巴达发现由绳子系在一起的 7 个宝箱。

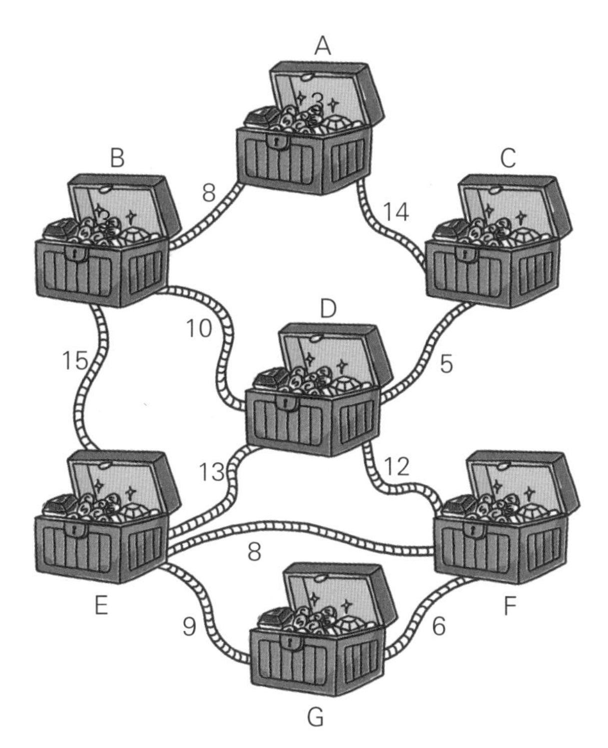

与之前一样，马背上仅能负担一个箱子。为了将重量减到最小，又能拖动全部7个宝箱，应当切断哪些绳索？

习题 46 分析与解答

解题方法与习题45相同，过程如下所示。

❶ 选择最轻的绳子（即连接C和D的绳子）以及宝箱C、D。

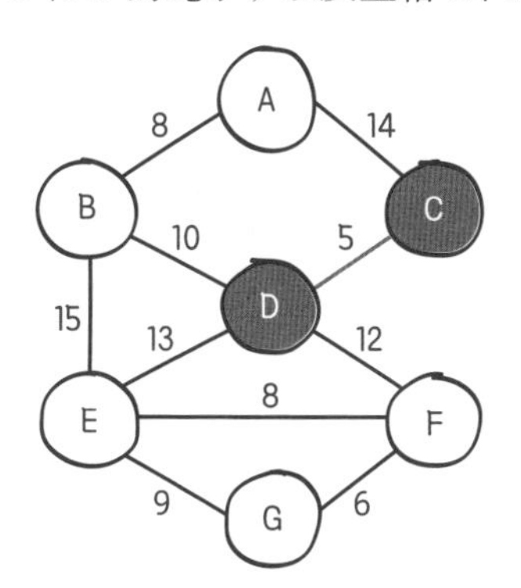

❷ 在剩余绳子中，选择当前最轻的绳子（即连接F和G的绳子）以及宝箱F、G。

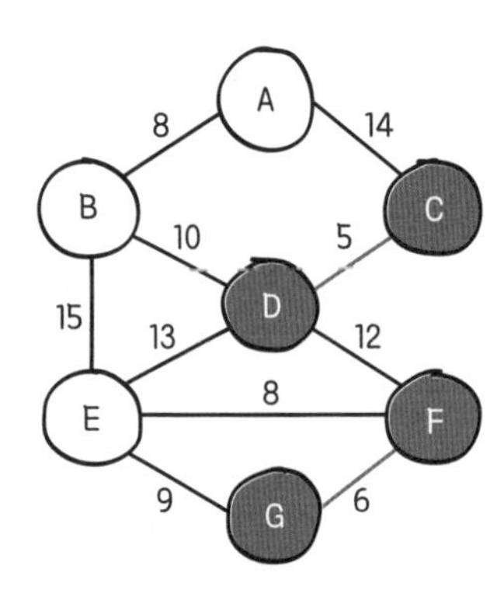

❸ 以此类推，选择连接 A 和 B 的绳子以及宝箱 A、B。

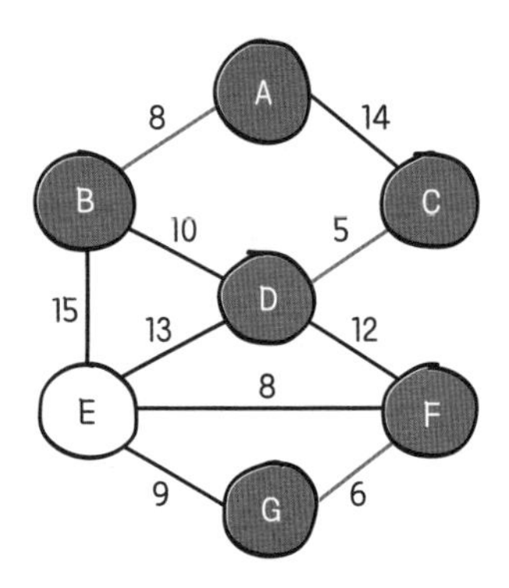

❹ 选择连接 E 和 F 的绳子以及宝箱 E。

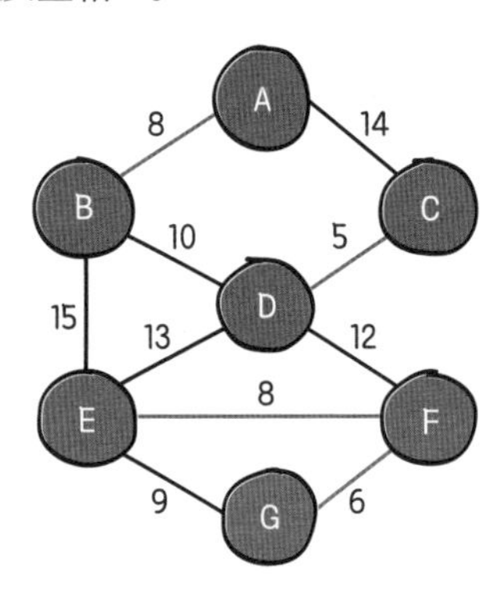

❺ 在剩余绳子中，连接 E 和 G 的绳子最轻，由于 E、G 和 F 形成回路，不可取。因此，连接 B 和 D 的绳子当前最轻。

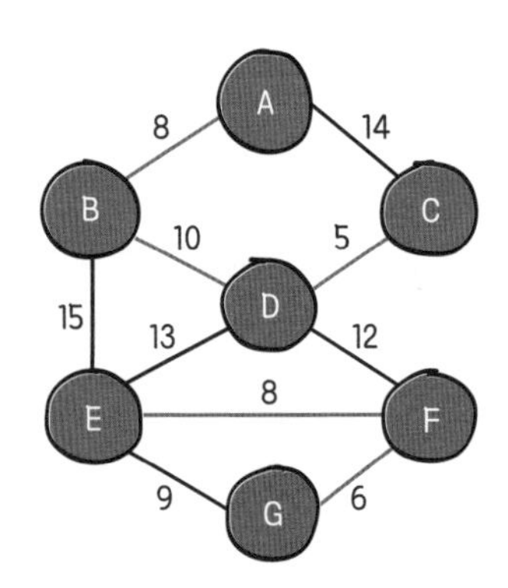

❻ 最后，连接宝箱 D 和 F。至此，所有宝箱都被选中并连接。

由此可知，只需切断连接 A 和 C、B 和 E、D 和 E 以及 E 和 G 的绳子即可。

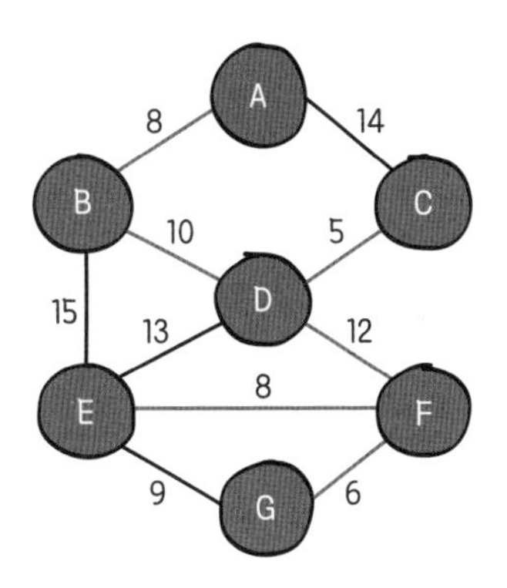

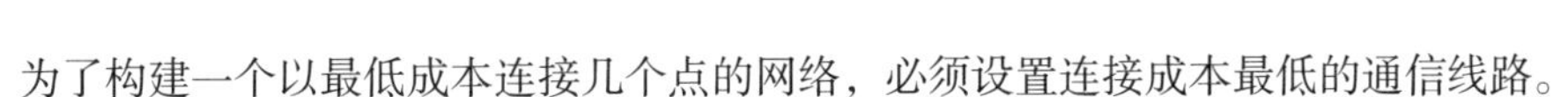

最小生成树

为了构建一个以最低成本连接几个点的网络，必须设置连接成本最低的通信线路。

用于设计这种最低成本网络的算法称为“最小生成树算法”（minimum spanning tree algorithm）。所谓生成树是指，仅由图的边构成，且连接图中所有顶点，但不会产生回路。

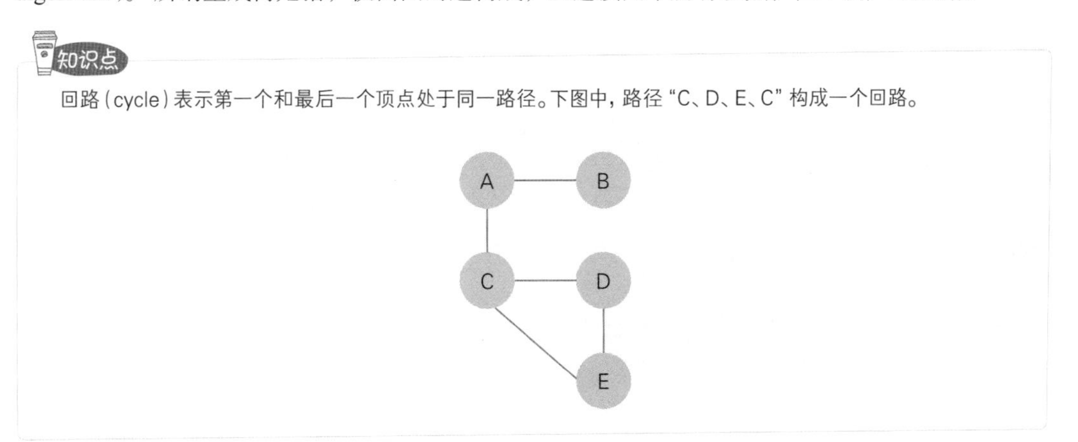

回路（cycle）表示第一个和最后一个顶点处于同一路径。下图中，路径“C、D、E、C”构成一个回路。

最小生成树是成本最低的生成树，克鲁斯卡尔算法（Kruskal’s algorithm）就是用于寻找最小生成树最常用的算法。

有关克鲁斯卡尔算法的具体内容，请参见习题 45 和习题 46。

快速奔向新德里

这是你的第一次出国旅行，目的地——印度孟买！

在印度南部城市孟买自由行的途中，你发现护照和地图都丢了。此时应该尽快前往位于新德里（印度首都）的大使馆补办护照，到了列车客运站后，看到特快列车时刻表如下所示。

出发地＼目的地	孟买	果阿	博帕尔	赖布尔	加尔各答	斋浦尔	阿格拉	新德里
孟买	-	7 小时	15 小时	8 小时	30 小时			
果阿	8 小时	-	22 小时		39 小时			
博帕尔			-			7 小时	9 小时	13 小时
赖布尔			6 小时	-				
加尔各答					-			26 小时
斋浦尔						-		6 小时
阿格拉							-	3 小时
新德里								-

根据现有信息，寻找能够以最快速度到达新德里的线路。

习题 47 分析与解答

首先，各城市之间的关系如下图所示。

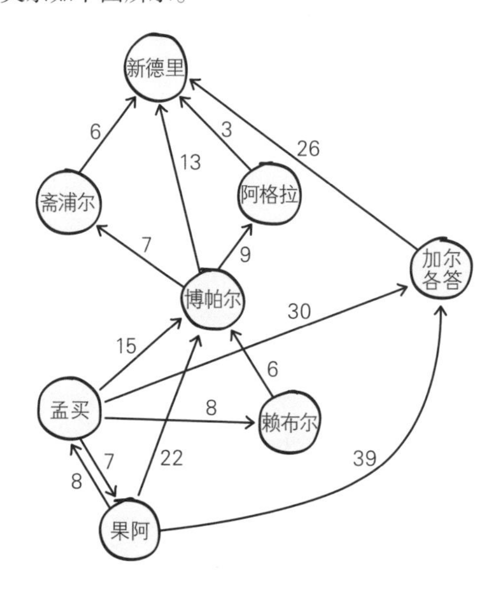

❶ 用 0 表示出发地孟买，用∞（无穷符号）表示其他城市。

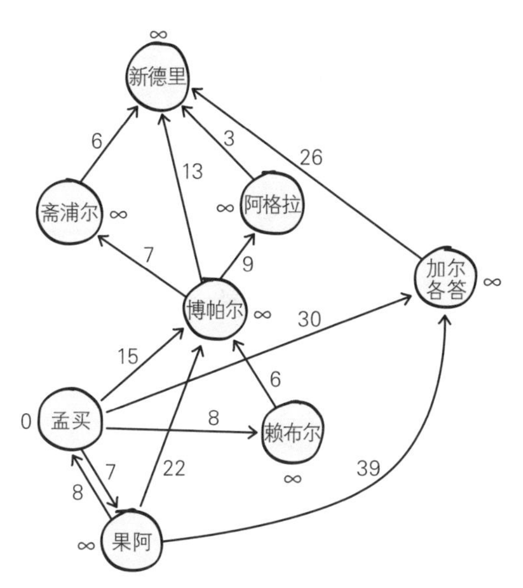

❷ 选择孟买作为出发地，将其标记为红色。从孟买可直达果阿、赖布尔、博帕尔和加尔各答。在图上标记从孟买到达这些城市的时间，并用红色箭头表示。

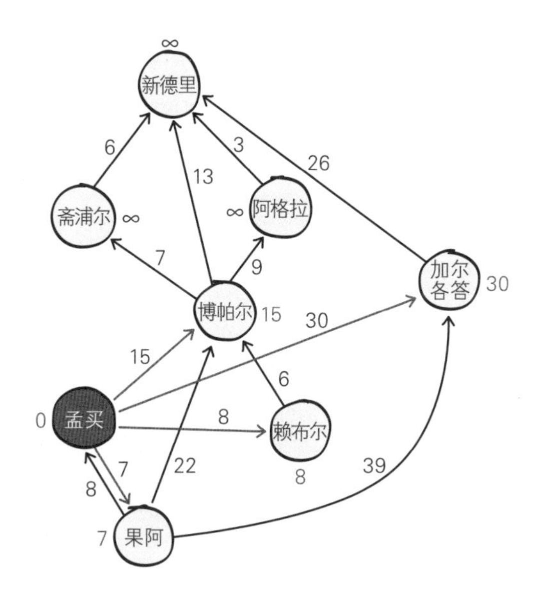

❸ 在红色箭头指向的城市中，选择到达时间最短的果阿，并将其标记为红色。从果阿可直达孟买、博帕尔和加尔各答。由于从果阿出发必须经过这三个城市，比从孟买出发后到达新德里的时间更长，所以不需要更改移动时间。

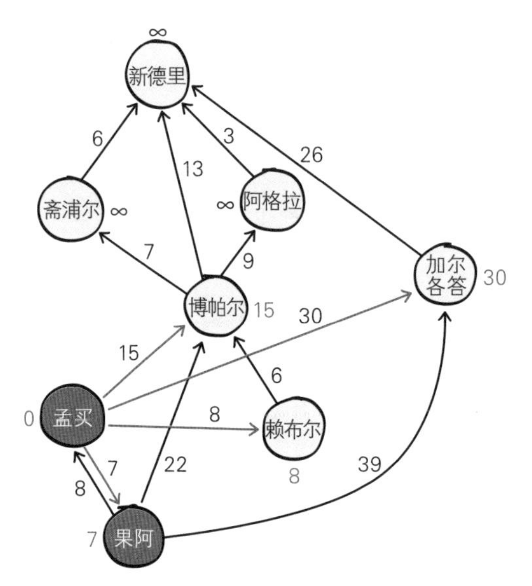

❹ 在红色箭头指向的未被选取的城市中，选择移动时间最短的赖布尔，并将其标记为红色。然后计算从赖布尔到博帕尔的时间。由图可知，从孟买到赖布尔的时间是8小时，从赖布尔到博帕尔的时间是6小时。则总共为14小时。此时间比从孟买直接到博帕尔的时间（15小时）少1小时，因而可以将博帕尔的移动时间更改为14小时。此外，将从孟买到博帕尔的路线以黑色箭头表示，从赖布尔到博帕尔的路线以红色箭头表示。

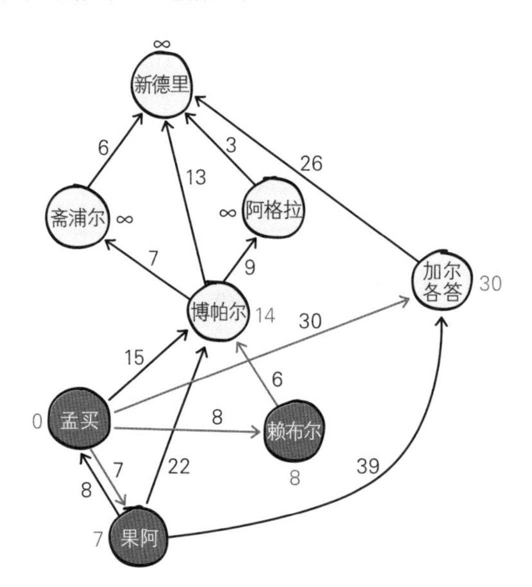

❺ 在红色箭头指向的未被选取的城市中，选择移动时间最短的博帕尔，然后以博帕尔为出发地，分别计算并记下其到达斋浦尔、新德里和阿格拉的时间。路线均以红色箭头表示。

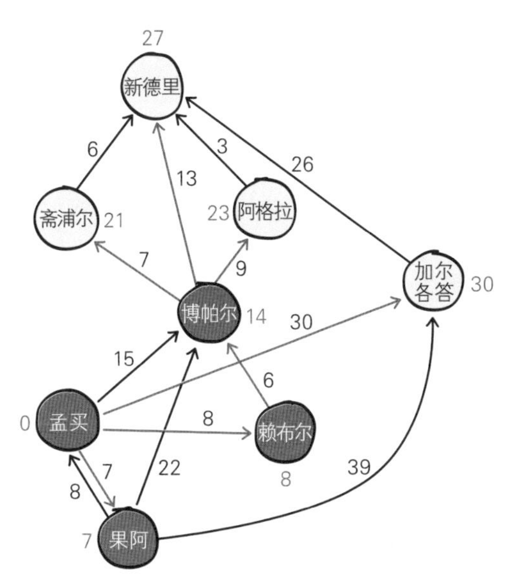

❻ 选择移动时间最短的斋浦尔，并计算从斋浦尔到达新德里的时间。由图可知，此时间正好与从博帕尔直达新德里的时间相同，所以无须更改移动时间。

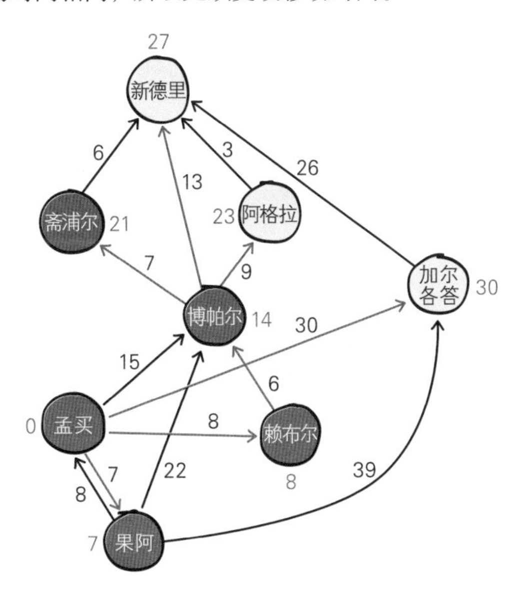

❼ 接下来，在未被选取的城市中选择移动时间最短的阿格拉，并计算其直达新德里的时间。由图可知，此时间比从博帕尔直达新德里的时间少 1 小时，因而可将到达新德里的时间更改为 26 小时。另外，将从博帕尔到新德里的路线以黑色箭头表示，从阿格拉到新德里的路线以红色箭头表示。

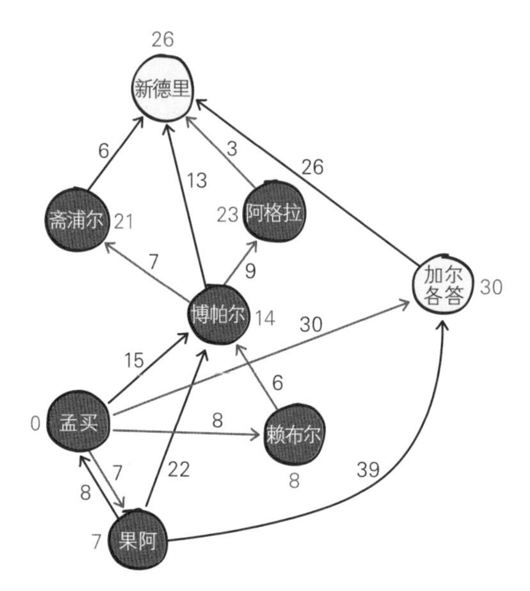

❽ 最后，在剩下的城市中，选择移动时间最短的新德里。由于其是目的地，因此操作完毕。从出发地孟买到目的地新德里，以连续的红色箭头表示的为最短路线，所以到达目的地最少要花 26 小时。

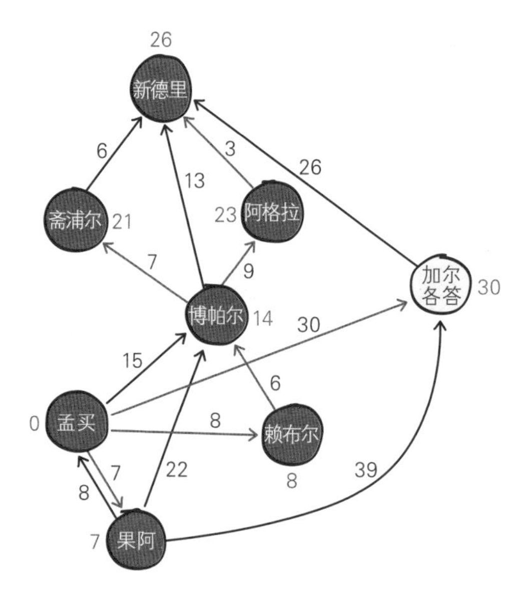

最短路径

车辆自带的或智能手机提供的导航系统可引导你以最快速度到达目的地。此外，当你指定出发地和目的地时，各种地图网站也会提供最快路线信息。

实现此导航系统和路径引导站点所需的关键因素是“最短路径算法”（shortest path algorithm）。最短路径是指，从起始点到目标点所经过的路径中，各边的加权值之和最小的一条路径。而迪杰斯特拉算法（Dijkstra’s algorithm）是用于解决最短路径问题的经典算法。

假设有如下地图，想想如何寻找一条从学校到博物馆的最短路线。

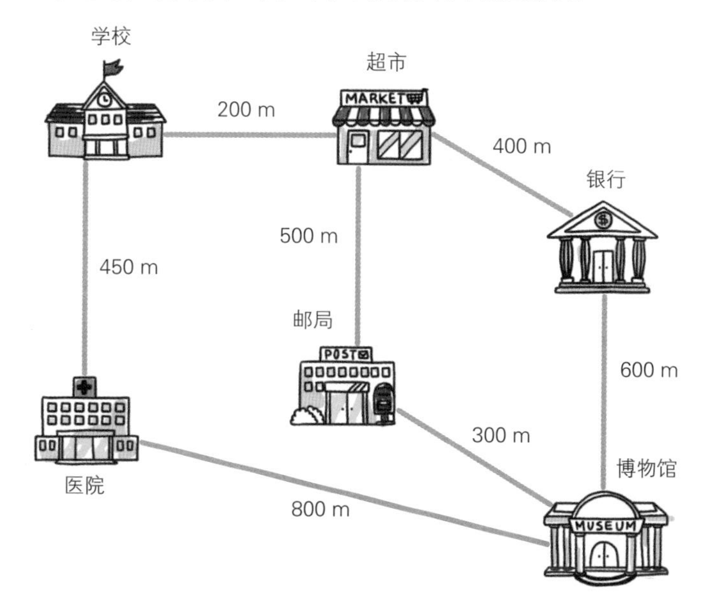

此问题很简单，很容易就可以找出最快的路线：学校 – 超市 – 邮局 – 博物馆。

但是，如果路径复杂，无法仅凭肉眼查找，那么使用迪杰斯特拉算法可以轻松获得最短路径。接下来，通过示例进行具体讲解。

首先，给出如下所示图例。

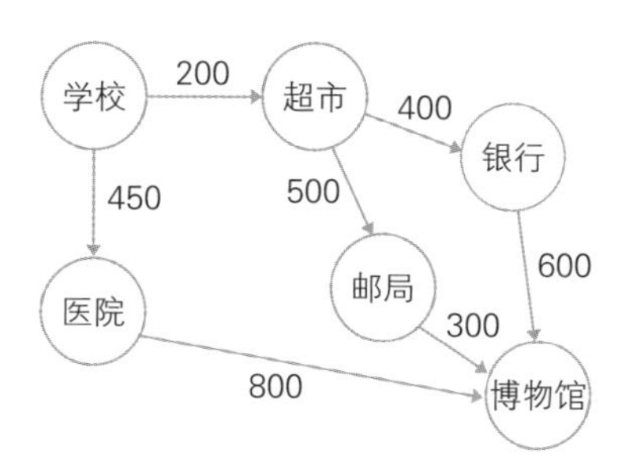

❶ 将出发地——学校的距离值设为0，将其他顶点的距离值设为∞（无穷符号）。

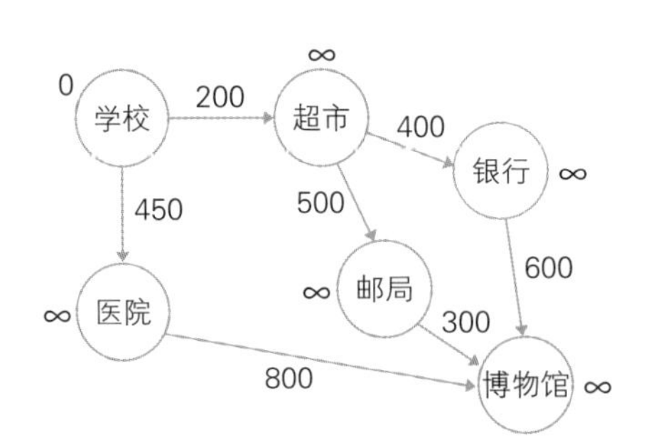

❷ 选择学校为出发地，并将其标记为红色。计算“学校”与“超市”和“医院”的距离值，将“学校”顶点到相应顶点的距离相加即可。由于“学校”顶点的距离值为0，而从“学校”顶点到“超市”顶点的距离为200米，因此得出，从“学校”至“超市”顶点的距离值为200。同理，“学校”至“医院”顶点的距离值为450。为了显示“学校”顶点的信息，将其与“超市”和“医院”顶点之间的连线以红色箭头表示。

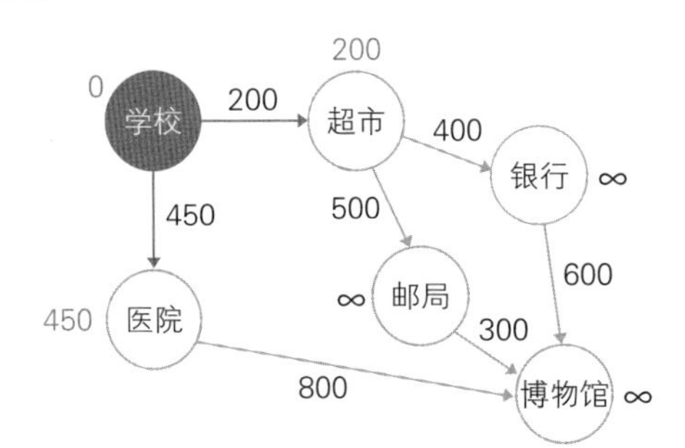

❸ 在待选的顶点中，选择距离值最小的“超市”顶点。计算“超市”到“银行”和“邮局”顶点之间的距离值，即将“超市”的距离值200加上“超市”至“银行”的距离值400，所得的值为600，即为“学校”到“银行”的距离值。另外，以相同的方法计算“学校”到“邮局”的距离值为700。将“超市”和“银行”以及“超市”和“邮局”之间的连线以红色箭头表示。

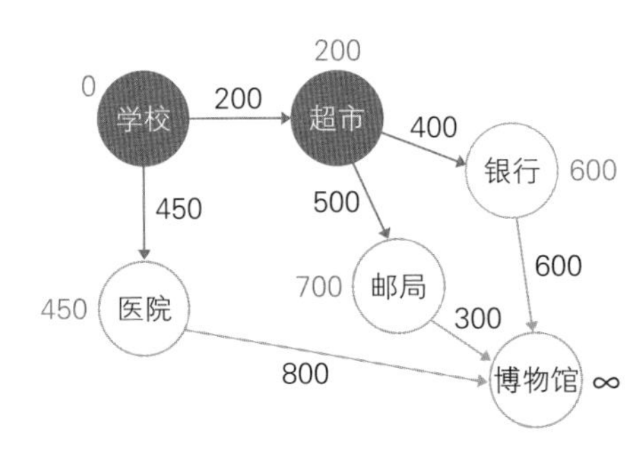

❹ 在当前待选的顶点中，选择距离值最小的“医院”顶点。计算“医院”到“博物馆”的距离值，即将“医院”的距离值450加上“医院”到“博物馆”的距离值800，所得的值为1250，即为“学校”到“博物馆”的距离值。最后，将“医院”和“博物馆”之间的连线以红色箭头表示。

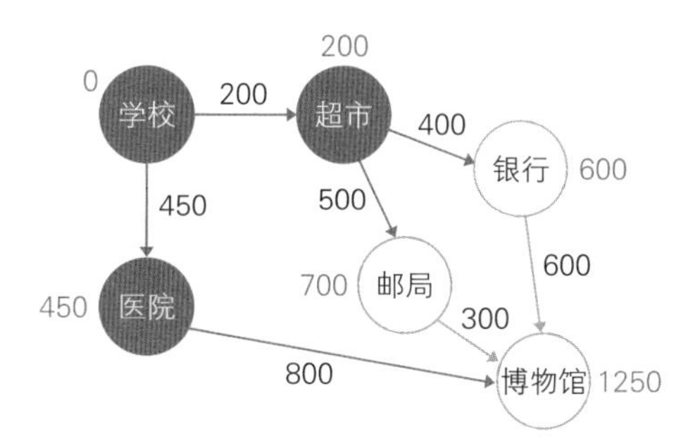

❺ 在当前待选的顶点中，选择距离值最小的“银行”顶点。计算“银行”到“博物馆”的距离值，所得的值加上“学校”到“银行”的距离值600，得出总距离值1200。由于其小于“学校医院博物馆”的距离值1250，因此将到达目标点的值更改为1200。另外，将“医院”和“博物馆”之间的连线以黑色箭头表示，“银行”和“博物馆”之间的连线以红色箭头表示。

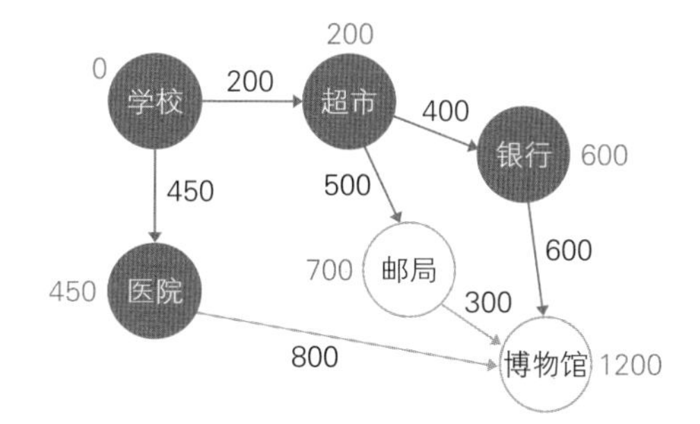

❻ 在当前待选的顶点中，选择距离值最小的“邮局”顶点。计算“邮局”到“博物馆”的距离值，将所得的值加上“学校”到“邮局”的距离值700，得出总的距离值1000。由于其小于上述到达目标点的距离值1200，因此将目标点的值更改为1000。另外，将“银行”和“博物馆”之间的连线以黑色箭头表示，将“邮局”和“博物馆”之间的连线以红色箭头表示。

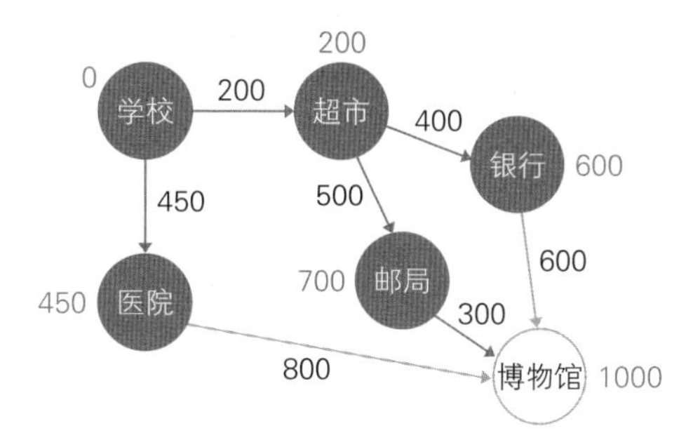

❼ 如果选择“博物馆”，即余下待选的最后一个顶点，则所有操作完毕。由此可知，从“学校”到“博物馆”之间的红色连线为最短路径，长度为 1000 米。

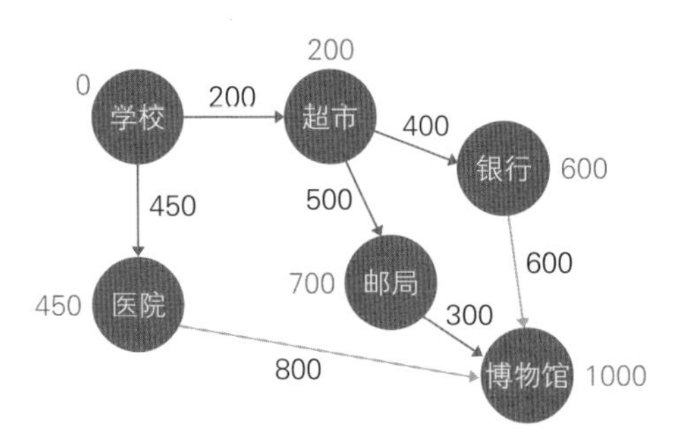

用数字表示图片

假设数字与图片有如下对应关系。

0, 1, 3, 1
1, 3, 1
2, 1, 2
1, 3, 1
0, 1, 3, 1

请思考如何以数字表示下图。

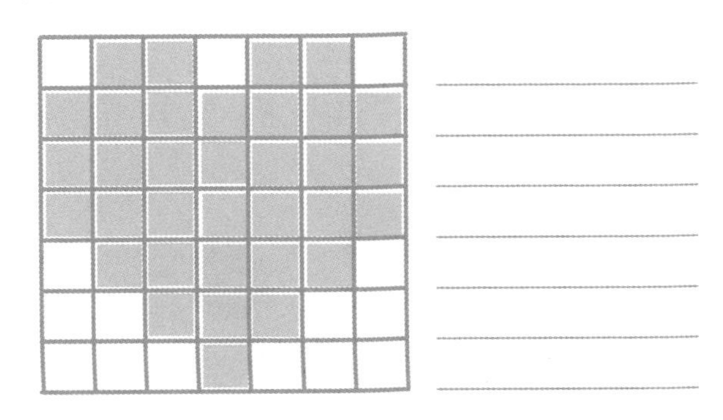

习题 48 分析与解答

用数字表示图时，每个数字意味着具有相同颜色的方块数量。例如，每行中的第一个数字表示连续出现的白色方块数，第二个数字表示连续出现的灰色方块数。由此可知，第三个数字表示连续出现的白色方块数，第四个数字表示连续出现的灰色方块数……以此类推。

以第一行为例，一开始没有白色方块，以 0 表示，之后出现 1 个灰色方块、3 个白色方块以及 1 个灰色方块。

0, 1, 3, 1
1, 3, 1
2, 1, 2
1, 3, 1
0, 1, 3, 1

因此，答案如下所示。

1, 2, 1, 2, 1
0, 7
0, 7
0, 7
1, 5, 1
2, 3, 2
3, 1, 3

49 缩写句子

计算机老师让学生将下面句子中的所有文字均转换为二进制数据，要求只能使用 1、01、000、0010、0011，且句子长度必须最短。

酱油厂厂长是姜厂长

该如何以最短的二进制数表示句子呢？请将每个字符转换后显示的二进制数写入下表。

酱		油		厂		长		是		姜	

习题 49 分析与解答

要想缩短句子长度，可以将句子中出现频率较高的字符转换为位数较少的编码，将出现频率较低的字符转换为位数较多的编码。

举一个简单的例子，“笑嘻嘻”中使用的字符为“笑”和“嘻”。假设转换后使用的代码为 1 和 001，则有如下两种转换方法。比较使用的位数可看出，若将出现频率高的字符“嘻”设置为较少的位数，则可缩短词组的总长度。

分类	笑	嘻	笑嘻嘻	使用的位数
方法 1	1	001	1001001	7
方法 2	001	1	00111	5

因此，将给出的句子中的所有文字根据出现频率罗列如下，可发现出现的频率越高，越应设置为较少位数的二进制数据。但是，由于“酱”“油”“是”和“姜”的出现频率相同，因此位置可以互换，如下所示。

字符	厂	长	酱	油	是	姜
出现的概率	3	2	1	1	1	1
可替换的二进制	1	01	000	0010	0011	0111

因此，正确答案如下所示。

酱	000	油	0010	厂	1	长	01	是	0011	姜	0111

编程原理

压缩

当你想通过电子邮件发送大文件时，需要使用压缩软件对其进行压缩。同样，想要打开带有 zip 等扩展名的压缩文件时，也需要使用压缩软件（如 ALZIP 等）对其进行解压。

对于这些日常使用的压缩软件，下面看看其基本的工作原理。

通过特定算法缩小计算机数据的机制称为“压缩”。这种技术不仅用于文本，还广泛应用于图像、视频等各种媒体文件。RLE（Run-Length Encoding，行程长度编码）压缩算法与哈夫曼编码（Huffman coding）是两种典型的无损压缩编码技术，下面逐一进行介绍。

RLE 压缩算法可以压缩重复字符、转义字符和重复次数，如下所示。

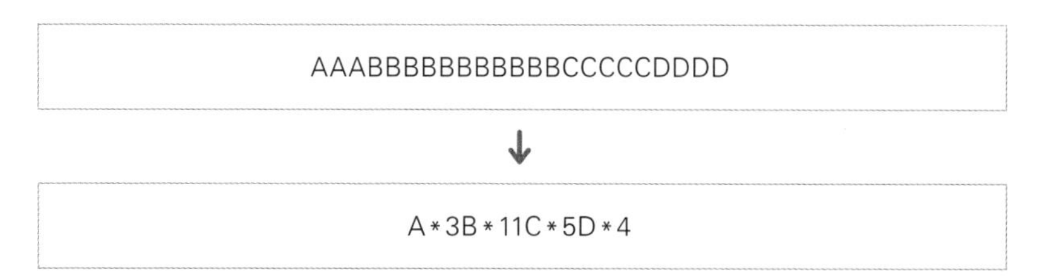

上述示例中，由于 A 连续出现 3 次，所以表示为“A * 3”，其中 A 代表“重复字符”，* 代表“转义字符”，3 代表“重复次数”。

然而，RLE 压缩算法也存在一些问题。比如不存在重复字符时，反而会增大数据，如下图所示。

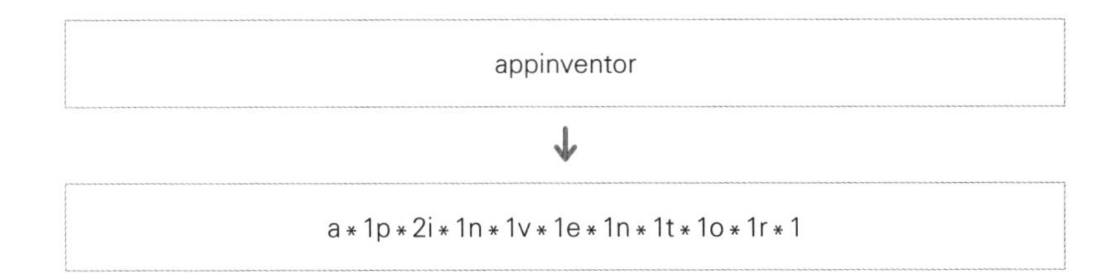

为了解决此类问题，需要使用另一种编码技术——哈夫曼编码，它主要根据数据中字符的出现频率压缩数据。哈夫曼编码首先计算数据中所有字符的出现频率，然后借助数据结构当中的树对数据进行排序，从而实现压缩功能。

使用哈夫曼编码方法压缩下列文本。

AAAAAAABBCCCDEEEEFFFFFFG

❶ 计算每个字符在数据中出现的频率。

字符	A	B	C	D	E	F	G
出现频率	7	2	3	1	4	6	1

❷ 按照字符出现频率由大到小的顺序排列数据。

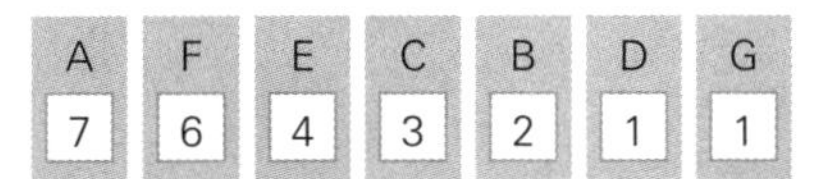

❸ 将出现频率低的两个字符 D 和 G 用作树形结构的分支，然后将这两个分支的出现频率相加，记录为新的节点。最后，将节点的数据按降序重新排列。

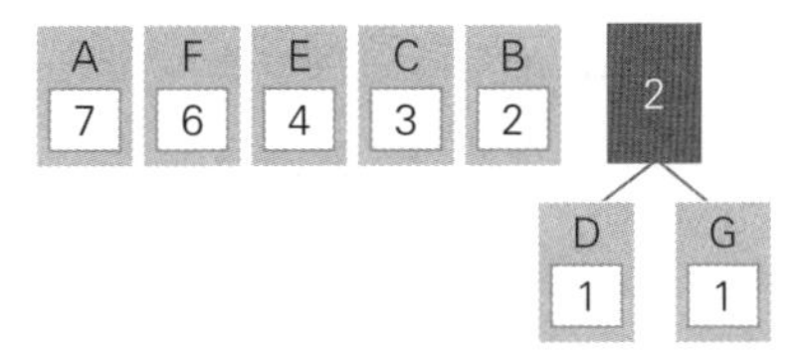

❹ 以相同方式，在备选节点中挑出两个出现频率低的节点，用作树形结构的分支。将这两个分支的出现频率相加，所得为 4。最后，对剩余节点的数据按降序排列。

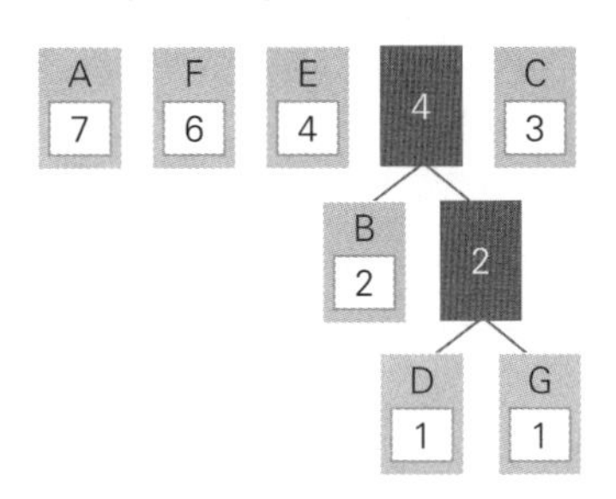

❺ 继续在备选节点中挑出两个出现频率低的节点，用作树形结构的分支。然后将这两个分支的出现频率相加，所得为 7。最后，对剩余节点的数据按降序排列。

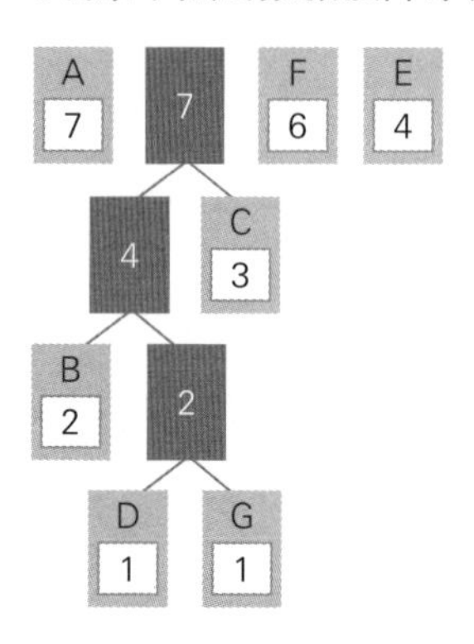

❻ 在备选节点中挑出两个出现频率低的节点，用作树形结构的分支。然后将这两个分支的出现频率相加，所得为 10。最后，对剩余节点的数据按降序排列。

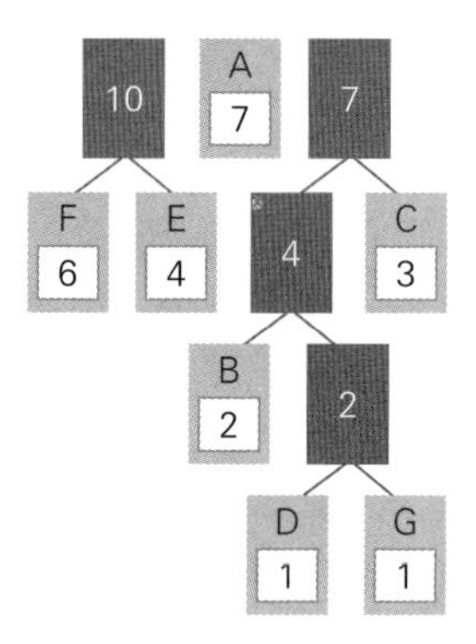

❼ 在备选节点中挑出两个出现频率低的节点，用作树形结构的分支。然后将这两个分支的出现频率相加，所得为 14。最后，对剩余节点的数据按降序排列。

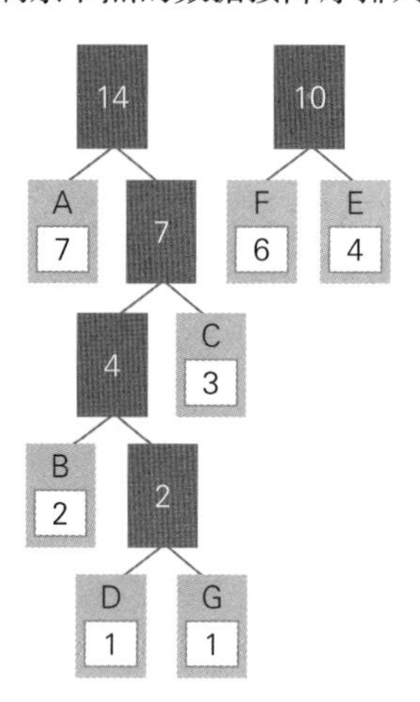

❽ 在备选节点中挑出两个出现频率低的节点，用作树形结构的分支。然后将这两个分支的出现频率相加，所得为 24。最后，对剩余节点的数据按降序排列。

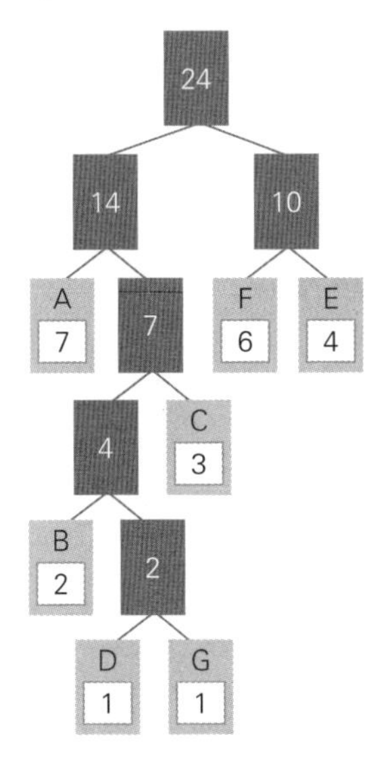

❾ 因为最高节点处只剩一个节点，没有与之相连的节点，所以排序终止，该树即为要求的“哈夫曼树”。在已完成的树中，分别向左右分支写入 0 和 1，并从最高节点开始读取每个分支的数字，从而将每个字符记录为二进制数。例如，A 的转码过程从节点 24 开始，经过节点 14，连续记录所经分支上的数字，结果以 00 表示。这个二进制数就是哈夫曼编码。

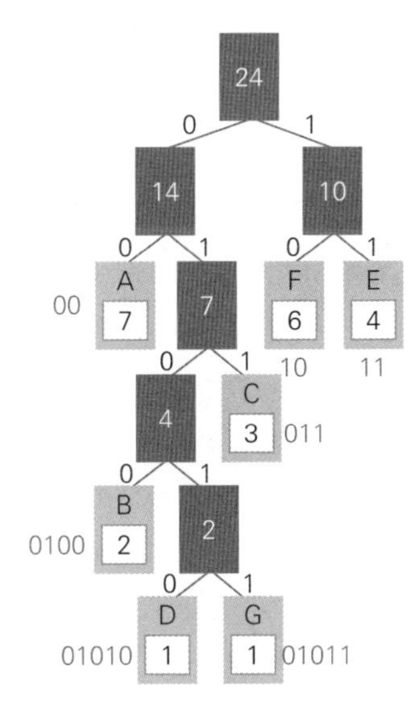

以下是每个字符的哈夫曼编码表，可以发现，出现频率越高的字符，编码长度就越短。

字符	出现频率	哈夫曼编码（压缩后）	ASCII 码（压缩前）
A	7	00	1000001
F	6	10	1000110
E	4	11	1000101
C	3	011	1000011
B	2	0100	1000010
D	1	01010	1000100
G	1	01011	1000111

字符串 AAAAAAABBCCCDEEEEFFFFFFG 经哈夫曼编码压缩后，如下所示。

分类	以位表示	位数
压缩前（ASCII 码）	10000011000001100000110000011000001100000110000011000001100001010000 1010000111000011100001110001001000101100010110001011000101100 0110100011010001101000110100011010001101000111	168
压缩后（哈夫曼编码）	0000000000000001000100011011011010101111111110101010101001011	61

用 ASCII 码表示时，文本长度为 168 位（假设一个字符由 7 位表示），通过哈夫曼编码压缩后，可减少到 61 位。

50 是外星文字吗？

我捡到一本笔记本，上面记录着重要信息。欲归还失主，但笔记本上的“姓名”处写着奇怪的符号。请使用以下的加密密钥，破译失主姓名。

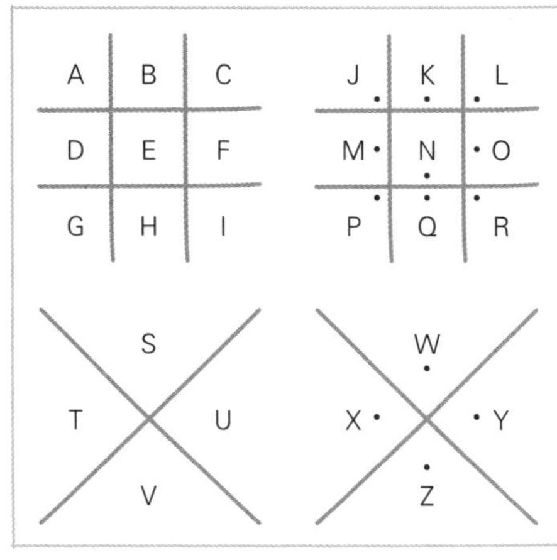

加密密钥

习题 50 分析与解答

猪圈密码（Pigpen cipher）运用线条和点表示字母。加密方面的示例是，加密密钥中，由于A 在符号 内，所以加密为 。

因此，可以将笔记本上的加密姓名还原为如下真名。

加密姓名	
真名	HYUNKYUNG

因此，正确的答案是 HYUNKYUNG。

与猪圈密码类似的加密方式还有玫瑰十字会密码（Rosicrucian cipher）。玫瑰十字会是从事欧洲炼金术和神秘方术的古老秘密组织，他们使用的加密密钥如下所示。

AB CD EF
CH IJ KL
MN OP QR
ST
YZ UV
WX

在玫瑰十字会密码中，每个相同的格子内均有两个字母，其中一个字母上方带有圆点。例如，以 表示字母 A，以 表示字母 B。

习题 51 必须快速破解！

韩非想申请参加创意计算机课程，为此，需要访问相关网址并提交申请书。要获取该网址，需根据下图中提供的线索破解，提示：3。

创意计算机课程申请流程

欢迎来到创意计算机课程！在这里，大家可以实现梦想，培养创新能力。申请者应根据下面提示的密码登录网址并提交申请书。本次申请限定报名人数100人，达到上限后，系统将不再接受申请。请尽快破译密码。

注意：网址中的点（.）和斜杠（/）不变。

fdih.qdyhu.frp/fuhdwlyhfrpsxwhu

习题 51 分析与解答

依次移动下表中 3 个明文字母的位置，得出密文字母，再寻找与之相对应的明文字母，如下所示。

明文字母	a	b	c	d	e	f	g	h	i	j	k	l	m
密文字母	d	e	f	g	h	i	j	k	l	m	n	o	p
明文字母	n	o	p	q	r	s	t	u	v	w	x	y	z
密文字母	q	r	s	t	u	v	w	x	y	z	a	b	c

以下是问题提供的线索。

fdih.qdyhu.frp/fuhdwlyhfrpsxwhu

若将密文字母转换为明文字母，如下所示。

cafe.naver.com/creativecomputer

因此，正确的答案是 cafe.naver.com/creativecomputer。

密码

长久以来，密码都用于发送和接收重要信息。近年来，随着互联网的发展，商场的电子商务、网上银行、电子货币结算以及网上证券等服务都离不开用户的个人信息和信用记录。网络信息化的重要性使得窃取并滥用用户重要信息的现象层出不穷，入侵或恶意代码等都是最常见的攻击手段。

日益严重的网络安全问题在企业中也愈演愈烈，黑客攻击导致新技术泄露，企业面临巨大损失。我们也经常能够从媒体中获悉，订阅互联网服务的用户个人信息被泄露等事件。

因此，政府、企业等为了保护用户的个人信息，制定了各种安全政策。安全政策的根本是对有价值的信息进行加密，使人们根本无法识别，并且只在必要时才能将其破解为原始信息。

破译密码的过程是，将已设置的密码按照一定的规则转换为初始状态。整个过程只针对提供个人信息的用户和接收用户信息的公司开放，这使得用户可以放心地发送自己的信息。此外，企业也正在不断研发安全措施，以尽量减少入侵和恶意代码带来的破坏。

加密方法大致有以下两种。

古罗马战争英雄凯撒在与家人的秘密通信中，将每一个字母向后移动 3 个位置，从而实现隐藏信息的功能。如下表所示，该信函是以密文字母的形式编写的。字母 A 用 D 代替，字母 B 用 E 代替，字母 X、Y 和 Z 由排在前面未使用过的 A、B 和 C 表示。

原文字母	A	B	C	D	E	F	G	H	I	J	K	L	M	N	O	P	Q	R	S	T	U	V	W	X	Y	Z
密文字母	D	E	F	G	H	I	J	K	L	M	N	O	P	Q	R	S	T	U	V	W	X	Y	Z	A	B	C

以下是应用凯撒密码的一个示例。

EH FDUHIXO IRU DVVDVVLQDWRU

将包含机密信息的字母转换为原文字母，如下所示。

BE CAREFUL FOR ASSASSINATOR

将信函解码后，发现其中包含的密码信息为“提防暗杀者”。像这样，将每个字母向后移动 3 位以实现加密和解密的方法，称为“凯撒密码”(Caesar cipher)。当然并不限于 3 位字母，也可以用 1 位、7 位或其他位数换算。

另一种方法是猪圈密码，即在加密密钥中通过线和点表示字母，而非用字母替代字母。例如，字母 A 以_|表示，而字母 J 以•_|表示。

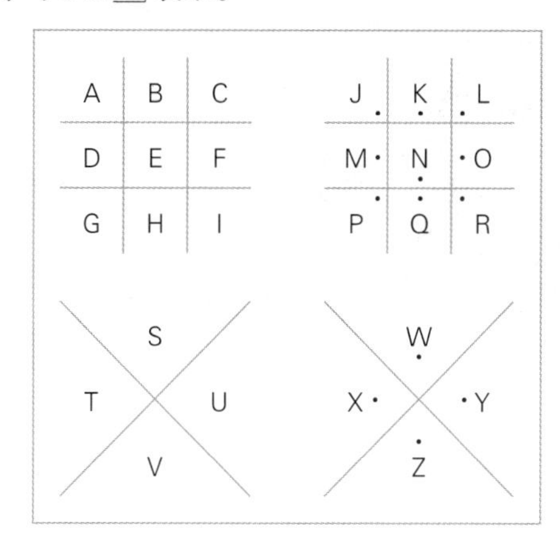

用凯撒密码加密

如果想将字母 A ~ W 转换为凯撒密码，只需在字母表中将字母位置向右移动 3 位即可。

（字母在字母表的位置+ 3）位置的字母

另一方面，若 X、Y 和 Z 在字母表中的位置向右移动 3 位，则必须将其位移后所在的位置减去 26 进行加密。

（（字母在字母表的位置+ 3）–26）位置的字母

因此，必须将待转换的字母在字母表中的位置加 3，然后判断所得的值小于还是大于 26。

为了阐述这种原理，利用 App Inventor 应用程序对明文进行加密，如下所示。

```
初始化全局变量 字母 为 "abcdefghijklmnopqrstuvwxyz"
初始化全局变量 位置 为 0
当 按钮1 .被点击
执行 设置 结果 . 文本 为 " "
     对于任意 数字 范围从 1
                    到 求长度 输入TB . 文本
                每次增加 1
     执行 设置 global 位置 为 求子串 取 global 字母
                        在文本 从文本 输入TB . 文本
                               第 取 global 字母
                               位置提取长度为 1
                               的子串
                        中的起始位置
          如果 取 global 位置 + 3 > 26
          则 设置 结果 . 文本 为 合并字符串 结果 . 文本
                                   从文本 取 global 字母
                                   第 取 global 位置 + 3
                                      - 26
                                   位置提取长度为 1
                                   的子串
          否则 设置 结果 . 文本 为 合并字符串 结果 . 文本
                                   从文本 取 global 字母
                                   第 取 global 位置 + 3
                                   位置提取长度为 1
                                   的子串
```

52 找出颜色不一致的方块

以下图形由白色和灰色方块组成，每行和每列的方块颜色数都有特定的规律。

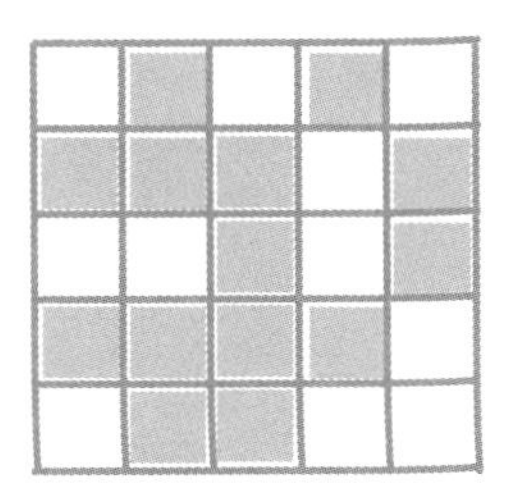

然而，下图中有一个方块的颜色出现错误，导致行和列不符合规则。请找出这个错误的方块。

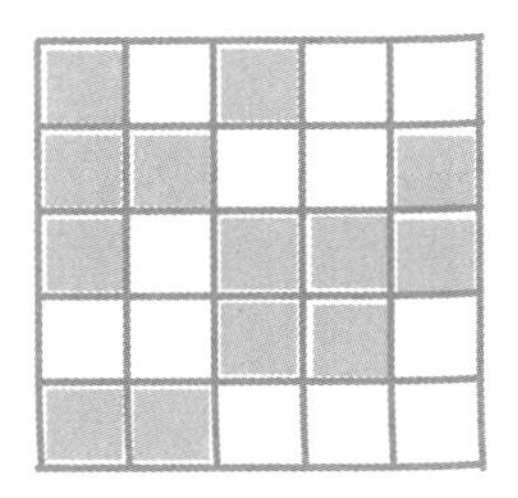

习题 52 分析与解答

首先找出第一个图形的规律。如下所示，每行和每列的灰色方块数均为偶数。

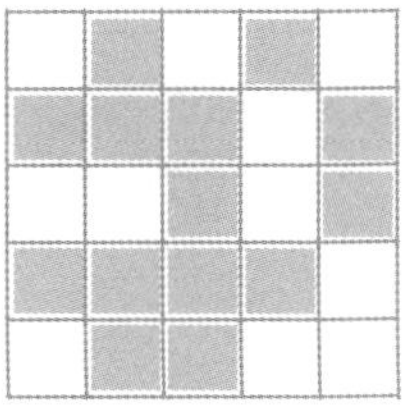

而下图中，第二行和第三列的灰色方块数为奇数。

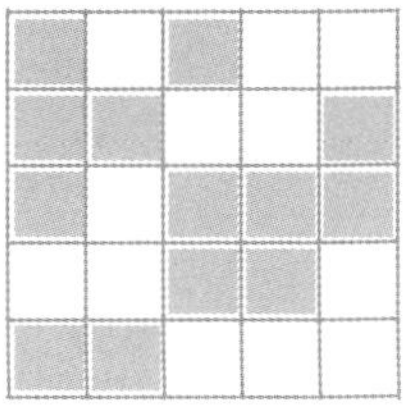

第二行和第三列相交的白色区域即为出错的方块，而此处原本应是灰色的。

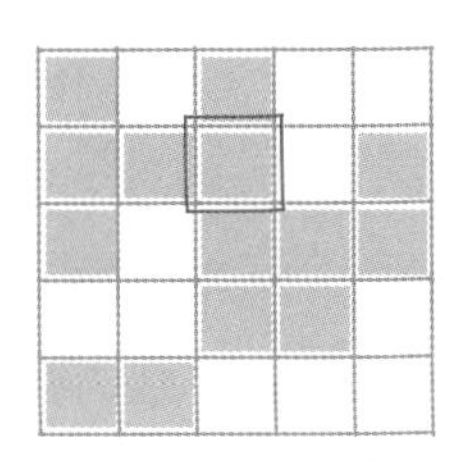

53 国际标准书号

各位在本书封底可看到如下所示条码，这就是“国际标准书号”（ISBN，International Standard Book Number）。

国际标准书号是专门为识别图书等文献而设计的国际编号，由 13 位数字组成。这 13 位数字被分为 5 段，每段由一个连字符（-）或空格隔开，顺序依次为前缀码、国家代码、出版社代码、书序码和校验码。

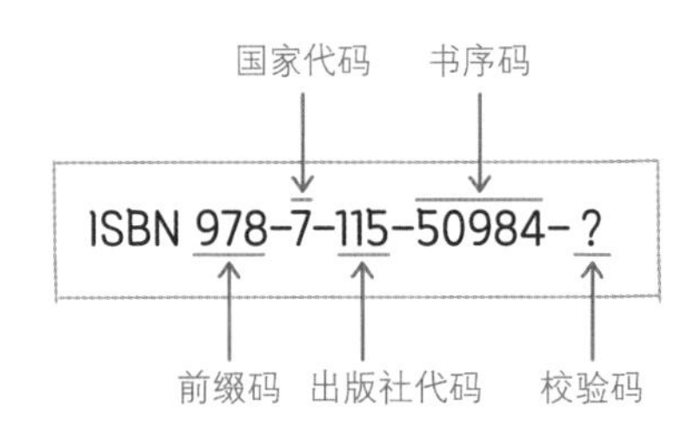

校验码是国际标准书号的最后一位，通过对前缀码、国家代码、出版社代码和书序码等进行某种运算得出，用以检验 ISBN 的准确性。运算方法如下所示。

1 将ISBN的前12位数分别交替乘以加权因子1和3。
2 将上述结果相加。
3 将步骤2所得的和除以10，算出余数。
4 用10减去余数即为校验码。需要注意，余数为0时，校验码为0。

那么，下图 ISBN 的校验码是多少？

ISBN 978-7-115-50984-□

习题 53 分析与解答

下面以给定的 ISBN 号码的前 12 位数字 978-7-115-50984 为例，介绍转换校验码的具体步骤。

❶ 将 ISBN 的前 12 位数字分别交替乘以加权因子 1 和 3。

9	7	8	7	1	1	5	5	0	9	8	4
×1	×3	×1	×3	×1	×3	×1	×3	×1	×3	×1	×3
=9	=21	=8	=21	=1	=3	=5	=15	=0	=27	=8	=12

❷ 将步骤 1 的结果相加。

$$9+21+8+21+1+3+5+15+0+27+8+12=130$$

❸ 将步骤 2 所得的和 130 除以 10，求出余数。

$$130 \div 10 = 13$$

余数：0

❹ 得出的校验码为 0。

当余数为0时，校验码即为0。

由上述运算结果可知，本书 ISBN 的校验码为 0。

居民身份证号码

居民的身份证号码都是唯一的法定号码，由 18 位数字组成。这 18 位数字从左至右依次为：6 位地址码、8 位出生日期码、3 位顺序码和 1 位校验码。

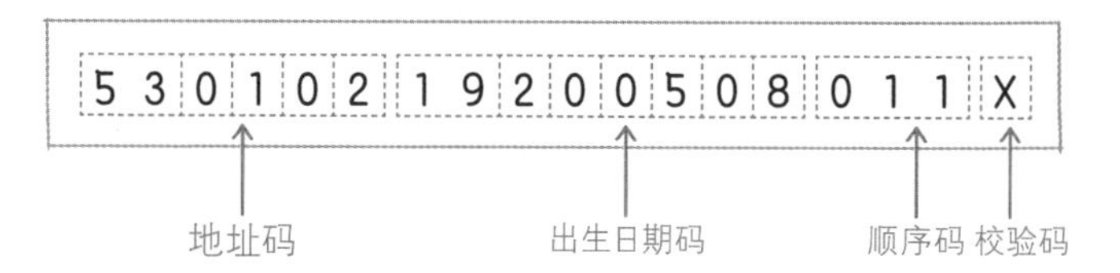

校验码（身份证最后一位）是根据前 17 位数字，通过法定公式计算得出的，用以检验该组号码的准确性。具体算法如下所示。

1 将身份证号码前17位分别乘以不同的系数，依次为：7、9、10、5、8、4、2、1、6、3、7、9、10、5、8、4和2。

2 将步骤1中的17位数字和系数相乘的结果相加。

3 将步骤2所得的和除以11，求出余数。

4 最后通过对应规则，算出余数对应的检验码。余数0、1、2、3、4、5、6、7、8、9、10对应的检验码分别为1、0、X、9、8、7、6、5、4、3、2。

请问，下面给出的居民身份证的校验码是多少？

2 4 0 2 0 2 8 0 3 7 0 1 2 4 0 2 0 □

习题 54 分析与解答

下面以给定的居民身份证号码前 17 位数字 24020280370124020 为例，介绍校验码的运算过程。

❶ 将身份证号码前 17 位数分别乘以系数 7、9、10、5、8、4、2、1、6、3、7、9、10、5、8、4 和 2。

2	4	0	2	0	2	8	0	3	7	0	1	2	4	0	2	0
×7	×9	×10	×5	×8	×4	×2	×1	×6	×3	×7	×9	×10	×5	×8	×4	×2
=14	=36	=0	=10	=0	=8	=16	=0	=18	=21	=0	=9	=20	=20	=0	=8	=0

❷ 将步骤 1 中 17 位数字和系数相乘的结果相加。

14 + 36 + 0 + 10 + 0 + 8 + 16 + 0 + 18 + 21 + 0 + 9 + 20 + 20 + 0 + 8 + 0 = 180

❸ 将步骤 2 的和除以 11，求出余数。

180 ÷ 11 = 16
余数: 4

❹ 最后通过对应规则，余数 0、1、2、3、4、5、6、7、8、9、10 分别对应的检验码为 1、0、X、9、8、7、6、5、4、3、2。

由此可知，该身份证号码的校验码为 8。

奇偶校验位

通过网络传输数据时，无线电干扰、雷击、黑客入侵等各种因素可能导致数据被篡改或丢失。因此，网络系统应当能够判断接收到的数据是否存在错误。在所有检测方法中，最常用的是奇偶校验位方法。

奇偶校验位（parity bit）有两种类型：偶校验位与奇校验位。因为奇校验位的偶数可以用奇数代替，所以下面以偶校验位为基准进行描述。

生成奇偶校验位的过程是，将奇偶校验位添加到二进制数据，使得 1 的个数成为偶数。

例如，假设有以下数据。

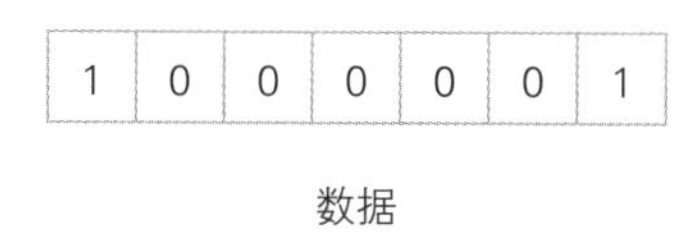

将奇偶校验位添加到此二进制数据，若想使 1 的个数为偶数，则奇偶校验位必须为 0。

还有另一种情况，如下所示，由于二进制数据 1 的个数是奇数，因而奇偶校验位为 1。

将这样生成的奇偶校验位连同数据一起发送给接收器，后者对接收到的信息（含数据和奇偶校验位）进行检测，若奇偶校验位为 0，则判断没有出错。反之，若奇偶校验位为 1，则判断发生错误。

如下所示，若接收到奇偶校验位为 0 的信息，则表示没有出错。

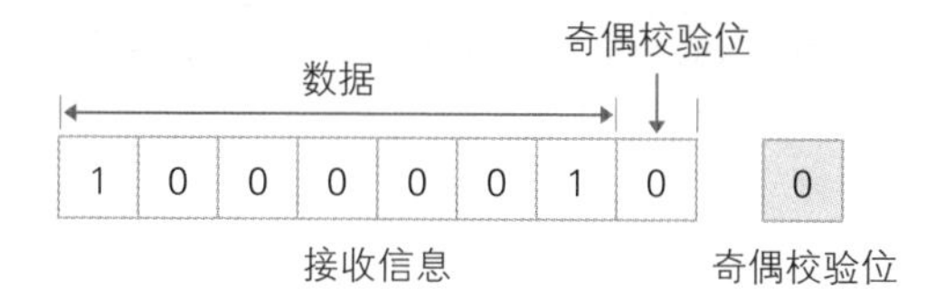

反之，运算得出的奇偶校验位为 1，接收到这样的信息时，则表示发生错误，如下所示。

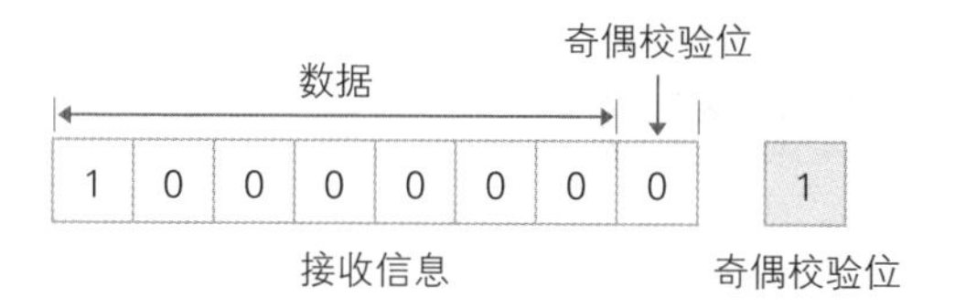

但是，这种方法存在一个问题：如果偶数个位出现错误，将无法检测。比如下页图所示两个位数出错的例子，却被认为没有错误。

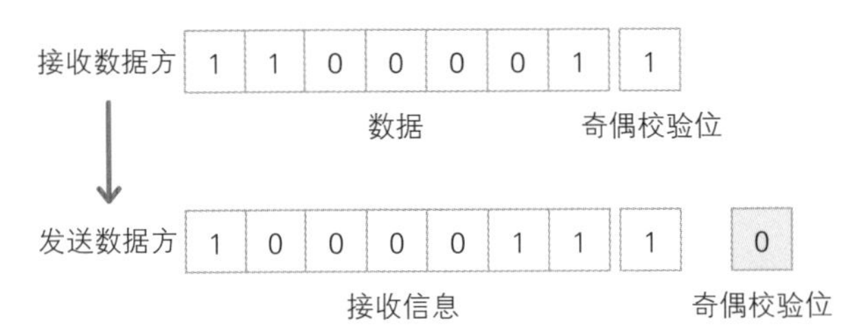

汉明码（Hamming code）检错方法可以解决上述问题，但本书不对其做具体说明。

求奇偶校验位

利用 App Inventor 应用程序，在 0 和 1 构成的数据中，求奇偶校验位，如下所示。【从文本～第～位置提取长度为～的字串】块是指，从文本的起始位置开始提取任意长度的字串。

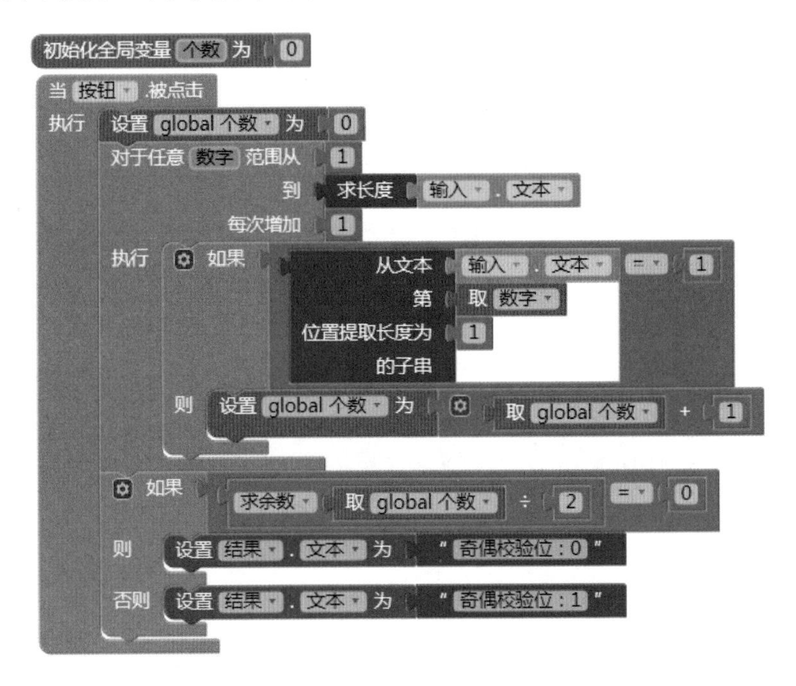

恢复硬盘数据1

罗仔细先生做事认真细心，从没出现过失误，最近却遇到了一件无奈的事——硬盘的一部分文件被删除了。虽然有些惊慌，但细心的罗先生想起，之前为了防止资料丢失等情况的发生，已事先将相同的数据保存在两个硬盘上。

保存数据的原理如下所示。下图中的数据与罗先生的数据类似，同样保存在两个硬盘上。

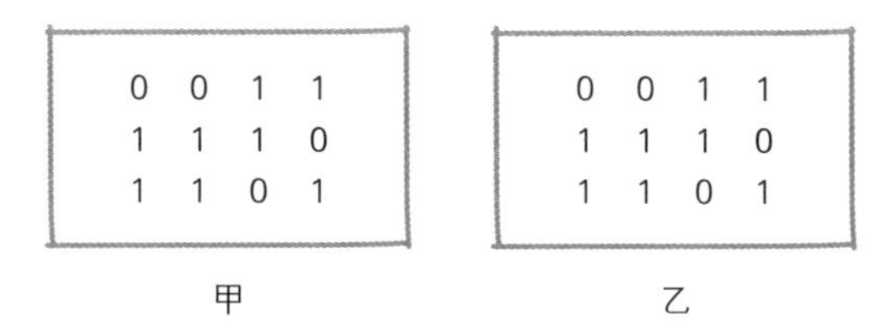

将数据保存在两个硬盘上的好处是，即使丢失其中一个硬盘，也可以利用另一个硬盘上保存的数据进行恢复。

假设罗仔细先生的硬盘出现以下错误，请查看两个硬盘的数据，想想如何恢复。注意，被删除的数据以 B 标记。

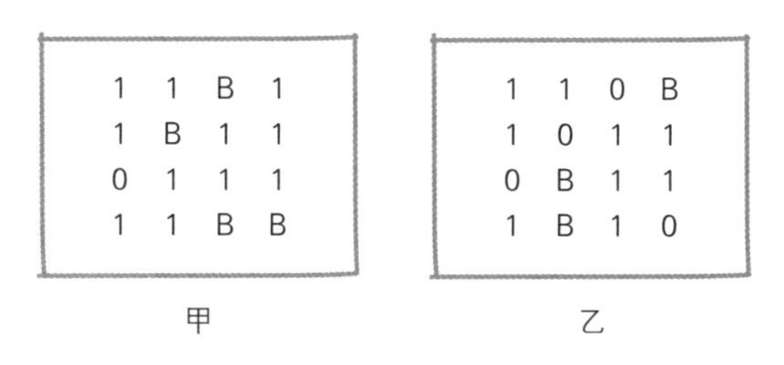

习题 55 分析与解答

发生错误的数据如下所示。

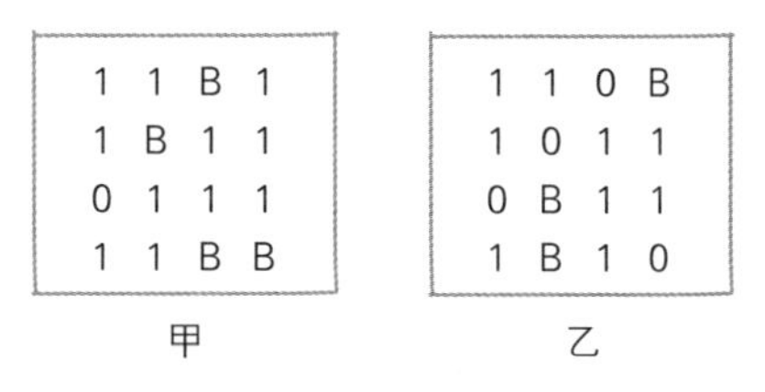

由于甲、乙中保存的数据一致，所以比较二者中的数据，并将 B 写入被删部位留下的空格。可以按以下方式恢复数据。

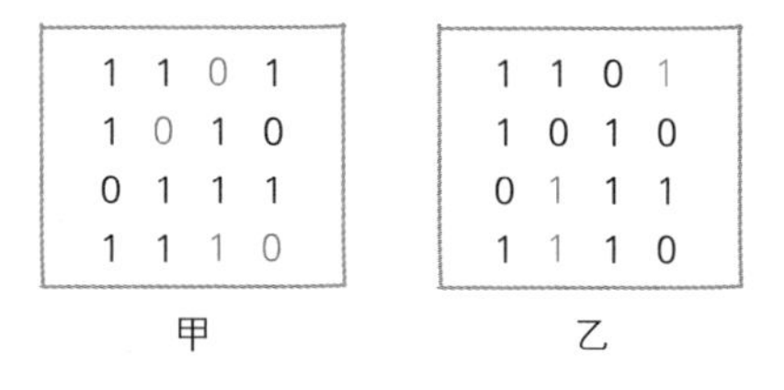

恢复硬盘数据2

A公司新开发了一个安全项目，并决定将此项目出售给B公司。为防止程序丢失，将该程序分别保存到3个计算机硬盘（下图甲、乙、丙）。并将从甲、乙、丙中数据获取的信息存储到另一台计算机的硬盘（下图丁）上。各硬盘保存的数据如下所示。

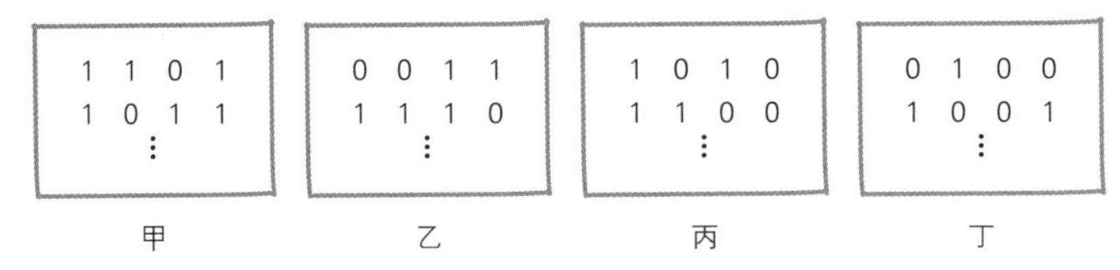

因此，即使丢失了一个硬盘，也可以使用其他3个硬盘上保存的数据来恢复丢失的数据。

假设丢失了乙硬盘，请恢复其中数据。

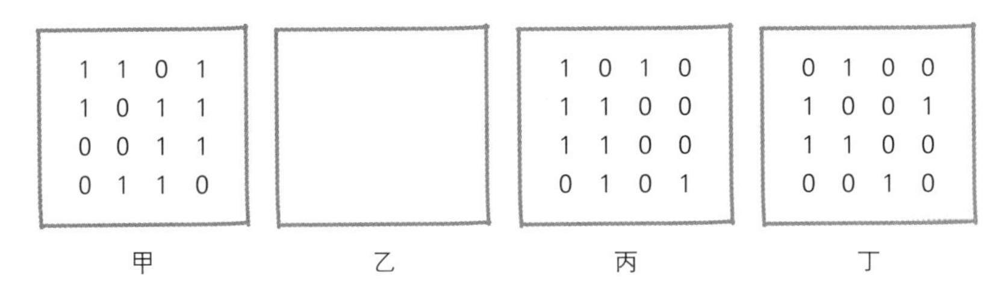

习题56 分析与解答

保存在硬盘丁中的数据是关于硬盘甲、乙、丙上的数据位置的偶数奇偶校验位。

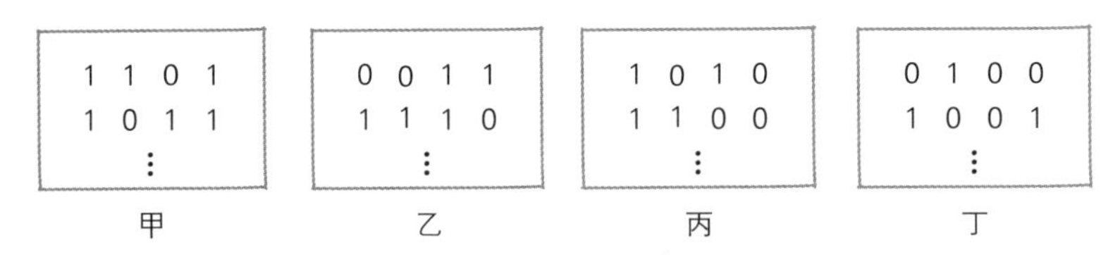

首先从各数据的第一位开始观察。由于甲为1、乙为0、丙为1，所以这3个位的偶数奇偶校验位为0。也就是说，硬盘丁的第一位的值为0，其他数据可以此类推。

因此，硬盘乙的数据也成为硬盘甲、丙、丁数据的偶数奇偶校验位。由此得出保存在乙中的数据。

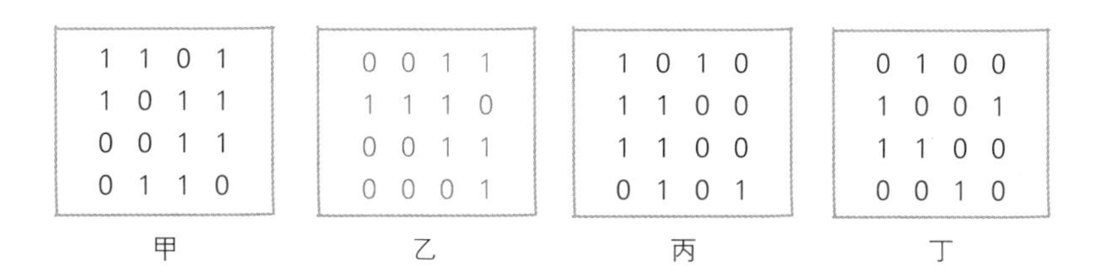

编程原理

磁盘冗余阵列

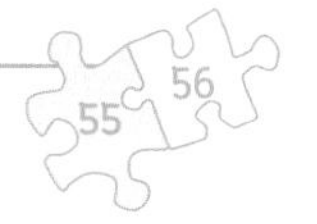

磁盘冗余阵列（RAID，redundant arrays of inexpensive disks）是一种磁盘设备，将多个小磁盘组合到一起，成为一个磁盘组式的逻辑硬盘，提高输入 / 输出操作性能的同时，增强容错功能的可信性。RAID 有多种类型，本书仅对其中的 RAID1 和 RAID4 进行介绍。

首先了解 RAID1。它由 4 个磁盘组成，如下所示。数据 A 由块 A1、A2、A3、A4、A5 和 A6 构成，保存数据 A 时，将其同时分布于下列 4 块磁盘进行存储。

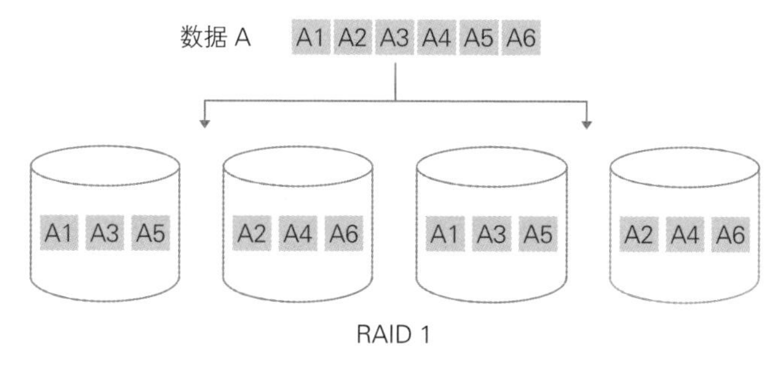

RAID 1

在这样的结构中，写入或读取数据时，由于数据分布于不同的磁盘配合操作，所以可以提高读取性能。并且，由于相同的数据存储在两个磁盘上，所以即使其中一块硬盘失效，也可以从其他磁盘读取数据，从而确保可靠性。

RAID4 是降低 RAID1 成本的一种方法。保存数据 A 时，将数据分布于 3 块磁盘上，并用一块磁盘存放奇偶校验信息。在下图中，P1 和 P2 为奇偶校验信息。

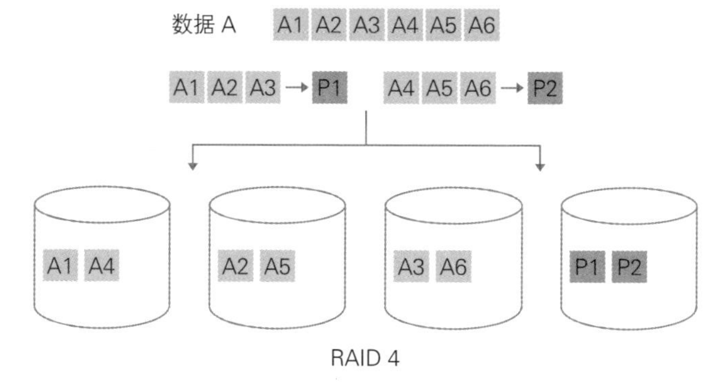

RAID 4

即使其中一块磁盘失效，使用奇偶校验信息也可以恢复丢失的数据。此外，由于只需要一块磁盘即可恢复数据，所以其性能比 RAID1 更高效。

安排服务顺序

美发店里有 3 名顾客，但发型师只有一名。这些顾客理发所需的时间如下所示。

智勋	15 分钟
韩娜	30 分钟
郑妍	20 分钟

我们要尽量减少顾客等待和理发的总时长。那么，应当如何安排服务顺序？耗用的总时长（即总需时长）又是多少呢？

习题 57 分析与解答

如果接受服务的顺序为智勋、韩娜、郑妍，由于智勋可以立即接受服务而无须等待，因此等待的时间和理发所需时间共 15 分钟。另一方面，由于韩娜必须等待智勋接受服务，所以等待时间和理发所需时间之和为 15 + 30 = 45 分钟。

此外，郑妍必须等待智勋和韩娜接受服务，所以等待时间和理发所需时间之和为 15 + 30 + 20 = 65 分钟。由此可知，3 名顾客总共需要 125 分钟。

有 3 名顾客的情况下，接受服务的顺序有 6 种排法。计算每名顾客等待和接受服务所需的总时长，如下所示。

服务顺序 每名顾客需要等待和理发所需时长					所需时长总和
智勋	→	韩娜	→	郑妍	125
15		15+30		15+30+20	
智勋	→	郑妍	→	韩娜	115
15		15+20		15+20+30	
韩娜	→	智勋	→	郑妍	140
30		30+15		30+15+20	
韩娜	→	郑妍	→	智勋	145
30		30+20		30+20+15	
郑妍	→	智勋	→	韩娜	120
20		20+15		20+15+30	
郑妍	→	韩娜	→	智勋	135
20		20+30		20+30+15	

要使所需时长总和最少，首先选择需要服务时长最短的智勋，然后是服务时长次短的郑妍，最后是需要服务时长最长的韩娜。这种排序总用时为 115 分钟。

58 公平地给予指导

有 3 组学生正在上实操课，各组需要老师指导的时间如下所示。

A 组	15 分钟
B 组	10 分钟
C 组	3 分钟

如果老师按照 A ~ C 组的顺序给予指导，每组时间为 5 分钟，那么每个小组应等待的总时间是多少？

习题 58 分析与解答

老师对 A 组进行 5 分钟指导时，B 组和 C 组需要等待 5 分钟。具体内容如下表所示。

A 组		B 组		C 组	
接受指导的时间	等待时间	接受指导的时间	等待时间	接受指导的时间	等待时间
5			5		5
	5	5			5
	3		3	3（结束）	
5			5		
	5	5（结束）			
5（结束）					
各组等待时间合计	13		13		10

直到所有指导结束，等待时间为 A 组 13 分钟、B 组 13 分钟、C 组 10 分钟。由此得出，等待时间总计 36 分钟。

进程调度

我们利用计算机上的音乐播放程序听音乐的同时，可运行文字处理器、电子表格等进程。大多数计算机可以同时运行多个程序。

但是，一个中央处理单元一次只能执行一个程序。因此，有必要决定首先执行哪个程序，这就是所谓的“进程调度”(process scheduling)。过程由操作系统完成。

进程 (process) 是加载在主存储器上运行的程序。

“先来先服务”(FCFS，First-Come First-Served) 算法和时间片轮转调度 (round robin) 是最具代表性的进程调度算法。接下来，简单地了解一下这些算法。

FCFS调度算法

“先来先服务”算法被视为最简单的排序策略，顾名思义，先到的程序先处理，后到的程序后处理。如果按照 A、B、C 的顺序创建进程，那么操作系统总是将中央处理单元分配给第一个生成的进程 A 并一直执行下去，直到该进程完成或阻塞。等待进程 A 操作完毕后，操作系统将会存储和管理进入就绪队列的进程 B 和 C 的信息。

主存储器

就绪队列

C 的信息 → B 的信息 → A 的信息

进程 A

进程 B

进程 C

中央处理单元

进程 A 终止执行后，执行下一个进程 B。

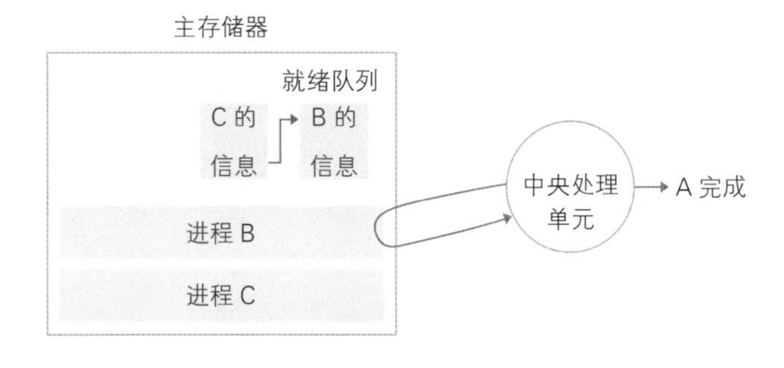

轮转调度算法

轮转法在任意进程结束之前并不占用一个中央处理单元，而是将中央处理单元分配给逐步进入就绪队列的多个进程并执行。

按一定的时间段将中央处理单元分配给就绪队列中的进程，每个进程被分配一个时间片后运行。如果时间片结束前进程还在运行，则将此进程重新加入就绪队列尾部等待调度，同时，中央处理单元将被剥夺并分配给就绪队列中的下一个进程。

如下图所示，操作系统将中央处理单元分配给进程 A 并执行。如果进程 A 在时间片结束时还在运行，则将其移入就绪队列等待调度，同时，操作系统将中央处理单元分配给进程 B。

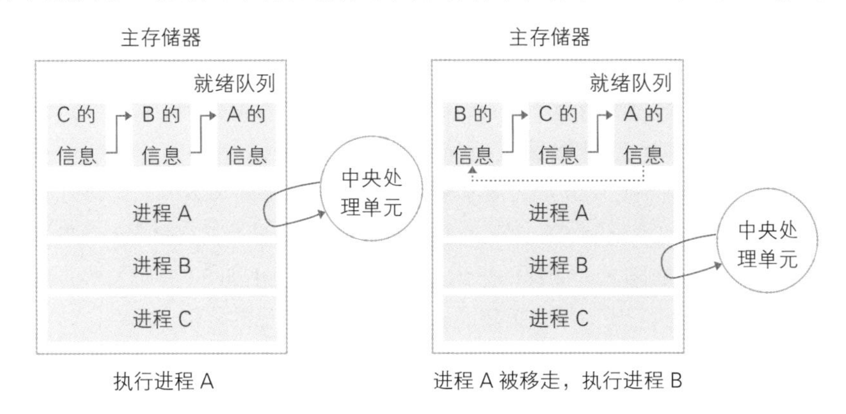

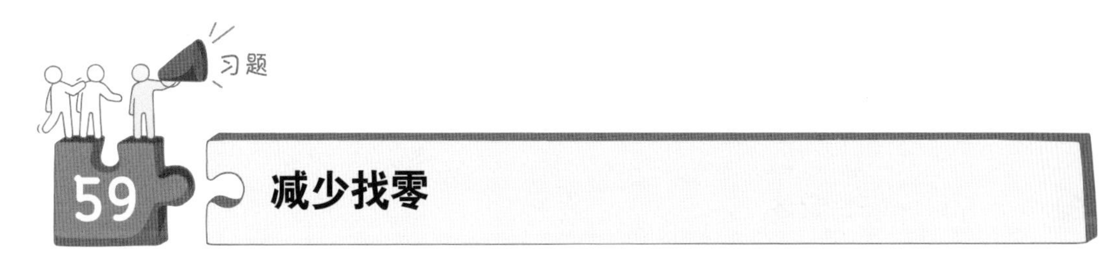

59 减少找零

韩非每周六都在超市里帮父母干活，其中最麻烦的事情之一就是为顾客找零。因为客人不喜欢拿太多零散的钱，所以要尽量减少零钱数量。

刚才有位顾客买了价值 18 元的饼干，付了 100 元。如何减少找零呢？提示，超市的纸币面额有 5 元、10 元、20 元、50 元、100 元，另有 1 元硬币（假设所有货币均充足）。

习题 59 分析与解答

直接从面额最大的货币开始，依次凑出需要的数额，这样就能找出最少的零钱。由上可知，要找给顾客的零钱为 82 元，解题过程如下。

❶ 如果选择 100 元，则会超过需要找的零钱，所以选择 50 元。还差 32 元。

❷ 选择 20 元。截至目前，已找零钱共 70 元，还差 12 元。

❸ 如果选择 50 元或 20 元，则会超过需要找的零钱，所以选择 10 元。截至目前，已找零钱共 80 元，还差 2 元。

❹ 如果选择 5 元，则会超过需要找的零钱，所以选择 1 元硬币。截至目前，已找零钱共 81

元，还差 1 元。

❺ 最后选择 1 元硬币。得到零钱总数为 82 元。

由过程可知，找出的零钱为 1 张 50 元纸币、1 张 20 元纸币、1 张 10 元纸币，另有两枚 1 元硬币。

60 以最大收益挑选粮食

韩非今年在李老爷家非常努力地工作，所以可以在秋收后获得报酬。按照约定，韩非可以拿到 30 公斤大米。但这时，李老爷却提出了一个特别要求：

“多亏了有你帮忙，今年的农活儿做得不错。但是我不能给你太多大米，因为其他长工看到会眼红。作为补偿，你可以在粮仓里随意挑选相当于 30 公斤大米的其他粮食和物品。”

听了李老爷的话，韩非陷入了深深的思索。如果挑了价值不如 30 公斤大米的物品，可能会带来损失，所以必须慎重。下表为粮仓里物品的数量以及每公斤的价格，那么，韩非要拿多少粮食和物品才能获得最大收益呢?

粮食和物品	大米	大麦	小麦	玉米	盐	栗子	小米
数量	40 公斤	8 公斤	5 公斤	24 公斤	2 公斤	13 公斤	7 公斤
每公斤价格	7 元	8 元	12 元	2 元	15 元	5 元	8 元

习题 60 分析与解答

挑选粮食时，以每公斤的价格作为最重要的标准。需要注意，重量不能超过 30 公斤，但价值又要比 210 元（相当于 30 公斤大米）多。将每公斤粮食和物品的价格由高到低排列，如下表所示。

粮食和物品	盐	小麦	大麦	小米	大米	栗子	玉米
数量	2 公斤	5 公斤	8 公斤	7 公斤	40 公斤	13 公斤	24 公斤
每公斤价格	15 元	12 元	8 元	8 元	7 元	5 元	2 元

对韩非来说，从每公斤价格最贵的盐开始挑选，最终重量逐步累积到 30 公斤时，将获得最大收益。以下为韩非选择的顺序。

❶ 首先挑选每公斤价格最高的盐。因为最终重量为 30 公斤，所以将 2 公斤的盐全部选走。因此，还有 28 公斤可选。

❷ 接着挑选每公斤价格仅次于盐的小麦。因为可选重量为 28 公斤，所以将 5 公斤的小麦全部选走。到目前为止，挑选的盐和小麦共 7 公斤，还剩下 23 公斤可选。

❸ 然后挑选每公斤价格仅次于小麦的大麦和小米。由于这两种粮食每公斤的价格相同，所以

先选择哪种都可以。另外，大麦和小米的总重量是 15 公斤，比当前所需的 23 公斤少，所以将这两种全部选走。最后还剩 8 公斤可选。

❹ 最后，挑选每公斤价格仅次于大麦和小米的大米。虽然仓库里的大米有 40 公斤，但韩非可以拿走粮食重量仅剩 8 公斤，所以挑选 8 公斤的大米恰好满 30 公斤。

通过步骤 ❶~❹，韩非挑选的粮食和物品为 2 公斤盐、5 公斤小麦、8 公斤大麦、7 公斤小米、8 公斤大米，总价 266 元。这种方法比原来 210 元（相当于 30 公斤大米）的收益更多，并且比任何一种方法获得的收益都大。

编程原理

贪心算法

假设现有面值（以下单位均为韩元）为 50 000 元、10 000 元、5000 元、1000 元的纸币各一张，以及面值为 500 元、100 元、50 元的硬币各一枚。我们来玩一个游戏，赢的人每次可以拿走一张纸币或一枚硬币。

在第一场游戏中，韩娜赢了，她拿走了最高金额的纸币 50 000 元。在第二场游戏中，韩娜又赢了，这次她会选择价值多少的钱呢？毫无疑问，她会从剩下的钱币当中拿走面额最高的 10 000 元。

像这样在每个阶段都做出最优选择，通过这种方式解决所有问题的方法称为贪心算法（greedy algorithm）。运用这种算法解题时，因为总是做出在当前看来最好的选择，所以又称最优算法。

通过贪心算法可以解决习题 59 和习题 60。此外，习题 47 介绍过迪杰斯特拉算法，由于这个算法每一步均选择距离值最短的路径解决问题，所以也可以说是一种贪心算法。

但是，贪心算法并不意味着所有问题都能得到最优解。比如，假设现有钱币的面值为 10 000 元、8000 元、5000 元和 1000 元，现需要找零为 17 000 元。

如果用贪心算法解决问题，可得出答案：1 张 10 000 元、1 张 5000 元、2 张 1000 元。但是，使零钱的数目最少的方法应是：2 张 8000 元、1 张 1000 元。由此可知，在这个例子中，贪心算法的求解并不是最优的。

因此，应用贪心算法之前，务必确认问题是否适合贪心算法。

减少找零

如下所示，利用 App Inventor 找出最少数目的零钱。假设有大量货币（以下单位均为韩元），纸币面值为 5000 元、1000 元。硬币面值为 500 元、100 元、50 元、10 元。

❶ 在 App Inventor 上创建单位、找零、列表以及“初始化”函数等。

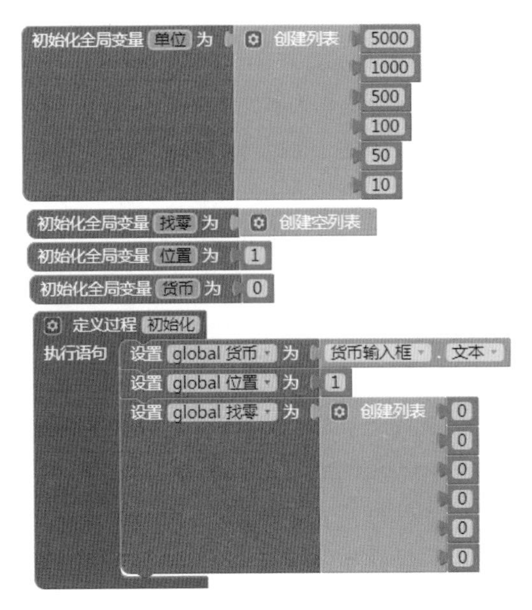

❷ 假设要找的零钱为：纸币面值 5000 元、1000 元，硬币面值 500 元、100 元、50 元、10 元。求其个数，并保存到“找零”列表，然后调用“输出”函数以输出结果。

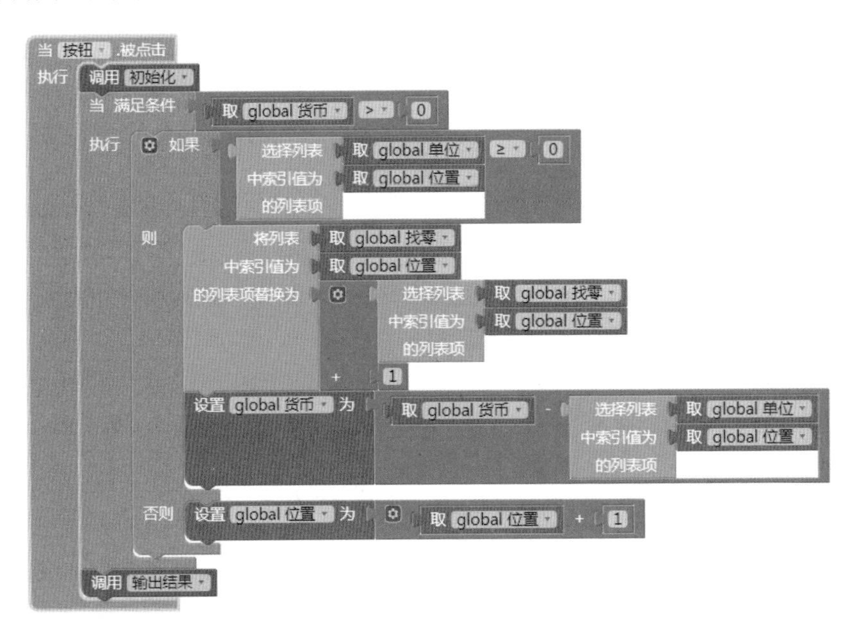

❸ “输出”函数如下所示。

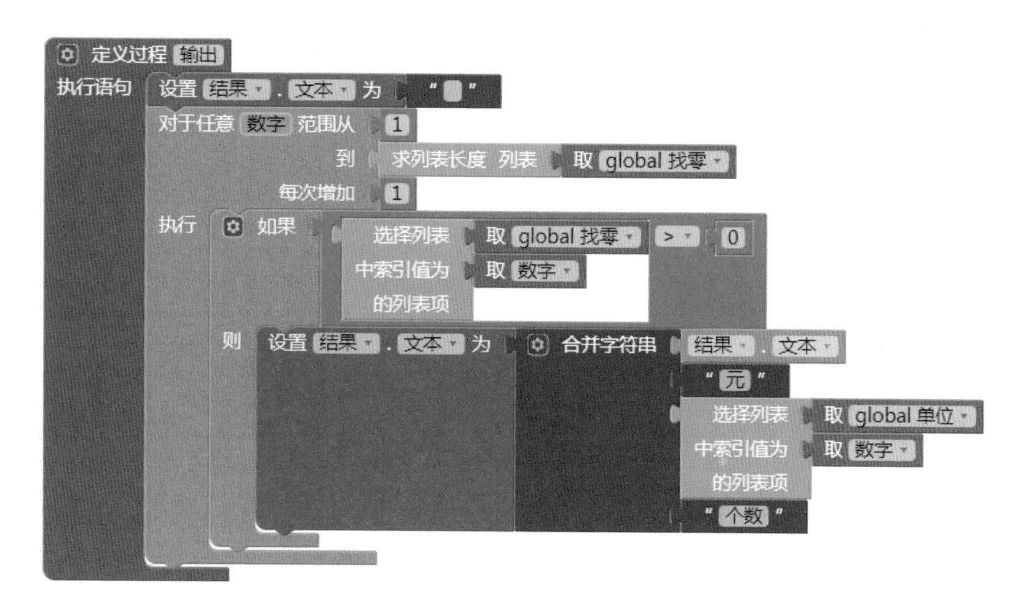

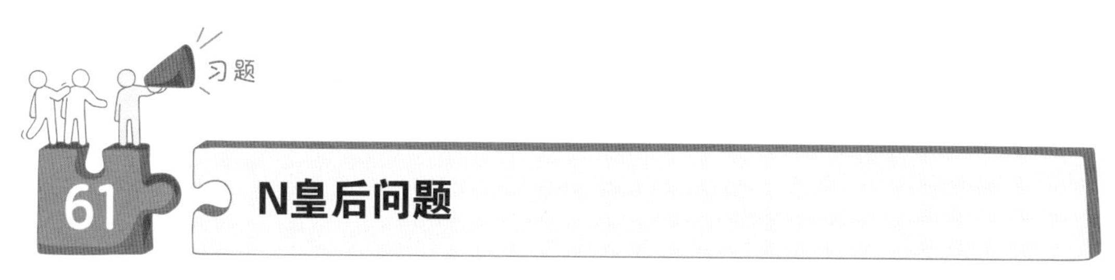

61 N皇后问题

在国际象棋中，皇后（Queen）可以沿横向、纵向、对角线方向任意移动。如下图所示，皇后可以根据位置以各种方式进攻，身处阴影格子则表示其可移动或进攻。

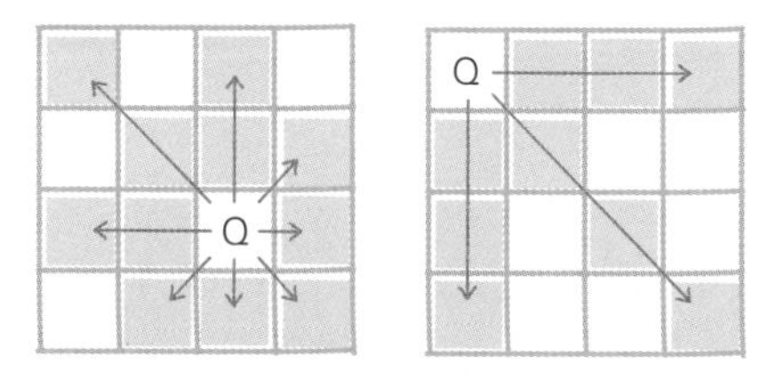

如下所示，如何在 4×4 的国际象棋棋盘上摆放 4 个皇后，使其不能互相进攻？

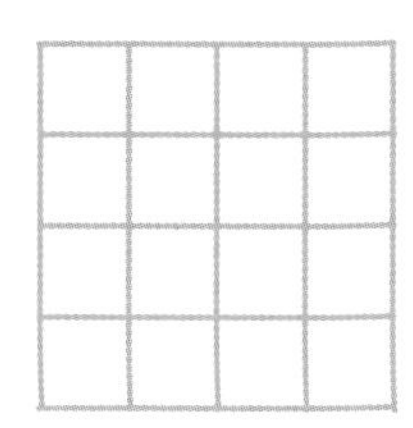

习题 61 分析与解答

解题过程如下。

❶ 将第一个皇后放置于空棋盘的第一行第一列。由于灰色阴影格子可以自由移动，所以不能摆放其他皇后。

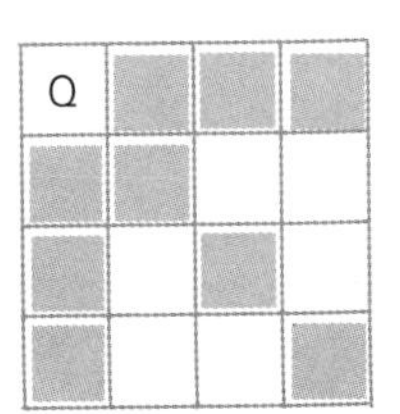

❷ 将第二个皇后放置于无阴影的第二行第三列，画有 × 的格子表示其可以自由移动的区域。

Q	x	x	x
x	x	Q	x
	x	x	x
x		x	

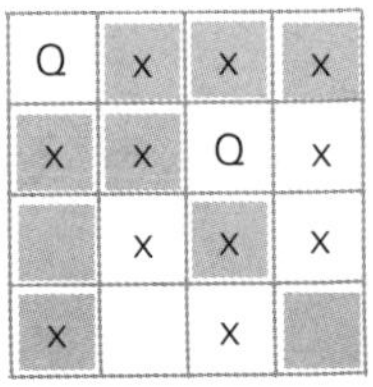

❸ 截至目前，无阴影和未画 × 的格子只剩下第四行第二列，因此将第三个皇后放置于此。

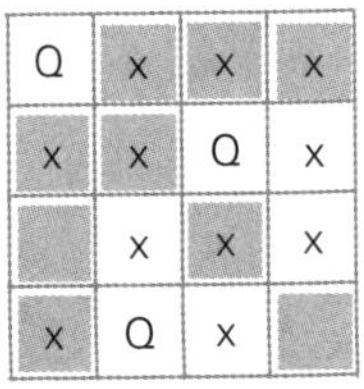

Q	x	x	x
x	x	Q	x
	x	x	x
x	Q	x	

❹ 由于第四个皇后无空格放置，所以此方法不能解决问题。于是返回到状态 ❶，重新将皇后放置于第二行第四列。

Q		x	x
x	x	x	Q
		x	x
	x		x

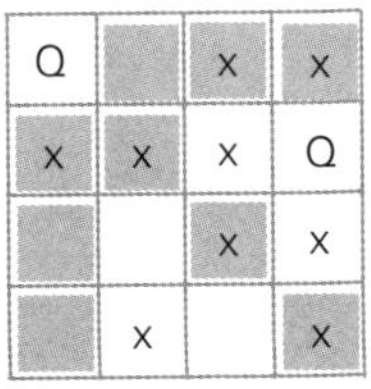

❺ 继续将第三个皇后放置于第三行第二列，画有斜线的格子表示其可以自由移动的区域。由于第四个皇后无空格放置，所以此方法同样不能解决问题。

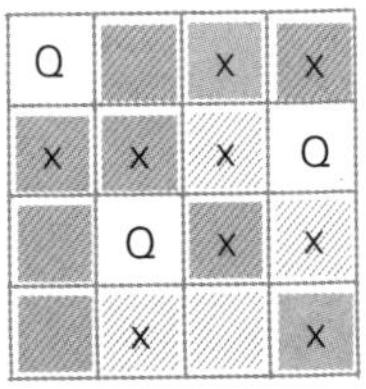

Q		x	x
x	x	x	Q
	Q	x	x
	x		x

❻ 即使重新回到状态 ❶，将皇后摆放在其他位置也不能解决问题。因此需要返回到空棋盘，重新将第一个皇后放置于第一行第二列。

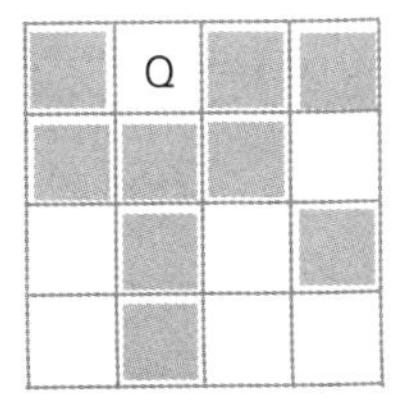

❼ 将第二个皇后放置于第二行第四列。

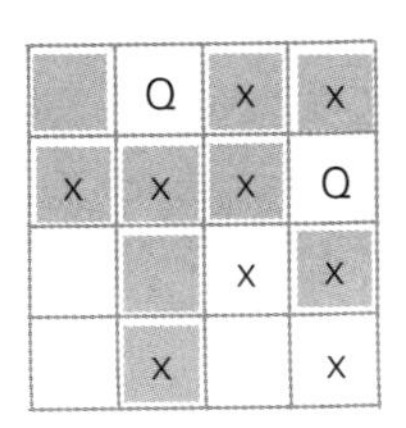

❽ 将第三个皇后放置于第三行第一列。

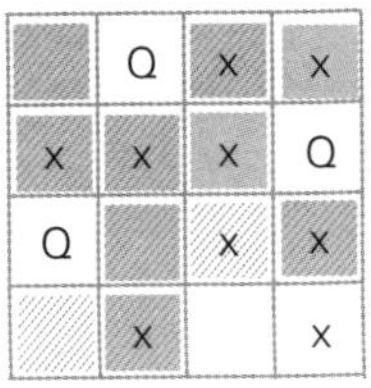

	Q	x	x
x	x	x	Q
Q		x	x
	x		x

❾ 若将第四个皇后放置于第四行第三列，则四皇后问题完美解决。

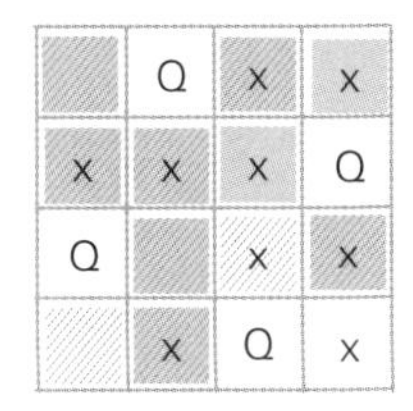

编程原理 回溯法

走迷宫时，遇到交叉路口就任选其中一条路继续走。若无路可走则返回前一交叉路口，重新选择另一条路。重复此动作，最终将到达目的地。

像这样考虑一种可行方案去解决问题，若不满足求解条件，则返回到前一位置并再次求解。这种方法称为“回溯法”(backtracking)。通过回溯法解决问题的规则如下。

1 探索一种可行方案。

2 若发现此方案不可行，则返回上一步，尝试另一种方式。

回溯法考虑所有可行方案以求解问题，所以通过回溯法，大部分问题都可以找到确切的答案。

62 up & down游戏

韩非和韩娜正在玩 up & down 游戏，规则如下。

规则

1 韩娜从1~100中选一个数字。

2 韩非猜她所选的是哪个数字，并说出来。

3 如果韩非猜测的数字比韩娜所选的数字小，韩娜要说up，反之要说down。重复此动作，直到韩非准确猜中答案。

4 记录是第几次猜中的，然后互换角色，开始新一轮游戏，猜中所用次数最少的一方获胜。

韩非在玩游戏的过程中，即使只有 7 次猜测机会，也能猜出韩娜选的是哪个数字。他究竟使用了什么方法呢?

习题 62 分析与解答

解决这个问题的关键是，将问题先分解，再逐个击破。继续猜测时，不断将问题分成两半，且把剩下的另一半排除在推测范围之外。

韩娜选的数字是 11。假设我们不知道该数字，下面一起猜一猜。第一个数字是给定范围中最小的数字，最后一个数字是给定范围中最大的数字，中间的数字 = (第一个数字 + 最后一个数字) ÷ 2，所得的值取整。

❶ 将数字 1 ~ 100 分成两半，中间数为 50。先猜 50，韩娜说 down，所以可以排除数字 51 ~ 100。在数字 1 ~ 49（中间数 50 已确认不是正确答案）范围内继续猜测。

❷ 将数字 1 ~ 49 分成两半，中间数为 25。接着猜 25，韩娜说 down，所以可以排除数字 26 ~ 49 可以排除。在数字 1 ~ 24 范围内继续猜测。

❸ 将数字 1 ~ 24 分成两半，中间数为 12。接着猜 12，韩娜说 down，所以可以排除数字 13 ~ 24。在数字 1 ~ 11 范围内继续猜测。

❹ 将数字 1 ~ 11 分成两半，中间数为 6。接着猜 6，韩娜说 up，所以在数字 7 ~ 11 范围内继续猜测。

❺ 将数字 7 ~ 11 分成两半，中间数为 9。接着猜 9，韩娜说 up。目前为止，只剩下数字 10 和 11。

❻ 按照中间数的规则，先猜 10。韩娜说 up，现在只剩下数字 11，继续游戏。

❼ 猜数字 11。回答正确。

习题 63 三格板拼图

韩非和韩娜玩拼图的时候，想出了有趣的游戏，规则如下：在正方形表格上，一人先选择其中一个方块，另一个使用以下 L 形图样填满其他方块。

例如，在一个 2 × 2 个方块组成的正方形中，填充方法如下所示。

为了增加游戏难度，对正方形进行扩展。将正方形的边长以 2 的倍数递增，即得到 2 × 2、4 × 4 和 8 × 8 等正方形。填充时发现，除其中一个颜色不同的方块之外，其余方块都可以填充。首先，试着解决下图所示两个习题。

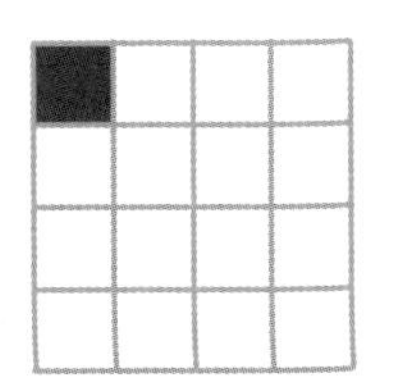 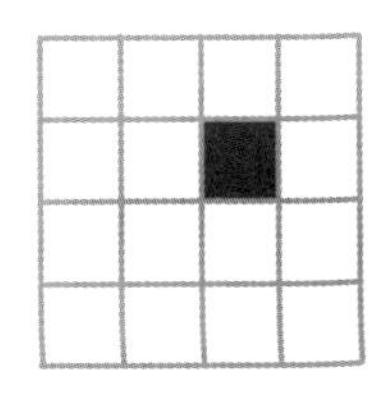

解决了上述两个习题后，试着解决更为复杂的难题，如下所示。

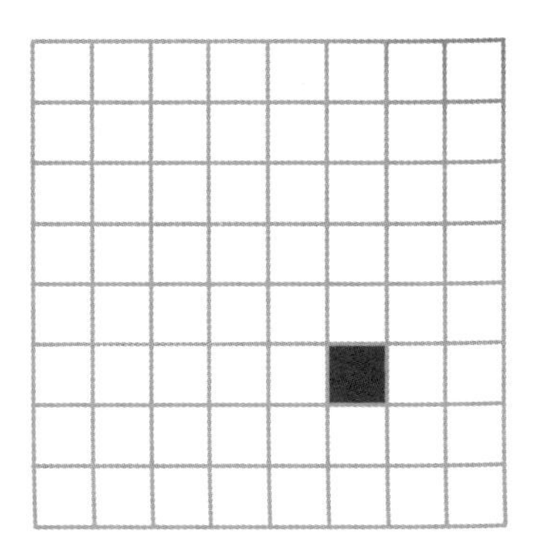

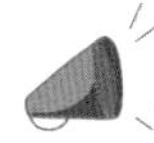

习题 63 分析与解答

诸如此类的问题称为三格板（Triomino）拼图，其源于棋盘上一个由 3 个小方块组成的 L 形图样。虽然也可使用其他形状的图样，但本书仅利用 L 形图样解答问题。

对于前面给出的两个 4×4 方块组成的正方形示例，解题方法如下所示。

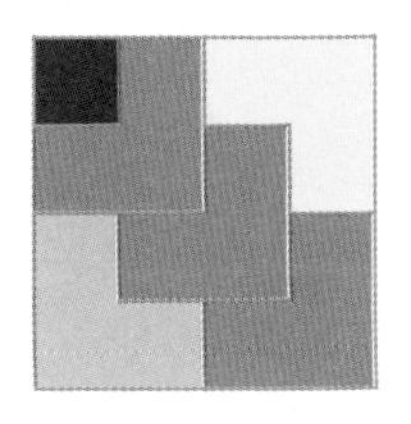 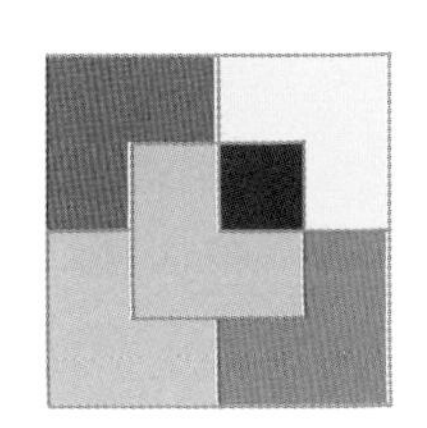

接下来，解决一个稍显复杂的习题（即 8 × 8 方块）。尽管有很多方法，但我们此处通过分治法解题。

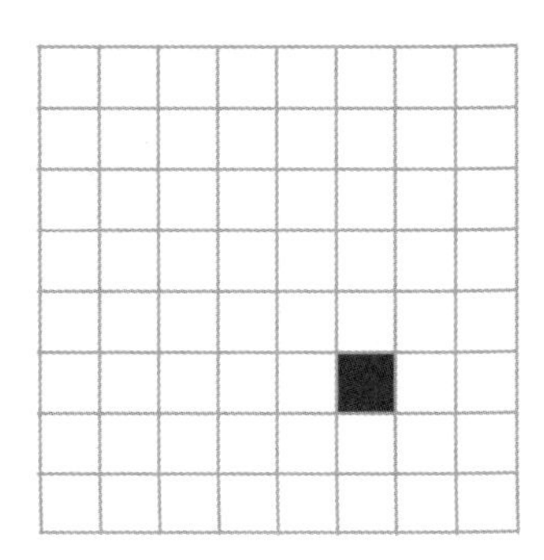

如下为 8×8 方块的问题。一个 8×8 方块由 4 个 4×4 个方块组成。

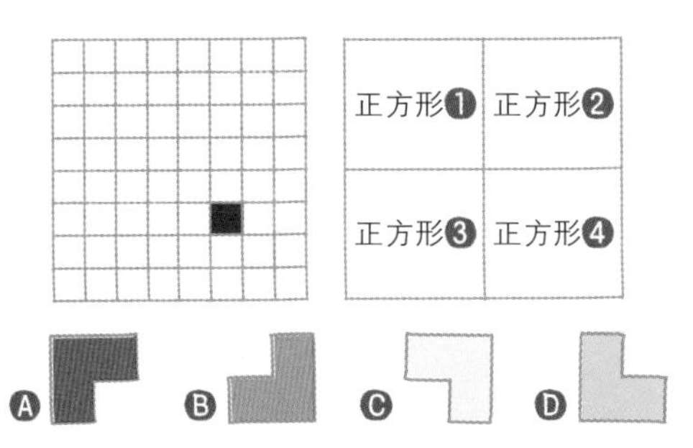

为了便于区分，将 4 个 4×4 的正方形方块分别称为正方形 ❶~❹，并将 4 个 L 形图样分别称为方块Ⓐ~Ⓓ。由图可知，先只在正方形 ❹ 区域填充一个方块，其他区域均不填充。然后以相同的方法，在正方形 ❶~❸ 上各填充一个方块，即构成方块Ⓐ，将其放置如下图所示中心，之后分割 4 个正方形区域，如下所示。

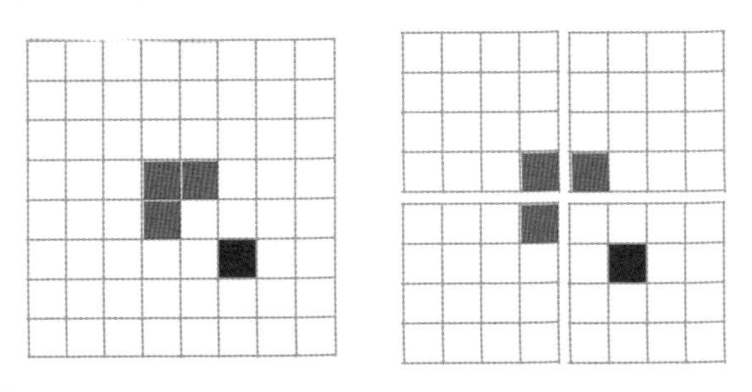

首先观察正方形 ❶，由图可知，其可被再次分为 4 个 2×2 正方形。

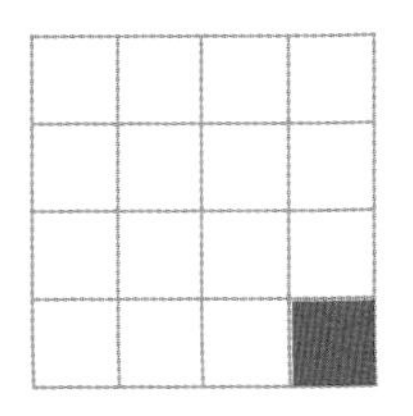

将 4 个 2×2 的正方形方块分别称为正方形 ❶-1~❶-4，仅在正方形 ❶-4 区域上填充一个方块，其他区域均不填充。然后在正方形 ❶-1~❶-3 上各填充一个方块，即构成方块Ⓐ。需将其放置在下图中心，才能以 L 形图样填补。然后再将其分成 4 个正方形，如下所示。

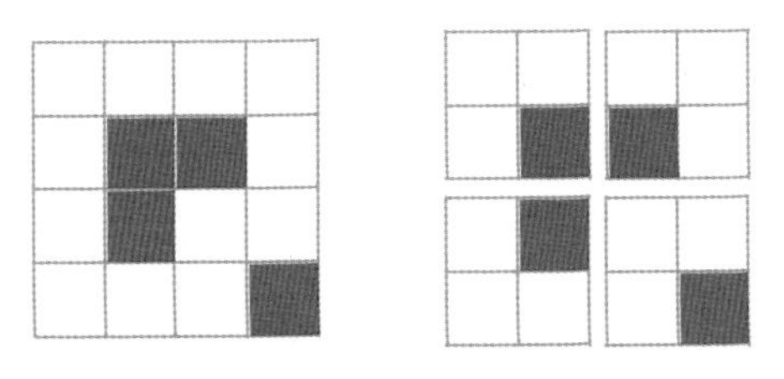

若只考虑一个正方形，那么当前的 L 形图样可分成的最小正方形即为 2×2 的正方形，且其只有一个方块被填充。然后利用方块Ⓐ~Ⓓ将其他方块填满即可。

利用相同的方法，将正方形 ❷~❹ 的所有方块填满。然后将分割的方块重新组合，则所有问题迎刃而解。

将此方法应用于所有正方形。

❶ 将一个正方形分割成 4 个小正方形，每个小正方形中的一个方块填充颜色。将其排列到相应位置，然后四等分。

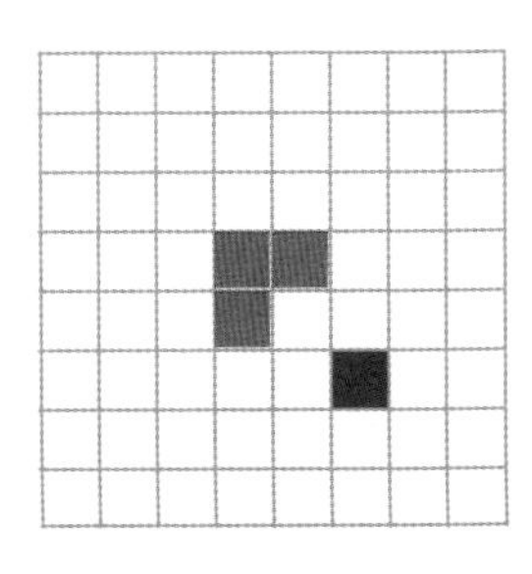

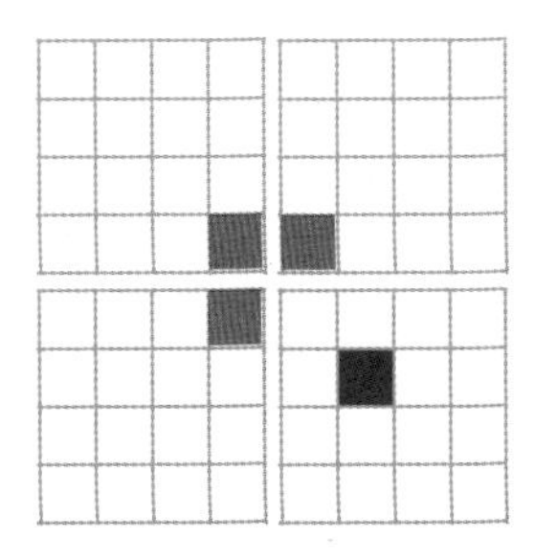

❷ 重复步骤 ❶，直到出现最小的正方形（即 2×2）。

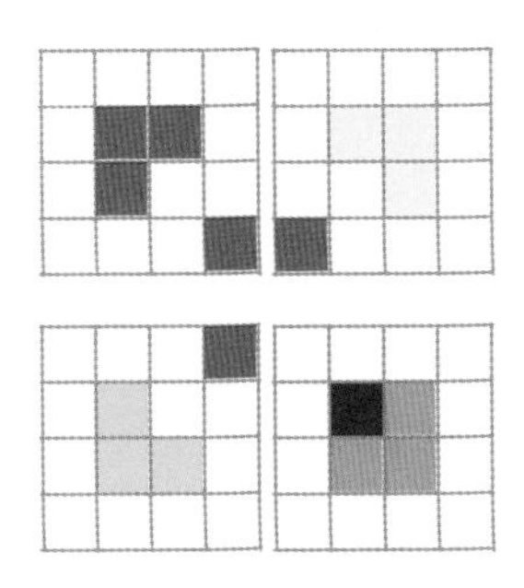

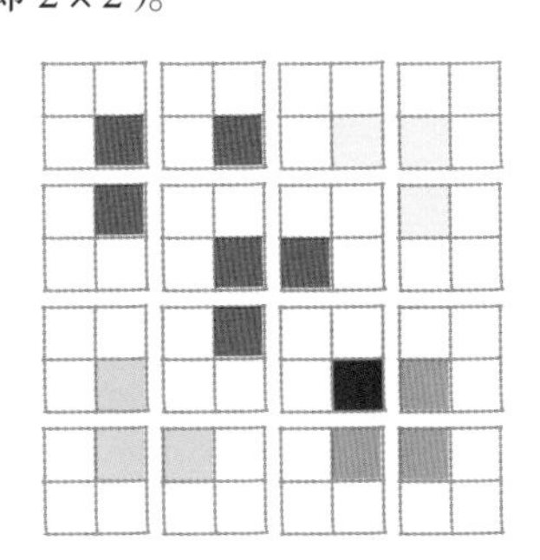

❸ 在 2 ×2 正方形上，将所有方块都填充颜色。

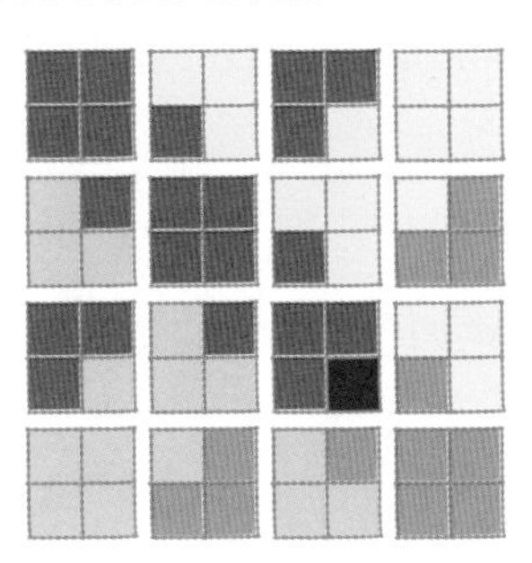

❹ 将所有 2×2 的正方形拼合，则 4×4 正方形问题解决。

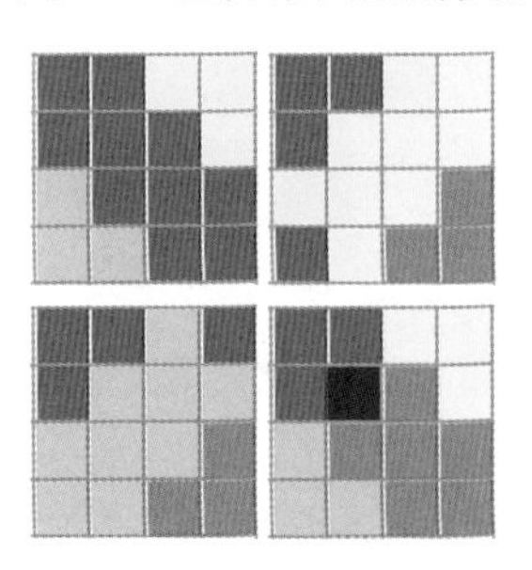

❺ 将所有 4×4 的正方形拼合，则 8×8 正方形问题解决。

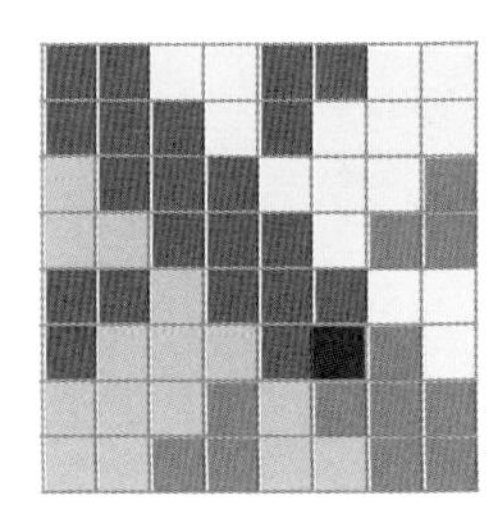

编程原理

分治法

1805 年 12 月 2 日，在奥斯特里茨战役中，拿破仑率领的法国军队不到 15 000 人，而俄奥联军却多达 80 000 人。拿破仑为了摆脱数量上的明显劣势，采取的策略是专攻俄奥联军的中坚力量，使其兵力被迫分裂成两半，然后再逐一击溃。最终，拿破仑赢得了这场战役。

对于这类问题，我们往往先将其分解成若干个小问题，分别解决后再把各小问题的解法合并，求整个问题的解法。这种方法称为分治法（divide-and-conquer）。

分治法由以下 3 个步骤组成。

1 分解：将待解决的问题划分为若干子问题。

2 求解：递归求解子问题。

3 合并：将已解决的子问题合并，解决原问题。

分治法可用于解决归并排序和二分查找等问题。接下来，以归并排序为例进行说明。

归并排序（merge sort）是指多个有序的数据集合，当其大小为 1 时，将数据分割进行排列，重复步骤，直到所有元素排序完毕。通过分治法进行归并排序的过程如下所示。

4	7	6	1	3	5	8	2

所有子序列集合的值为 1 时，将其每两个列为一组，对数据进行分割。

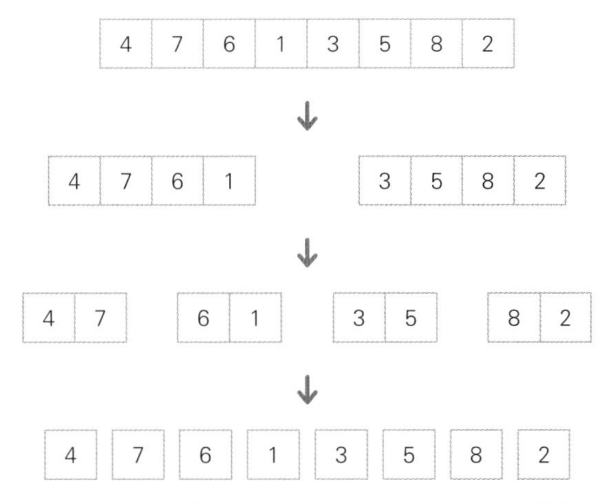

对每两个子序列进行排序，并将其合并，直到归并为一个有序的数据文件。

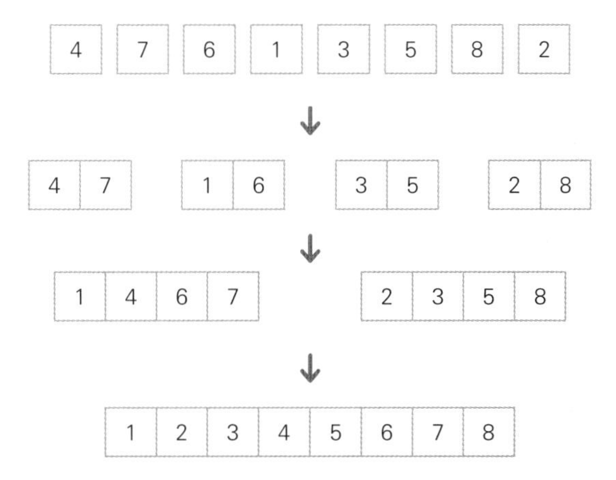

最终实现归并排序。

up & down游戏

up & down 游戏是求猜测数字的小程序，用户从 1~100 中任选一个数字，计算机开始猜测。用户提示计算机所估数字是否小于或大于自己所选的数字，该程序在剩余的数字中猜测中间值，以将搜索对象减半的方式解决问题。

利用 Scratch 程序解决 up & down 问题，过程如下图所示。

```
当 被点击
将 尝试 设定为 0
将 第一个数字 设定为 1
将 最后一个数字 设定为 100
说 从现在开始猜你所选的号码 2 秒
重复执行 7 次
    将 尝试 增加 1
    说 连接 尝试 和 第几次尝试 2 秒
    将 猜测数 设定为 向下取整 ( 第一个数字 + 最后一个数字 / 2 )
    询问 连接 猜测数 和 是否猜中？若猜测数为1，请将比1小的数输入2，比1大的数输入3 并等待
    如果 回答 = 1 那么
        说 连接 尝试 和 第几次猜中 2 秒
        停止 全部
    否则
        如果 回答 = 2 那么
            将 最后一个数字 设定为 猜测数 - 1
        否则
            如果 回答 = 3 那么
                将 第一个数字 设定为 猜测数 + 1
            否则
                说 输入错误 2 秒
                停止 全部
```

节约米袋

米店老板家的儿子韩非经常帮妈妈看店，妈妈一再对他强调：“一定要省着点用米袋！”妈妈的意思是，韩非为客人装米时要尽量少用米袋。

韩非家的米袋有 4 种型号，如下所示。

1公斤　5公斤　8 公斤　10公斤

韩非必须根据客人订购的大米数量统计米袋个数，但每次计算的话会太麻烦。于是，他决定亲自创建一个表格，如下所示。

订购数量 / 米袋使用个数	1公斤	2公斤	3公斤	4公斤	5公斤	6公斤	7公斤	8公斤	9公斤	10公斤	11公斤	12公斤	13公斤	14公斤
1 公斤	1 个	2 个	3 个	4 个	-	1 个	2 个	-	1 个	-	1 个	2 个	-	1 个
5 公斤	-	-	-	-	1 个	1 个	1 个	-	-	-	-	-	1 个	1 个
8 公斤	-	-	-	-	-	-	-	1 个	1 个	-	-	-	1 个	1 个
10 公斤	-	-	-	-	-	-	-	-	-	1 个	1 个	1 个	-	-

刚开始计算时感觉很容易，但越往后越难。请将下表填写完整。

订购数量 / 米袋使用个数	15公斤	16公斤	17公斤	18公斤	19公斤	20公斤	21公斤	22公斤	23公斤	24公斤	25公斤	26公斤	27公斤	28公斤
1 公斤														
5 公斤														
8 公斤														
10 公斤														

习题 64 分析与解答

动态规划是解决问题过程最优化的方法，当小问题逐步发展到待求解的问题时，问题已得到解决，然后利用小问题的求解方案解决大问题。

将上述定义代入前面的具体示例进行说明的话，解决“给客人包装 14 公斤大米时，应该拿什么样的米袋呢?”这个问题时，可利用曾经给客人包装 13 公斤大米的解决方案。

如果不了解这些算法，则每次遇到问题都必须计算所有可能的情况，那会相当麻烦。

也就是说，需要考虑和计算全部情况，比如 1 公斤的米袋可供 14 个、5 公斤的米袋可供 1 个和 1 公斤米袋可供 9 个、8 公斤的米袋可供 1 个和 1 公斤米袋可供 6 个、10 公斤米袋可供 1 个和 1 公斤米袋可供 4 个、5 公斤米袋可供 2 个和 1 公斤可供 4 个，等等。

但是，若使用提供的表格，解开此题将变得非常轻松。接下来，对 14 公斤大米需要装多少个米袋的问题（以下简称为 Q(14)）进行求解。

Q(14) 问题可利用已算出的 Q(1), Q(2), Q(3), …, Q(13) 的最终值求得。方法为：选择 Q(1) + Q(13), Q(2) + Q(12), Q(3) + Q(11), …, Q(7) + Q(7) 中最小的值，即 Q(1) + Q(13)=3。

Q(1) + Q(13)	Q(2) + Q(12)	Q(3) + Q(11)	…	Q(7) + Q(7)
1 + 2 = 3	2 + 3 = 5	3 + 2 = 5		3 + 3 = 6

如果简单地考虑，14 公斤的米袋与 10 公斤的米袋 1 个和 1 公斤的米袋 4 个的情况相同。但若利用表求解，则 Q(1) + Q(13) 的结果为 8 公斤、5 公斤和 1 公斤均为 1 个，由此可知，总共只需 3 个。

如果你具备数学思维，可能会认为用大脑计算是最好的解题方式，但有时自信过头反而容易出现失误。比如，待求的数字变得极大时，计算过程将非常麻烦。

此时需运用动态规划算法，它是一种计算机软件算法，功能非常强大。

利用上述方法，如下填写前面提及的第二个表格。

订购数量 米袋使用个数	15公斤	16公斤	17公斤	18公斤	19公斤	20公斤	21公斤	22公斤	23公斤	24公斤	25公斤	26公斤	27公斤	28公斤
1公斤	-	-	1个	-	1个	-	1个	2个	-	-	-	-	1个	-
5公斤	1个	-	-	-	-	-	-	-	1个	-	1个	-	-	-
8公斤	-	2个	2个	1个	1个	-	-	-	1个	3个	-	2个	2个	1个
10公斤	1个	-	-	1个	1个	2个	2个	2个	1个	-	2个	1个	1个	2个

65 占有大量宝藏

一位探险家曾利用30年的时间，寻找沉没于马达加斯加的宝藏。在寻宝过程中，探险家发现了藏有宝藏的地下洞穴。推开门后，首先映入眼帘的是一张图，如下所示。

东
南
入口
出口

提示：总共有100个房间（包括入口和出口）；只能向东和南方向移动；不能重复经过同一房间。

探险家看完图后，对于最后一条提示感到十分棘手。

也就是说，探险家必须选中一条藏有大量宝藏的路，否则会后悔。注意：山洞入口将会在5分钟后关闭。请试着寻找一条能在5分钟内带来最多宝藏的最佳路径。

习题 65 分析与解答

习题 64 的米袋问题所述的是小问题的解决方法，而动态规划算法则适用于较大的问题，比如习题 65。

例如，如果将表格的第二行和第二列称为 MAP(2, 2)，那么探险家想要到达 MAP(2, 2) 时，只能经过 MAP(1, 2) 或者 MAP(2, 1)，否则无路可走。

在上述的基本思路下，如果想要进一步拓宽路径，由 MAP(n, n) 可知，可采取的最佳路径为 MAP(n–1, n) 和 MAP(n, n–1) 中值更大的那条。通过这种方式，可依次创建下列表格。

初始阶段计算

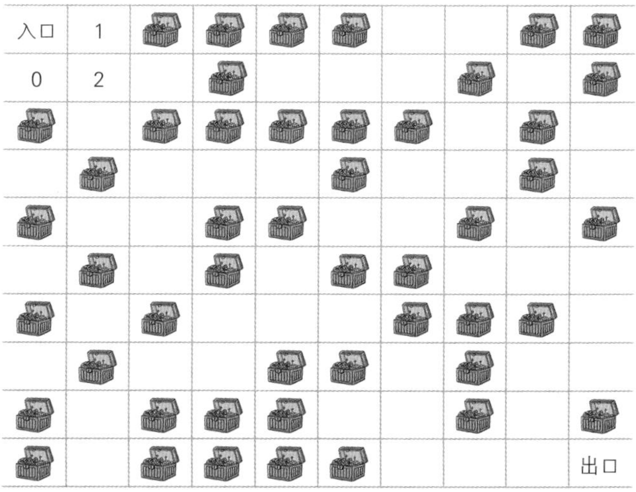

入口	1								
0	2								
									出口

计算中

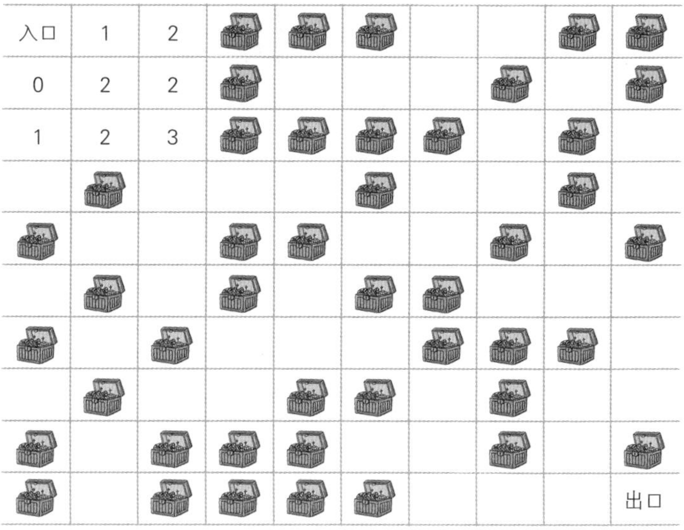

入口	1	2							
0	2	2							
1	2	3							
									出口

计算中

入口	1	2	3	4	5	5			
0	2	2	4	4	5	5			
1	2	3	5	6	7	8			
1	3	3	5	6	8	8			
2	3	3	6	7	8	8			
2	4	4	7	7	9	10			
3	4	5	7	7	9	11			
									出口

计算结束

入口	1	2	3	4	5	5	5	6	7
0	2	2	4	4	5	5	6	6	8
1	2	3	5	6	7	8	8	9	9
1	3	3	5	6	8	8	8	10	10
2	3	3	6	7	8	8	9	10	11
2	4	4	7	7	9	10	10	10	11
3	4	5	7	7	9	11	12	13	13
3	5	5	7	8	10	11	13	13	13
4	5	6	8	9	10	11	14	14	15
5	5	7	9	10	11	11	14	14	15

通过计算可知，MAP(10, 10) 所处的位置（即标有数字 15 处）可获得最多宝藏。另外，查找 MAP(10, 10) 左侧（西）和上端（北）较大数字的一边，即可找到最终路径。

计算结束

入口	1	2	3	4	5	5	5	6	7
0	2	2	4	4	5	5	6	6	8
1	2	3	5	6	7	8	8	9	9
1	3	3	5	6	8	8	8	10	10
2	3	3	6	7	8	8	9	10	11
2	4	4	7	7	9	10	10	10	11
3	4	5	7	7	9	11	12	13	13
3	5	5	7	8	10	11	13	13	13
4	5	6	8	9	10	11	14	14	15
5	5	7	9	10	11	11	14	14	15

编程原理

动态规划

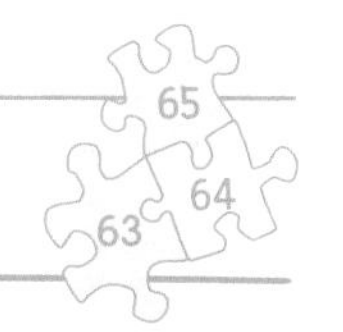

前面章节所学的递归问题中，斐波那契数列前两项为 1，如果超过第三项，则第 *n* 项的斐波那契数列如下所示。

第($n-2$)项的斐波那契数+第($n-1$)项的斐波那契数

使用递归方法求第五项的斐波那契数的过程如下所示。

为了便于识别，以 fibo(*n*) 表示第 *n* 项的斐波那契数。

❶ fibo(5) 可以表示为 fibo(3) + fibo(4)。

❷ fibo(3) 可以表示为 fibo(1) + fibo(2)。

❸ fibo(1) 为 1。

❹ fibo(2) 为 1。

❺ fibo(1) + fibo(2) = 2，则 fibo(3) 为 2。

❻ fibo(4) 可以表示为 fibo(2) + fibo(3)。

❼ fibo(2) 为 1。

❽ fibo(3) 可以表示为 fibo(1) + fibo(2)。

❾ fibo(1) 为 1。

❿ fibo(2) 为 1。

⓫ fibo(1) + fibo(2) = 2，则 fibo(3) 为 2。

⓬ fibo(2) + fibo(3) = 3，则 fibo(4) 为 3。

⓭ fibo(3) + fibo(4) = 5，则 fibo(5) 为 5。

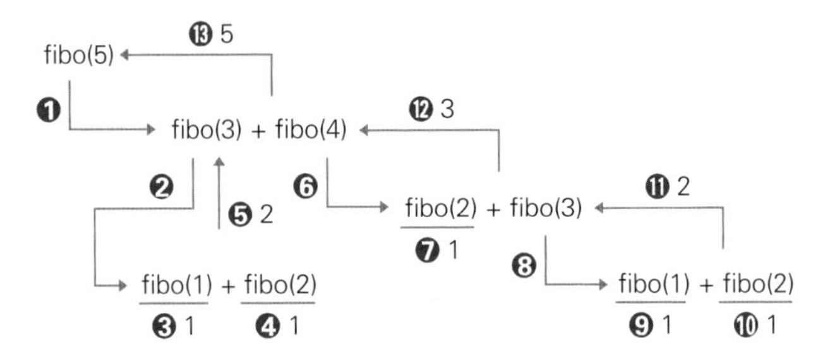

可以发现，上述运算中存在重复操作，这也是递归方法的缺点。

接下来通过以下方法解题。

❶ 将 fibo(1) 和 fibo(2) 的值（值均为 1）保存到表。

fibo(1)	1
fibo(2)	1
fibo(3)	
fibo(4)	
fibo(5)	

❷ 由于 fibo(3) = fibo(1) + fibo(1)，所以保存 2（表中保存的 1 + 1 所得的值）。

fibo(1)	1
fibo(2)	1
fibo(3)	2
fibo(4)	
fibo(5)	

❸ 由于 fibo(4) = fibo(2) + fibo(3)，所以保存 3（表中保存的 1 + 2 所得的值）。

fibo(1)	1
fibo(2)	1
fibo(3)	2
fibo(4)	3
fibo(5)	

❹ 由于 fibo(5) = fibo(3) + fibo(4)，所以保存 5（表中保存的 2 + 3 所得的值）。最终得出第五项斐波那契数。

fibo(1)	1
fibo(2)	1
fibo(3)	2
fibo(4)	3
fibo(5)	5

此方法可比递归方法更快解决问题。

利用子问题的答案求解原问题的方法称为“动态规划”（dynamic programming），它广泛应用于编程技术，是局部或核心问题的解决方法。

基于动态规划方法的斐波那契数列

创建 App Inventor 应用程序，在程序中使用动态规划方法求斐波那契数列。

❶ 将“表”值初始化为 0，调用斐波那契数列函数，在“输入”的项数中求相应的项。

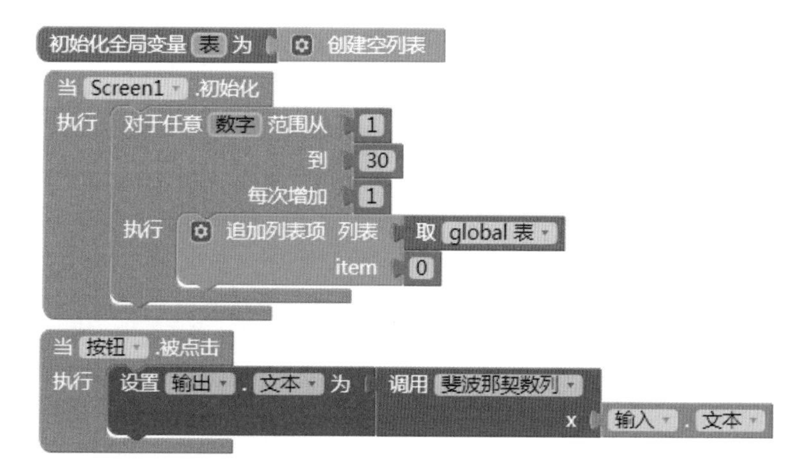

❷ 如果 x 小于等于 2，则斐波那契数列返回 1。如果“表”中的第 x 项不为 0，则返回第 x 项。否则斐波那契数列（$x-2$）+ 斐波那契数列（$x-1$）的值将保存到表第 x 项的位置，并返回该数值。

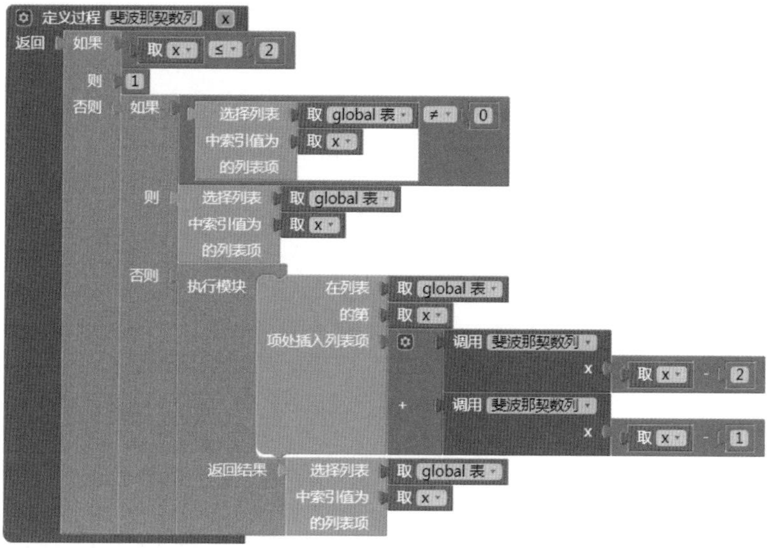

版 权 声 明